21世纪高等学校计算机规划教材

21st Century University Planned Textbooks of Computer Science

大学计算机基础教程（第2版）

Basic Course of College Computer Science
(2nd Edition)

叶强生 赵艳伟 主编

王玉芹 翟朗 李宏俊 副主编

U0344498

高校系列

人民邮电出版社

北京

图书在版编目（ＣＩＰ）数据

大学计算机基础教程 / 叶强生，赵艳伟主编． -- 2
版． -- 北京 ：人民邮电出版社，2014.9（2022.7重印）
21世纪高等学校计算机规划教材．高校系列
ISBN 978-7-115-36802-7

Ⅰ．①大… Ⅱ．①叶… ②赵… Ⅲ．①电子计算机－
高等学校－教材 Ⅳ．①TP3

中国版本图书馆CIP数据核字(2014)第190665号

内 容 提 要

计算机基础课程的教学改革，是我们在实践教学中从没中断的研讨课题。本套教材共两本，《大学计算机基础教程（第2版）》和《大学计算机基础实践教程（第2版）》。本教材适应应用技能型本科教育转型和高职教育教学的需要，在强化计算机基础理论教学的同时，加强了实践教学。在理论课程教学中，要根据本科和专科不同教学对象，对教学内容进行适当的选取。对想自学计算机基础操作的读者，选用本教材会让你的学习感到轻松愉快。本教材建议总课时 60 课时，其中理论课程 24 课时，实践课程 36 课时。

◆ 主　　编　叶强生　赵艳伟
　　副 主 编　王玉芹　翟 朗　李宏俊
　　责任编辑　武恩玉
　　责任印制　彭志环　杨林杰
◆ 人民邮电出版社出版发行　北京市丰台区成寿寺路11号
　　邮编　100164　电子邮件　315@ptpress.com.cn
　　网址　http://www.ptpress.com.cn
　　固安县铭成印刷有限公司印刷
◆ 开本：787×1092　1/16
　　印张：16.75　　　　　　　2014年9月第2版
　　字数：438 千字　　　　　2022 年 7 月河北第 10 次印刷

定价：38.00 元
读者服务热线：(010)81055256　印装质量热线：(010)81055316
反盗版热线：(010)81055315

前　言

　　第一台电子计算机的诞生无疑在人类的发展史上起到了里程碑的作用。如今计算机已经融入人们的生活当中，成为人们日常生活、学习和工作不可缺少的工具。因此，计算机基础课是大学各个专业必须开设的公共基础课程。

　　尽管在我国，信息教育从小学就开始，但由于我国目前城乡教育还有一定的差别，尤其硬件资源相差悬殊，大学新生的计算机水平特别是动手能力参差不齐。为了配合教学改革的需要，我们进行了多次的调查和研讨，确定了本书的编写大纲。本书注重计算机常识性理论知识的介绍和动手操作能力的培养，不仅适合技能型高职高专的大学生学习，也适合所有计算机的初学者。

　　本书第 1 章、第 2 章以及第 8 章由赵艳伟编写，第 3 章和第 6 章的第一节、第二节和第三节由王玉芹编写，第 5 章和第 7 章由翟朗编写，第 4 章和第 6 章的第四节、第五节及第 6 章的书后习题由李宏俊编写。

　　尽管编者以严谨的治学态度斟酌每一个章节，但百密或许有一疏，书中不足之处，恳请读者见谅！

编　者

2014 年 6 月

目　录

第1章
计算机概述

在人类的发展史上，工具的使用推动着人类的进步。纵观几千年来，每一次工具的革命都极大地推动着人类发展。但是，我们不能不惊叹，没有一种工具能像计算机这样带给人类巨大的影响，由于它，人类的发展发生了一次飞跃。

本章主要介绍计算机的基本概念，回顾计算机的产生和发展情况及其发展方向，介绍计算机的特点、分类和应用，介绍计算机的系统结构系统总线以及计算机病毒方面的知识。通过对这些知识的学习，可以初步了解和认识计算机，同时为后面的进一步学习奠定基础。

1.1 计算机的基本概念与发展

电子计算机是由一系列电子元器件组成的机器，在软件的控制下进行数值计算和信息处理。自 1946 年第一台电子计算机问世以来，计算机科学得到了飞速发展，尤其是微型计算机的出现和计算机网络的发展，使计算机的应用渗透到了社会的各个领域，有力地推动了信息社会的发展。

1.1.1 计算机的定义

计算机是由一系列电子元器件组成的机器，各组成部件按程序的要求协调合作，完成程序要求的任务。

顾名思义，计算机首先具有计算能力。计算机不仅可以进行加、减、乘、除等算术运算，而且可以进行逻辑运算并对运算结果进行判断从而决定执行什么操作。正是由于具有这种逻辑运算和推理判断的能力，使计算机成为一种特殊机器的专用名词，而不再是简单的计算工具。为了强调计算机的这些特点，有些人将它称为"电脑"，以说明它既有计算能力，又有逻辑推理能力。

计算机还具有逻辑判断能力。计算机具有可靠的判断能力，以实现计算机工作的自动化，从而保证计算机控制的判断可靠、反应迅速、控制灵敏。至于有没有思维能力，这是一个目前人们正在深入研究的问题。

计算机还具有记忆能力。在计算机中有容量很大的存储装置，它不仅可以长久性地存储大量的文字、图形、图像、声音等信息资料，还可以存储指挥计算机工作的程序。当用计算机进行数据处理时，首先将事先编制的程序存储到计算机中，然后按程序的要求一步一步地进行各种运算，直到程序执行完毕为止。因此，计算机必须是能存储源程序和数据的装置。

除了具有计算功能之外，计算机还能进行信息处理。在信息社会中，各行各业随时随地都会产生大量的信息。人们为了获取、传送、检索信息，必须对信息进行有效地组织和管理。这一切都可以在计算机的控制之下实现，所以说计算机是信息处理的工具。

因此，可以给计算机下这样一个定义：计算机是一种能按照事先存储的程序，自动、高速、准确地进行大量数值计算和各种信息处理的现代化智能电子装置。

1.1.2 计算机的诞生与发展阶段

1. 电子计算机的诞生

在 20 世纪 40 年代，由于当时进行的第二次世界大战急需高速准确的计算工具来解决弹道计算问题，因此在美国陆军部的主持下，美国宾夕法尼亚大学莫尔学院的莫克利（Mauchly）、艾克特（Eckert）等人于 1946 年设计制造了世界上第一台电子数字积分计算机（Electronic Numerical Integrator And Calculator，ENIAC），并供美国军方使用。

ENIAC 的功能在当时确实是出类拔萃的，与手工计算机相比速度得到了大大提高，但 ENIAC 也存在着明显的缺点，如体积庞大、耗电量大、字长短、存储容量小、不能存储程序、编程困难等。这些缺点极大地限制了机器的运行速度，急需更合理的结构设计。随后，数学家冯·诺依曼（John von Neumann）由 ENIAC 机研制组的戈尔德斯廷中尉介绍参加到 ENIAC 机研制小组，他带领这批富有创新精神的年轻科技人员，向着更高的目标进军。他们在共同讨论的基础上，发表了一个全新的"存储程序通用电子计算机方案"——EDVAC（Electronic Discrete Variable Automatic Computer 的缩写）。在这过程中，冯·诺依曼显示出他雄厚的数理基础知识，充分发挥了他的顾问作用，及探索问题和综合分析的能力。EDVAC 方案明确了计算机由 5 个部分组成：运算器、逻辑控制装置、存储器、输入和输出设备，并描述了这 5 部分的职能和相互关系。从此，计算机从实验室研制阶段进入工业化生产阶段，其功能从科学计算扩展到数据处理，计算机产业化趋势开始形成。

迄今为止，虽然计算机系统从性能指标、运算速度、工作方式、应用领域等方面都与当时的计算机有很大的差别，但大多采用的仍然是冯·诺依曼结构，即计算机应由 5 个基本部分组成：运算器、控制器、存储器、输入设备和输出设备。其基本组成结构如图 1-1 所示。

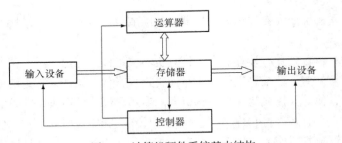

图 1-1　计算机硬件系统基本结构

冯·诺依曼描述了 5 个基本组成部分的功能及相互关系，提出了"采用二进制"和"存储程序"两个重要基本思想。冯·诺依曼结构的特点可归结如下。

（1）计算机由运算器、存储器、控制器、输入设备和输出设备 5 大部件组成。

（2）指令和数据均用二进制码表示。

（3）指令在存储器中按顺序存放。通常指令是顺序执行的，在特定条件下，可根据运算结果或设定的条件改变执行的顺序。

在计算机的 5 个基本组成部件中，控制器和运算器是核心部分，称为中央处理器（Center

Process Unit，CPU），各部分之间通过相应的信号线进行相互联系。冯·诺依曼结构规定控制器是根据存放在存储器中的程序来工作的，即计算机的工作过程就是运行程序的过程。这种结构的计算机是按存储程序原理进行工作的。存储程序的原理是将程序和数据以二进制数的形式预先存放在计算机的存储器中，执行程序时，计算机从存储器中逐条取出指令进行相应操作，完成数据的计算处理和输入/输出。这种存储程序的原理是计算机科学发展历史上的里程碑，对于计算机科学的发展具有根本性的指导意义，所以通常将基于这一原理的计算机称为冯·诺依曼型计算机。

2. 计算机发展的阶段

计算机的发展是随着电子技术的发展作为变革标志，一般将计算机的发展划分为四个重要的发展阶段。

第一阶段（1946 年～1957 年）为电子管计算机时代，计算机应用的主要逻辑元件是电子管。电子管计算机的特点是：体积庞大、运算速度低（一般每秒几千次到几万次）、成本高、可靠性差、内存容量小。这一时期的计算机主要用于科学计算，被应用于军事和科学研究工作。其代表机型有 ENIAC、IBM 650（小型机）、IBM 709（大型机）等。

第二阶段（1958 年～1964 年）为晶体管计算机时代，计算机应用的主要逻辑元件是晶体管。晶体管计算机的应用被扩展到数据处理、自动控制等方面。计算机的运行速度已提高到每秒几十万次，体积已大大减小，可靠性和内存容量也有较大的提高。其代表机型有 IBM 7090、IBM 7094、CDC 7600 等。

第三阶段（1965 年～1971 年）为集成电路计算机时代，计算机的主要逻辑元件是集成电路。计算机的运行速度提高到了每秒几十万次到几百万次，可靠性和存储容量进一步提高。这一时期的计算机外部设备种类繁多，计算机和通信密切结合起来，广泛地应用到科学计算、数据处理、事务管理、工业控制等领域。其代表机型有 IBM 360 系列、富士通 F230 系列等。

第四阶段（1971 年以后）为大规模和超大规模集成电路计算机时代，计算机的主要逻辑元件是大规模和超大规模集成电路。计算机的运行速度可达到每秒上千万次到亿万次。计算机的存储容量和可靠性有了很大提高，功能更加完备。计算机的类型除小型、大型机外，开始向巨型机和微型机（个人计算机）两个方面发展。计算机开始进入办公室、学校和家庭。

从计算机工作原理来看，以上四代计算机都是冯·诺依曼型计算机。

1.1.3　微型计算机的发展

大规模集成电路的发展，为计算机的微型化打下了坚实的基础，20 世纪 70 年代初在美国硅谷诞生了第一片微处理器（Micro-Processor Unit，MPU）。MPU 将运算器和控制器等部件集成在一块大规模集成电路芯片上，作为中央处理部件。微型计算机就是以 MPU 为核心，再配上存储器、接口电路等芯片构成的。短短的三十几年中，微处理器集成度几乎每 18 个月增加一倍，产品每 2～4 年更新换代一次。微型计算机以微处理器的字长和功能为主要划分依据，经历了 6 代演变。

第一代（1971 年～1973 年）：4 位和 8 位低档微型计算机。字长为 4 位的微处理器的典型代表是 Intel 公司的 4004，由它作为微处理器的 MCS-4 计算机是第一台微型计算机。随后，Intel 公司又推出了以 8 位微处理器 8008 为核心的 MCS-8 微型计算机。这一阶段的微型计算机主要用于处理算术运算、家用电器以及简单的控制等。

第二代（1974 年～1977 年）：8 位中高档微型计算机。在这个阶段，微处理器的典型代表有 Intel 公司的 Intel 8080、Zilog 公司的 Z-80 和 Motorola 公司的 MC 6800。采用这些中高档微处理器的微型计算机运算速度提高了一个数量级，主要用于教学和实验、工业控制、智能仪器等。

第三代（1978 年～1984 年）：16 位微型计算机。在这个阶段，微处理器的典型代表有 Intel 公司的 Intel 8086/8088、Zilog 公司的 Z-8000 和 Motorola 公司的 MC 68000。IBM 选择 Intel 8086 作为微处理器，于 1981 年成功开发了个人计算机（IBM PC），从此开始了个人计算机大发展的时代。1982 年 2 月，Intel 公司推出了超级 16 位微处理器 Intel 80286，能够实现多任务并行处理。

第四代（1985 年～1992 年）：32 位微型计算机。在这个阶段，微处理器的典型代表有 Intel 公司的 Intel 80386。该微处理器集成了 27.5 万个晶体管，数据总线和地址总线均为 32 位，具有 4GB 的物理寻址能力。1989 年 4 月，Intel 公司又推出了 Intel 80486 微处理器，其芯片内集成了 120 万个晶体管。从此，PC 的功能越来越强大，可以构成与 20 世纪 70 年代大、中型计算机相匹敌的计算能力，大有取而代之之势。

第五代（1993 年～1999 年）：超级 32 位微型计算机。在这个阶段，Intel 公司相继推出了 Pentium（俗称 586）、Pentium Pro、Pentium MMX、PentiumⅡ、PentiumⅢ 以及 Pentium 4 系列高性能微处理器。以这些微处理器为核心的微型计算机能够实现多用户、多任务处理；能够处理多媒体信息；能够更好地满足互联网用户的需求。

第六代（2000 年以后）：64 位微型计算机。在不断完善 Pentium 系列处理器的同时，Intel 公司与 HP 公司联手开发了更为先进的 64 位微处理器——Merced。Merced 采用了全新的结构设计，这种结构称为 IA-64（Intel Architecture-64），IA-64 不是原来 Intel 公司的 32 位 X86 结构的 64 位扩展，也不是 HP 公司 64 位 PA-RISC 结构的改进。IA-64 是一种采用长指令字、指令预测、分支消除、推理装入和其他一些先进技术从程序代码提取更多并行性的全新结构。

1.1.4 计算机的发展方向

现代计算机的发展方向主要表现在两个方面：一是电子计算机的发展趋势更加趋向于巨型化、微型化、网络化和智能化；二是非冯·诺依曼结构化。

1. 电子计算机的发展趋势

（1）巨型化。巨型化是指计算机的运算速度更快、存储容量更大、功能更强，而不是指计算机的体积大。巨型计算机运算速度通常在每秒一亿次以上，存储容量超过百万兆字节。例如，1997 年中国成功研制了"银河-III"巨型计算机，其运行速度已达到每秒 130 亿次。巨型机主要应用于天文、军事、仿真等需要进行大量科学计算的领域。

（2）微型化。微型化是指进一步提高集成度。目的是利用超大规模集成电路研制质量更加可靠、性能更加优良、价格更加低廉、整机更加小巧的微型计算机。微型计算机现在已大量应用于仪器、仪表、家用电器等小型仪器设备中，同时也作为工业控制过程的心脏，使仪器设备实现"智能化"。

（3）网络化。网络化就是用通信线路将各自独立的计算机连接起来，以便进行协同工作和资源共享。例如，通过 Internet，人们足不出户就可以获取大量的信息、进行网上贸易等。今天，网络技术的地位已经从计算机技术的配角地位上升到与计算机紧密结合、不可分割的地位，产生了"网络电脑"的概念。

（4）智能化。计算机的智能化就是要求计算机具有人的智能。能够像人一样思维，使计算机能够进行图像识别、定理证明、研究学习、探索、联想、启发和理解人的语言等，它是新一代计算机要实现的目标。智能化使计算机突破了"计算"这一初级的含义，从本质上扩充了计算机的能力，可以越来越多地代替人类的脑力劳动。

2. 非冯·诺依曼结构计算机

近年来通过进一步的深入研究发现，由于电子电路的局限性，理论上基于冯·诺依曼原理的电子计算机的发展也有一定的局限，因此，人们提出了制造非冯·诺依曼结构计算机的想法。该研究主要有两大方向：一是创造新的程序设计语言，即所谓的"非冯·诺依曼"语言；二是从计算机元件方面进行研究，如研究生物计算机、光计算机、量子计算机等。

1982 年日本提出了"第五代计算机"，其核心思想是设计一种所谓的"非冯·诺依曼"语言——PROLOG 语言。PROLOG 语言是一种逻辑程序设计语言，主要是将程序设计变成逻辑设计，突破传统的程序设计概念。

20 世纪 80 年代初，人们着手研究由蛋白质分子或传导化合物元件组成的生物计算机。研究人员发现，遗传基因——脱氧核糖核酸（DNA）的双螺旋结构能容纳大量信息，其存储量相当于半导体芯片的数百万倍。两个蛋白质分子就是一个存储体，而且阻抗低、能耗少、发热量极小。人们基于这一特点，研究如何利用蛋白质分子制造基因芯片。尽管目前生物计算实验距离使用还很遥远，但是鉴于我们对集成电路的认识，其前景十分看好。

光计算机是用光子代替电子来传递信息。1984 年 5 月，欧洲研制出世界上第一台光计算机。光计算机有 3 大优势，首先，光子的传播速度无与伦比，电子在导线中的运行速度与其无法相比，采用硅、光混合技术后，其传送速度可达到每秒万亿字节；其次，光子不像带电的电子那样相互作用，因此经过同样窄小的空间通道可以传送更多数据；最后，光无需物理连接。如果能将普通的透镜和激光器做得很小以至足以装在微芯片的背面，那么未来的计算机就可以通过稀薄的空气传送信号了。

量子计算机是一种基于量子力学原理，利用质子、电子等亚原子微粒的某些特性，采用深层次计算模式的计算机。这一模式只由物质世界中一个原子的行为决定，而不是像传统的二进制计算机那样将信息分为 0 和 1（对应于晶体管的开和关）来进行处理。在量子计算机中最小的信息单元是一个量子比特，量子比特不只有开和关两种状态，而是能以多种状态同时出现。这种数据结构对使用并行结构计算机来处理信息是非常有利的。量子计算机具有一些近乎神奇的性质，例如，信息传输可以不需要时间（超距作用），信息处理所需能量近乎于零。

1.2　计算机的特点、分类与应用

计算机已经发展成为一个庞大的家族，并表现出不同的特点。根据其特点，可以从不同的角度对计算机进行分类。总的来说，计算机根据其功能可分为通用计算机和专用计算机。专用计算机功能单一，适应性较差，但是在特定的用途下，配备解决特定问题的软、硬件，可以高效、快速、可靠地解决特定问题。通用计算机功能齐全、通用性强，通常我们所说的计算机就是指通用计算机。

1.2.1　计算机的特点

计算机作为一种通用的信息处理工具之所以具有很强的生命力，并以飞快的速度发展，是因为本身具有许多特点，具体表现在如下 5 个方面。

1. 运算速度快

运算速度是衡量计算机性能的重要指标之一，现在高性能计算机的运算速度已达到每秒几十万亿次，甚至千万亿次，微型计算机也可达每秒上亿次。

2. 计算精确度高

现在计算机可以有十几位甚至几十位（二进制）有效数字，计算精度可由千分之几到百万分之几，是其他任何计算工具无可比拟的。而且在理论上计算机的计算精度并不受限制，通过一定的技术手段可以实现任何精度要求。

3. 记忆能力强

随着计算机存储容量的不断增大，可存储记忆的信息越来越多。目前，计算机不仅提供了大容量的主存储器，同时提供了海量的外部存储器，只要存储介质不被破坏，就可以使信息永久存储，永不丢失。

4. 具有逻辑判断能力

计算机不仅能进行数值计算，而且能进行各种逻辑运算，具有逻辑判断能力。因此，可以处理各种非数值数据，如语言、文字、图形、图像、音乐等。

5. 有自动控制能力

计算机内部操作是根据人们事先编好的程序自动控制进行的。用户根据需要，事先设计好运行步骤与程序，计算机十分严格地按程序规定的步骤操作，整个过程不需要人工干预。这也是计算机区别于其他工具的本质特点。

1.2.2　计算机的分类

通用计算机按照计算机的运算速度、存储容量、指令系统的规模等综合指标将其划分为巨型机、大型机、小型机、微型机及工作站等几大类。

1. 巨型机

巨型机运算速度快，可达每秒几百亿次；主存容量大，最高可达几百兆字节甚至几百万兆字节；结构复杂，一般采用多处理器结构，价格昂贵。巨型机的生产和研制是衡量一个国家经济实力和科技水平的重要标志。中国自行研制的银河巨型机的运算速度已达每秒上百亿次，这也使我国成为世界上能研制巨型机的少数国家之一。巨型机主要应用于复杂、尖端的科学研究领域，特别是军事科学计算。

2. 大型机

大型机是指通用性能好、外部设备负载能力强、处理速度快的一类计算机。在运算速度、主存容量等性能指标方面仅次于巨型机。主要应用于大公司、银行、政府部门、制造企业等大型机构中，用于进行事务处理、商业处理、信息管理、大型数据库处理和数据通信等。

3. 小型机

小型机具有规模小、结构简单、价格较低、易于操作和维护等优点。既可用于科学计算、数据处理，也可用于工业自动控制、数据采集及分析处理。

4. 微型机

微型机采用微处理器、半导体存储器和输入/输出接口等部件，使得它体积小、性价比高、灵活性好、使用方便。微型机是当今世界上使用最广泛、产量最大的一类计算机。

5. 工作站

工作站是介于微型机和小型机之间的一种高档微型计算机。它具有较强的图形功能和数据处理能力，一般配有大屏幕显示器和大容量的内、外存。主要应用于图形、图像处理。

随着大规模集成电路的发展，目前，微型计算机与工作站、小型计算机乃至大型机之间的界限已经不明显，现在微处理器的速度已经达到甚至超过了过去一些大型机 CPU 的速度。

1.2.3　计算机的应用

现在计算机已经被广泛地应用到社会的各个领域中，从科研、生产、国防、文化、教育、卫生，直到家庭生活都离不开计算机提供的服务。计算机正在改变着人们的工作、学习和生活方式，推动着社会的发展。其应用领域可归纳为以下几个方面。

1. 科学计算

科学计算也称数值计算。计算机最开始就是为解决科学研究和工程设计中遇到的大量数学问题的数值计算而研制的计算工具。时至今天，虽然计算机在其他方面的应用得到了不断加强，但它仍然是科学研究和科学计算的最佳工具。例如，人造卫星轨迹的计算、地震预测、气象预报及航天技术等，都离不开计算机的精确计算。

2. 信息处理

信息处理主要是指利用计算机来加工、管理和操作各种形式的数据资料，包括对数据资料的收集、存储、加工、分类、排序、检索和发布等一系列工作。在科学研究和工程技术中，往往会得到大量的原始数据，其中包括大量图片、文字、声音等，这些信息需要利用计算机进行处理。目前计算机的信息处理应用已非常普遍，如办公自动化、企业管理、物资管理、报表统计、财务管理、图书资料管理、商业数据交流、信息情报检索等。信息处理已成为当代计算机的主要任务，是现代化管理的基础。据统计，全世界计算机用于信息处理的工作量占全部计算机应用的 80% 以上。

3. 自动控制

自动控制是指通过计算机对某一过程进行自动操作，它无需人工干预，能按人们预定的目标和预定的状态进行自动控制。目前计算机被广泛应用于钢铁工业、石油化工业和医药工业等复杂的生产自动控制中，从而大大提高了控制的实时性和准确性，提高了劳动效率和产品质量，降低了成本，缩短了生产周期。计算机自动控制还在国防和航空航天领域中起着决定性作用，例如，对无人驾驶飞机、导弹、人造卫星和宇宙飞船等飞行器的控制，都是靠计算机实现的。可以说，计算机是现代国防和航空航天领域的神经中枢。

4. 计算机辅助设计与制造

计算机辅助设计（Computer Aided Design，CAD）是指借助计算机强有力的计算功能和高效率的图形处理能力，人们可以自动或半自动地完成各类工程设计工作。目前 CAD 技术已应用于飞机设计、船舶设计、建筑设计、机械设计、大规模集成电路设计等。采用 CAD 可缩短设计时间，提高工作效率，节省人力、物力和财力，更重要的是提高了设计质量。

计算机辅助制造（Computer Aided Manufacturing，CAM）有广义和狭义之分。广义 CAM 是指利用计算机辅助完成从原材料到产品的全部制造过程，其中包括直接制造过程和间接制造过程；狭义 CAM 是指在制造过程中的某个环节应用计算机，在计算机辅助设计和制造系统中，通常是指计算机辅助机械加工，更明确地说，是指数控加工，它的输入信息是零件的工艺路线和工序内容，输出信息是刀具加工时的运动轨迹和数控程序。

5. 人工智能

人工智能（Artificial Intelligence，AI）是计算机应用中一个新的领域，这方面的研究和应用正处于发展阶段，在医疗诊断、定理证明、语言翻译、机器人等方面，已经有了显著的成效。例如，用计算机模拟人脑的部分功能进行思维学习、推理、联想和决策，使计算机具有一定的"思维能力"。机器人是计算机人工智能的典型例子，其核心是计算机。第一代机器人是机械手；第二代机器人对外界信息能够反馈，有一定的触觉、视觉、听觉；第三代机器人是智能机器人，具有感知和理解周围环境的能力，能使用语言，有推理、规划和操纵工具的技能，能模仿人完成某些动作。机器人不会疲劳，精确度高，适应力强，现已开始用于搬运、喷漆、焊接、装配等工作。机器人还能代替人在危险工作中进行繁重的劳动，如在有放射性污染、有毒、高温、低温、高压、水下等环境中工作。

6．多媒体技术应用

多媒体（Multimedia）是指文本、音频、视频、动画、图形和图像等各种媒体信息的综合。在医疗、教育、商业、银行、保险、行政管理、军事、工业、广播和出版等领域中，多媒体的应用发展很快。随着网络技术的发展，计算机的应用进一步深入社会的各行各业中，人们通过高速信息网实现数据与信息的查询、高速通信服务（电子邮件、电视电话、电视会议、文档传输）、电子教育、电子娱乐、电子购物、远程医疗和会诊、交通信息管理等。计算机的应用将推动信息社会更快地向前发展。

7．计算机仿真

在对一些复杂的工程问题和复杂的工艺过程、运动过程、控制行为等进行研究时，在数学建模的基础上，用计算机仿真的方法对相关的理论、方法、算法和设计方案进行综合、分析和评估，可以节省大量的人力、物力和时间。用计算机构成的模拟训练器和虚拟现实环境对宇航员和飞机、舰艇驾驶员进行模拟训练，也是目前培训驾驶员常用的办法。在军事研究领域，目前也常用计算机仿真的方法来代替真枪实弹、真兵演练的攻防对抗军事演习。

8．电子商务

电子商务（Electronic Commerce）是指在 Internet 开放的网络环境下，为电子商户提供服务，实现消费者的网上购物、商户之间的网上交易和在线电子支付的一种新型的商业运营模式。电子商务是 Internet 爆炸式发展的直接产物，是网络技术应用的全新发展方向。Internet 本身所具有的开放性、全球性、低成本及高效率的特点，也成为电子商务的内在特征，并使得电子商务大大超越了作为一种新的贸易形式所具有的价值。电子商务对我们的生活方式也产生了深远影响。人们进行网上购物可以足不出户，看遍世界；网上的搜索功能可以让顾客方便地货比多家。同时，消费者将能够以一种十分轻松自由的自我服务方式来完成交易，从而使用户对服务的满意度大幅度提高。

1.3　计算机系统的结构

计算机是一种按程序自动、高速地进行信息处理的系统，它由硬件和软件两大部分组成。计算机硬件的基本功能是接受计算机软件的控制，实现数据输入、运算、数据输出等一系列基本操作。硬件是基础，软件是灵魂，这两者相互依存，密不可分。本节主要介绍通用计算机系统的组成以及计算机系统的层次结构。

1.3.1　计算机系统的组成

一个完整的计算机系统包含计算机硬件系统和计算机软件系统两大部分，如图 1-2 所示。组成一台计算机的物理设备的总称叫做计算机硬件系统，是实实在在的物体。

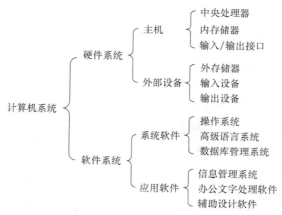

图 1-2　计算机系统的组成

　　指挥计算机工作的各种程序的集合称为计算机软件系统，是控制和操作计算机工作的核心。计算机通过执行程序而运行，工作时软、硬件协同工作，二者缺一不可。硬件是软件工作的基础，离开硬件，软件无法工作；软件是硬件功能的扩充和完善，有了软件的支持，硬件功能才能得到充分的发挥。两者相互渗透、相互促进，可以说硬件是基础，软件是灵魂，只有将硬件和软件结合成统一的整体，才能称其为一个完整的计算机系统。

1.3.2　计算机系统的层次结构

　　作为一个完整的计算机系统，硬件和软件是按一定的层次关系组织起来的。最内层是硬件，完全由逻辑电路组成，通常称为裸机。硬件的外层是操作系统，而操作系统的外层是其他的软件，最外层是用户程序，如图 1-3 所示。所以说，操作系统是直接管理和控制硬件的系统软件，其自身又是软件的核心，同时也是用户与计算机打交道的桥梁——接口软件。操作系统向下控制硬件，向上支持软件，其他软件都必须在操作系统的支持下才能运行。也就是说，操作系统最终把用户和物理机器隔开了，凡是对计算机的操作一律转化为对操作系统的使用，所以用户使用计算机

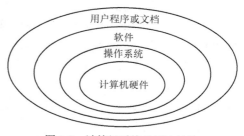

图 1-3　计算机系统的层次结构

就要通过使用操作系统实现了。这种层次关系为软件开发、扩充和使用提供了强有力的手段。

1.3.3　计算机的硬件系统

　　计算机硬件是指一些电子的、磁性的、机械的器件按一定结构组成的设备，如中央处理器、磁盘、键盘、显示器、打印机等。每个功能部件各尽其职、协调工作，缺少其中任何一个就不能成为完整的计算机系统。

1. 中央处理器

　　中央处理器 CPU 主要由控制器、运算器和寄存器组成，通常集中在一块芯片上，是计算机系统的核心器件。计算机以 CPU 为中心，输入和输出设备与存储器之间的数据传输和处理都通过 CPU 来控制执行。微型计算机的中央处理器又称为微处理器。微处理器采用超大规模集成电路制成，随着计算机技术的进步，微处理器的性能飞速提高。

目前比较著名的 CPU 生产厂家有 Intel、AMD、IBM、Apple、Motorola 等。Intel 公司是世界上最大的 CPU 生产厂家，近年来 Intel 和 AMD 相继推出自己的双核心处理器和四核心处理器，使双核心乃至多核心处理器走入了主流领域，如图 1-4 所示。

图 1-4 Inter 和 AMD 公司生产的 CPU

（1）运算器。运算器又称算术逻辑单元（Arithmetic Logic Unit，ALU），运算器是用来进行算术运算和逻辑运算的元件。

（2）控制器。控制器负责从存储器中取出指令、分析指令、确定指令类型并对指令进行译码，按时间先后顺序负责向其他各部件发出控制信号，保证各部件协调工作。

（3）寄存器。寄存器是用来存放当前运算所需的各种操作数、地址信息、中间信息、中间结果等内容的。将数据暂时存于 CPU 内部寄存器中，加快了 CPU 的操作速度。

（4）CPU 的性能指标。

① 时钟频率。时钟频率又称主频，单位是 Hz，它是衡量 CPU 运行速度的重要指标。对同一类型的计算机而言，主频越高，运算速度越快。

② 字长。字长是指 CPU 一次可以直接处理的二进制数码的位数，它通常取决于 CPU 内部通用寄存器的位数和数据总线的宽度。字长越大，CPU 处理信息的速度越快，运算精度越高。

③ 集成度。集成度指 CPU 芯片上集成的晶体管的密度，集成度也是衡量 CPU 的一个重要技术指标。

2. 存储器

存储器用来存储数据和程序。存储器分为主存储器和辅助存储器。

（1）主存储器。主存储器又称内存，CPU 可以直接访问它，其容量为 512MB～4GB，存取速度可达 6ns，主要存放将要运行的程序和数据。

微机的主存采用半导体存储器（见图 1-5），其体积小、功耗低、工作可靠、扩充灵活。

图 1-5 微机主存

半导体存储器按功能可分为随机存储器（Random Access Memory，RAM）和只读存储器（Read Only Memory，ROM）。

RAM 是一种既能读出也能写入的存储器，适合于存放经常变化的用户程序和数据。RAM 只能在电源电压正常时工作，一旦电源断电，里面的信息将全部丢失。ROM 是一种只能读出而不能轻易写入的存储器，用来存放固定不变的程序和常数，如监控程序、操作系统中的 BIOS 等。ROM 必须在电源电压正常时才能工作，但断电后信息不会丢失。

（2）辅助存储器。辅助存储器属外部设备，又称外存，常见的有硬盘、光盘、移动外存储器。

① 硬磁盘存储器。

硬磁盘存储器通常简称为硬盘，是计算机系统配置中必不可少的外存储器，其结构如图 1-6 所示。硬盘是在非磁性的合金材料或玻璃基片表面涂上一层很薄的磁性材料，通过磁层的磁化方向来存储信息的。

在微型计算机中使用的硬盘称为温式硬盘，它采用了 IBM 公司的一个研究所最先开发的"温彻斯特（Winchester）技术"。

硬盘驱动器由磁盘、磁头及控制电路组成，信息存储在磁盘上，由磁头负责读出或写入。磁盘机加电后，其磁盘片就开始高速旋转。当硬盘接到一个系统读取数据指令后，磁头根据给出的地址，首先按磁道号产生驱动信号进行定位，然后再通过盘片的转动找到具体的扇区（所耗费的总时间称为寻道时间），如图 1-7 所示，最后由磁头读取指定位置的信息并传送到硬盘自带的 Cache 中（此过程的数据传输速度即为硬盘的内部传输速度）。在 Cache 中的数据可以通过硬盘接口与主机进行数据交换，这时的数据传输速度就是硬盘标称的传输速度。

图 1-6　硬盘的内部结构

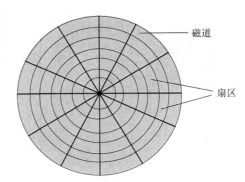

图 1-7　磁道与扇区

硬盘的容量目前已达 2TB，常用的也在 320GB 以上。

② 光盘存储器。

光盘存储器主要包括光盘、光盘驱动器（CD-ROM 驱动器）和光盘控制器。现在，CD-ROM 驱动器也已成为微型计算机的标准配置。

最常用到的 CD-ROM 光盘盘片（见图 1-8）由 3 层组成：透明的聚碳酸酯塑料衬底、记录信息的铝反射层和涂漆保护层。铝反射层上布满许多极小的凹坑和非凹坑，聚焦的激光束照射到光盘上，凹坑与非凹坑对激光的反射强度不同。CD-ROM 光盘就利用这种反射强度的差别来读出所存储的信息。

目前用于微型计算机系统的光盘按照读/写方式可分为只读光盘、一次性刻录光盘和可擦写光盘 3 类。

只读光盘：只读光盘（CD-ROM、CD、VCD、LD、DVD）均是一次成型的产品，由一种称做母盘的原盘压制而成，一张母盘可以压制数千张光盘。其最大特点是盘上信息一次制成，可以复读但不能再写。一般我们用来听音乐的 CD 盘、VCD 影碟以及存放程序文件和游戏节目的 CD-ROM 均属此类。这种光盘的数据存储量一般为 650～700MB。数字视频盘（Digital Video Disc，DVD）主要用于存储视频图像。单个 DVD 盘片上能存放 4.7GB～17.7GB 数据。目前其最大传输速率是 2Mbit/s。

一次性刻录光盘 CD-R：CD-R 是只能写入一次的光盘。它需要用专门的光盘刻录机（见图 1-9）将信息写入，刻录好的光盘不允许再次更改。这种光盘的容量一般为 650MB。

可擦写的光盘：可擦写的光盘（CD-RW）与 CD-R 光盘本质的区别是前者可以重复读写。也就是说，对于存储在光盘上的信息，可以根据操作者的需要自由更改、读出、复制或删除。

③ 移动外存储器。

目前主要使用的移动外存储器主要有闪存盘和 USB 硬盘。

闪存盘（Flash Disk），又称优盘（见图 1-10），采用一种可读写的半导体存储器——闪速存储器（Flash Memory）作为存储媒介，通过通用串行总线接口（USB）与主机相连，可以像使用软、硬盘一样在该盘上读写、传送文件。目前的 Flash Memory 产品可擦写次数都在 100 万次以上，数据至少可保存 10 年，而存取速度至少比软盘快 15 倍以上。优盘的可靠性远高于磁盘，为数据安全性提供了更好的保障。闪存盘工作时不需要外接电源，可热插拔，体积较小，便于携带，同时还有很好的抗震防潮、耐高低温等特点。

图 1-8　CD-ROM 光盘

图 1-9　光盘刻录机

图 1-10　闪存盘

虽然优盘具有性能高、体积小等优点，但对于需要较大数据存储量的情况，其容量就不能满足要求了，这时可以使用一种称为 USB 硬盘的可移动硬盘。

（3）存储器的主要性能指标。

① 存储容量。存储容量是指每一个存储芯片或模块能够存储的二进制位数。常用单位有 b（bit，位/比特）、B（Byte，字节）、KB（Kilo Byte，千字节）、MB（Mega Byte，兆字节）、GB（Giga Byte，吉字节）、TB（Tera Byte，太字节）等。

其中，b 表示"位"，二进制数序列中的一个 0 或一个 1 就是一位，也称为一个比特。字节（Byte）是计算机中最常用、最基本的存储单位。一个字节等于 8 个比特，即 1Byte = 8bit。

$1KB = 1\ 024B = 2^{10}B$；　　　　　　$1MB = 1\ 024KB = 2^{20}B$；

$1GB = 1\ 024MB = 2^{30}B$；　　　　　　$1TB = 1\ 024GB = 2^{40}B$。

② 存取速度。存取速度是指从 CPU 给出有效的存储器地址到存储器输出有效数据所需要的时间。内存的存取速度通常以 ns 为单位。内存的存取速度关系着 CPU 对内存读／写的时间，不同型号规格的内存有不同的速度，如 ROM 就有 27010-20，27010-15 等不同的速度。DRAM 也有 411000-7、411000-6 等不同的速度，这些编号后面的数字代表存储的响应时间，即 20 代表 200ns，15 代表 150ns，7 代表 70ns，6 代表 60ns，可以看出 RAM 的速度比 ROM 的速度快很多。

3. 输入/输出设备

输入/输出设备简称 I/O 设备,它是外部与计算机交换信息的渠道,用户通过输入设备将程序、数据、操作命令等输入计算机,计算机通过输出设备将处理的结果显示或打印出来。计算机常用的输入设备有键盘、鼠标、摄像头、话筒、扫描仪、数码相机等。常用的输出设备有显示器、打印机、投影仪、声音输出设备等。

（1）键盘。尽管目前人工的语音输入法、手写输入法、触摸输入法以及自动的扫描识别输入法等的研究已经有了巨大的进展,但键盘仍然是最主要的输入设备,如图 1-11 所示。键盘主要用于输入数据、文本、程序和命令。常用键盘有 101 键、104 键之分。按照各类按键的功能和排列位置,可将键盘分为 5 个功能区域:打字机键区、光标键区、小键盘区、功能键区和指示灯面板区。

PC 上的键盘接口有 3 种:第 1 种是比较老式的直径 13mm 的 PC 键盘接口,现在已基本被淘汰;第 2 种是直径 8mm 的 PS/2 键盘接口;第 3 种是 USB 接口,USB 接口的键盘现在已经开始普及。

图 1-11　键盘

（2）鼠标。鼠标是计算机不可缺少的一种重要输入设备,鼠标可以极大地方便对软件的操作,尤其是在图形环境下的操作,如图 1-12 所示。鼠标的分类有很多种。

图 1-12　机械鼠标和光电鼠标

按照工作的原理分类:可分为机械式鼠标和光电式鼠标。机械式鼠标中存在一个滚球,利用滚球在桌面上的移动,使屏幕上的光标随着移动。这种鼠标的特点是:原理简单、价格便宜、操作方便,但易沾灰尘,影响移动。光电式鼠标的底部有一个发光二极管(LED),通过检测发光二极管发出的反射光,并转换为移动信号传入计算机,使屏幕光标随之移动。光电式鼠标功能优于机械式鼠标,但其缺点是需要一块反射板,使用不大方便,价格也贵一些。

按照接口类型分类:有 PS/2 接口鼠标、串行接口鼠标、USB 接口鼠标、红外接口鼠标和无线接口鼠标。PS/2 鼠标用的是 6 针的小型圆形接口;串口鼠标用的是 9 针的 D 型接口;USB 鼠标使用 USB 接口,具有即插即用特性;红外线接口鼠标用红外线与计算机进行数据传输;无线接口鼠标则通过无线电信号与计算机进行数据传输,后两种鼠标都没有连接线,故也称为遥控鼠标,使用起来较为灵活，不受连接线的限制。但红外线接口鼠标使用时要正对着计算机，角度不能太大，而无线接口鼠标就没有这个限制。

（3）显示器。CRT 显示器曾是应用最普遍的基本输出设备。它由监视器和装在主机内的显示控制适配器两部分组成，如图 1-13 所示。显示控制适配器是监视器和主机的接口电路，也称为显示卡。显示卡有多种型号，如 VGA、TVGA、VEGA、MCGA 等。

液晶显示器（LCD）以前只在笔记本电脑中使用，目前在台式机系统中已替代 CRT 显示器。它省电且轻薄，外形美观，图形清晰，不存在刷新频率和画面闪烁的问题，成本也很便宜，液晶显示器只能借助于其他光源工作，亮度较低，如图 1-14 所示。

图 1-13　CRT 显示器　　　　　　　　　　　　图 1-14　LCD 显示器

（4）打印机。打印机也是计算机中最重要的输出设备之一，它可以将计算机运行的结果、文本、图形、图像等信息打印在纸上。现在打印机与主机之间的数据传送方式主要采用并行口和 USB 口。

打印机的种类也有很多种。

按照打印原理可分为：击打式打印机和非击打式打印机。击打式打印机是用机械方法，使用打印针或字符锤击打色带，在打印纸上印出字符。非击打式打印机是通过激光、墨、热升华、热敏等方式将字符印在打印纸上。目前计算机系统中常用的针式打印机（又称点阵打印机）属于击打式打印机，喷墨打印机和激光打印机属于非击打式打印机。

① 点阵打印机：又称针式打印机，它是利用机械钢针击打色带和纸而打印出字符和图形。具有宽行打印、连续打印、性价比较高等优点，但打印速度慢，噪音大，如图 1-15 所示。

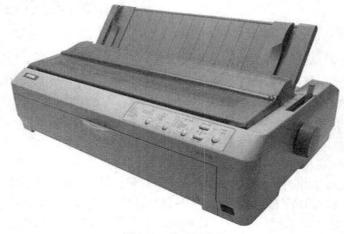

图 1-15　针式打印机

② 喷墨打印机：喷墨打印机是利用墨水通过精细的喷头喷到纸面上而产生字符和图像。它的特点是体积小、重量轻、噪音低、打印精度高，特别是其色彩印刷能力很强，但打印成本较高，如图 1-16 所示。

图 1-16　喷墨打印机

③ 激光打印机：激光打印机是激光扫描技术与电子照相技术相结合的产物，由激光扫描系统、电子照相系统和控制系统三大部分组成。它的特点是速度高、噪音小、打印质量好，适合于各种文字、图形及图像的打印，如图 1-17 所示。

图 1-17　激光打印机

1.3.4　计算机的软件系统

计算机软件是相对于硬件而言的，它包括计算机运行所需的各种程序、数据及其有关技术文档资料。只有硬件而没有任何软件支持的计算机称为裸机。在裸机上只能运行机器语言程序，使用很不方便，效率也低。硬件是软件赖以运行的物质基础，软件是计算机的灵魂，是用户与硬件之间的界面。有了软件，人们可以不必过多地去了解计算机本身的结构与原理而方便灵活地使用计算机。因此，一个性能优良的计算机硬件系统能否发挥其应有的功能，很大程度上取决于所配置的软件是否完善和丰富。软件不仅提高了计算机的效率、扩展了硬件功能，也方便了用户使用。

1. 计算机软件的层次结构

计算机软件是指计算机中的程序、数据及其文档。计算机软件是计算机系统的灵魂，计算机用户是通过软件来管理和使用计算机的。计算机软件内容丰富、种类繁多，通常根据软件用途可将其分为系统软件和应用软件两类。系统软件是由计算机制造者提供的用于管理、控制和维护计算机系统资源的软件。系统软件又可分为系统软件和支撑软件，如操作系统、各种编程语言、各种编程语言的处理程序、常用服务程序等。应用软件是计算机用户用计算机及其提供的各种系统软件开发的解决各种实际问题的软件。计算机软件的层次结构如图 1-18 所示。

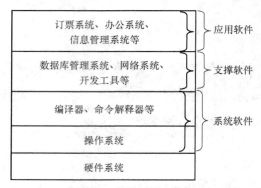

图 1-18　软件的层次结构

（1）系统软件。系统软件是计算机系统中最靠近硬件层次的软件。系统软件是用于管理、控制和维护计算机系统资源的程序集合，如操作系统、汇编程序、编译程序等都是系统软件。系统软件与具体的应用领域无关，解决任何领域的问题一般都要用到系统软件。

操作系统（Operating System，OS）是在计算机硬件的发展和实际应用需求的推动下产生和发展起来的，是现代计算机系统中一种必不可少的系统软件，它经过了从简单到复杂的很长的发展过程，目前已成为计算机系统中最基础最重要的系统软件。随着计算机技术的飞速发展，计算机软、硬件资源越来越丰富，用户要求更方便、更灵活地使用计算机系统，因此现代计算机系统中至少要配置一种操作系统。目前较为流行的操作系统有：Windows 系列、UNIX、Linux、OS/2、Netware 等。

（2）支撑软件。支撑其他软件的开发与维护的软件，如各种接口软件（如 USB 驱动程序、打印机驱动程序）、软件开发工具和环境（如 C 语言、JBuilder）、数据库管理系统（如 Access、Oracle、Sybase）等。

（3）应用软件。应用软件是为解决特定应用领域问题而编制的应用程序，如财务管理软件、火车订票系统、交通管理系统等都是应用软件。

系统软件、支撑软件和应用软件三者既有分工，又相互结合，而且相互有所覆盖、交叉和变动，并不能截然分开。如操作系统是系统软件，但它也支撑了其他软件的开发，也可看作是支撑软件。在现代计算机软件层次结构中，操作系统是最基础的软件。面对复杂的计算机硬件结构，操作系统使用户真正成为计算机的主人。操作系统是对计算机硬件功能的第一次扩展，使得用户可以很方便地管理和使用系统资源，并在其上开发各类应用软件，进一步扩展计算机系统的功能。

需要说明的是，随着计算机技术的不断发展，在计算机系统中，硬件和软件之间并没有一条明确的分界线。理论上，任何一个由软件完成的操作也可以直接由硬件来实现，而任何一个由硬件所执行的指令也能够用软件来完成。软件和硬件之间的界线是经常变化的，今天的软件可能就是明天的硬件，反之亦然。只是在具体的实际应用中需要考虑成本、性能、可靠性等多方面的因素，从而决定采用硬件或软件来实现。

2. 计算机语言

软件实际上就是人们事先编写好的计算机程序。编写程序的过程称为程序设计，书写程序用的"语言"，叫做程序设计语言，即计算机语言。计算机语言的发展从面向过程，到面向对象，现在又进一步发展成为面向组件，经历了非常曲折的过程。总的来说，计算机语言可以分成机器语言、汇编语言、高级语言和面向对象语言等。

（1）机器语言。机器语言是第一代计算机语言，全部由二进制 0、1 代码组成。它是面向机器的计算机语言，由计算机的设计者通过计算机的硬件结构赋予计算机的操作功能，因此用机器语言编写的程序，计算机硬件可以直接识别和操作。机器语言具有灵活、直接执行和速度快等特点。但是，使用机器语言编写程序具有许多缺点。

① 不容易记忆。由于每台计算机都有自己的指令集，所谓指令是指一种规定 CPU 执行某种特定操作的命令，也称为机器指令。用机器语言编写的程序，编程人员要熟记所用计算机的全部指令代码和代码的含义，而每条指令都是二进制形式的指令代码，由 0 和 1 组成，形式上没有明确的含义，很难记忆。

② 程序编写难度大。编写程序时，程序员得自己处理每条指令、每一数据的存储分配和输入/输出，还得记住编程过程中每步所使用的工作单元处在何种状态。这是一件十分烦琐的工作，编写程序花费的时间往往是实际运行时间的几十倍或几百倍。

③ 程序可读性差。程序的可读性是指通过程序代码能够理解程序完成的功能。利用机器语言编写的程序完全由 0、1 代码组成，很难读懂程序。

④ 可维护性差。程序的可维护性是指对程序的调试、测试和修改的方便性。利用机器语言编写的程序很难定位错误，调试、测试困难，发现错误后，修改也不方便。

⑤ 移植性差。程序的移植性是指在一台计算机上编写的程序不被修改或被少量修改就能够在其他的计算机上正确运行的难易程度。由于机器语言指令是计算机的设计者通过计算机的硬件结构赋予计算机的操作功能，因此机器语言指令与计算机的硬件是密切相关的，即不同的计算机硬件（主要是 CPU），其机器语言一般是不相同的。可见，利用机器语言编写的程序移植性很差。

（2）汇编语言。为了克服机器语言难读、难编、难记和易出错的缺点，人们就用与指令代码实际含义相近的英文缩写词、字母和数字等符号来取代机器代码（如用 ADD 表示运算符号"＋"的机器代码），于是就产生了汇编语言。汇编语言是第二代计算机语言，但仍然是面向机器的计算机语言。

汇编语言由于采用了助记符号来编写程序，比用机器语言的二进制代码编程方便了许多，在一定程度上简化了编程过程。汇编语言的特点是用助记符号代替机器指令代码，而且助记符与指令代码一一对应，基本保留了机器语言的灵活性。使用汇编语言编写系统软件和过程控制软件，其目标程序占用内存空间少，运行速度快，有着高级语言不可替代的用途。但是，由于不同的计算机具有不同结构的汇编语言，而且，对于同一问题所编制的汇编语言程序在不同种类的计算机间是互不相通的，因此汇编语言程序的移植性也很差。同时，由于汇编语言使用了助记符号，使用汇编语言编制的程序输入计算机后，计算机对它不能象用机器语言编写的程序那样直接识别和执行，必须通过预先放入计算机的"汇编程序"的加工和翻译，才能变成能够被计算机识别和处理的二进制代码程序。用汇编语言等非机器语言书写好的符号程序称为源程序，运行时汇编程序要将源程序翻译成目标程序，目标程序是机器语言程序。

（3）高级语言。一般称机器语言和汇编为低级语言，主要是由于它们对机器的依赖性很大。用它们开发出的程序通用性差，且要求程序开发者必须熟悉和了解计算机硬件的每一个细节，因此它们面向的用户一般是计算机专业人员，普通计算机用户很难胜任这一工作，对于计算机的推广应用是不利的。随着计算机技术的发展及计算机应用领域的不断扩大，计算机用户的队伍也不断壮大，从 20 世纪 50 年代中期开始，逐步发展产生了高级语言。高级语言与具体的计算机硬件无关，其表达方式接近于被描述的问题，接近于自然语言和数学语言，易被人们接受和掌握。用高级语言编写程序要比用低级语言编写容易得多，大大简化了程序的编制和调试过程，使编程效率得到大幅度的提高。高级语言通用性强、兼容性好、便于移植。一个程序不经修改或少量修改就可以在不同的计算机系统上运行。

高级语言的一个执行语句通常由多条机器指令组成。一般将用高级语言编写的程序称为"源程序"。高级语言不能被计算机直接理解和执行，必须进行翻译。有两种翻译方法：一种是编译，另一种是解释，用于把高级语言源程序翻译成机器语言目标程序执行。编译是对整段程序进行翻译，然后连接运行；解释则是逐句进行，即边翻译、边执行。与低级语言相比，用高级语言编写的程序执行的时间和空间效率要差一些。

目前，计算机高级语言已有上百种之多，得到广泛应用的也有十几种，并且几乎每一种高级语言都有其最适用的领域。高级语言发展经历了两个阶段，第一阶段高级语言是过程化的语言，如 Basic 语言、C 语言、Fortran 语言、COBOL 语言、Pascal 语言、LISP 语言等都是过程化的语言。用过程化语言编程时需要一步一步地安排好计算机的执行顺序，要告诉计算机怎么做。第二个阶段的高级语言是非过程化语言，非过程化语言只需告诉计算机做什么就可以了，由计算机自己生成和安排执行的步骤。如 FoxBase、FoxPro 都是非过程化的语言。

（4）面向对象语言。面向对象语言是建立在用对象编程的方法基础上的，是当前程序设计采用最多的一种语言，这种语言具有封装性、继承性和多态性。面向对象程序设计语言像雨后春笋一般大量涌现，形成了两大类面向对象语言：一类是纯粹的面向对象语言，在纯粹的面向对象语言中，几乎所有的语言成分都是"对象"，如 Smalltalk、Java 等，这类语言强调开发快速原型的能力；另一类是混合型面向对象语言，如 C++、Object Pascal，这类语言是在传统的过程化语言基础上增加面向对象机制，它所强调的是运行效率。成熟的面向对象语言通常都提供丰富的类库和强有力的开发环境。

1.4　计算机的系统总线

计算机系统 5 大部件之间是通过总线互连在一起的。总线是计算机中各部件间、计算机系统之间传输信息的公共通路。

系统总线又称为内总线，是指连接计算机中的 CPU、内存、各种输入/输出接口部件的一组物理信号线及其相关的控制电路。它是计算机中各部件间传输信息的公共通路。由于这些部件通常都制作在各个插件上，故又叫做板级总线（即在一块电路板上各芯片间的连线）和板间总线。

系统总线传输 3 类信息：数据、地址和控制信息。因此，按照传输信息的不同，可将系统总线分为 3 类：地址总线、数据总线和控制总线。

（1）地址总线（Address Bus，AB）。地址总线主要用来指出数据总线上的源数据或目的数据在内存单元的地址。例如，欲从存储器中读出一个数据，则 CPU 要将此数据所在存储单元的地址送到地址总线上。又如，欲将某数据经 I/O 设备输出，则 CPU 除了需将数据送到数据总线上外，同时还需将该输出设备的地址（通常都经 I/O 接口）送到地址总线上。可见，地址总线上的代码用来指明 CPU 欲访问的存储单元或 I/O 端口地址，它是单向传输的。地址线的位数与存储单元的个数有关，如地址线为 20 根，则对应的存储单元个数为 220 字节。

（2）数据总线（Data Bus，DB）。数据总线用来传输各功能部件之间的数据信息，它是双向传输总线，其位数与机器字长、存储字长有关，一般为 8 位、16 位或 32 位。数据总线的条数称为数据总线的宽度，它是衡量系统性能的一个重要参数。

（3）控制总线（Control Bus，CB）。数据总线、地址总线都是被挂在总线上被所有部件共享的，使各部件能在不同时刻占有总线使用权，需依靠控制总线来完成，因此，控制总线是用来发出各种控制信号的传输线。对于任意一条控制线而言，它的传输只能是单向的。例如，存储器读/写命令、I/O 读/写命令都是由 CPU 发出的。但对于控制总线整体来说，又可认为是双向的。例如，I/O 设备也可以向 CPU 发出请求信号，如当某设备准备就绪时，便向 CPU 发中断请求。此外，控制总线还起到监视各部件状态的作用。如查询该设备是处于"忙"还是"闲"的状态，是否出错等。因此总体而言，控制信号既有输出又有输入。

1.5　信息安全及计算机病毒

1.5.1　信息安全

信息安全是指信息网络的硬件、软件及其系统中的数据受到保护，不受偶然的或者恶意的原因而遭到破坏、更改、泄露，系统连续可靠正常地运行，信息服务不中断。

信息安全涉及信息的保密性（Confidentiality）、完整性（Integrity）、可用性（Availability）、可控性（Controllability）和不可否认性（Non-Repudiation）。保密性就是对抗对手的被动攻击，保证信息不泄漏给未经授权的人。完整性就是对抗对手主动攻击，防止信息被未经授权的人篡改。可用性就是保证信息及信息系统确实为授权使用者所用。可控性就是对信息及信息系统实施安全监控。综合起来说，就是要保障电子信息的有效性。

在网络系统中主要的信息安全威胁有以下几个方面。

窃取：非法用户通过数据窃听的手段获得敏感信息。

截取：非法用户首先获得信息，再将此信息发送给真实接收者。

伪造：将伪造的信息发送给接收者。

篡改：非法用户对合法用户之间的通信信息进行修改，再发送给接收者。

拒绝服务攻击：攻击服务系统，造成系统瘫痪，阻止合法用户获得服务。

行为否认：合法用户否认已经发生的行为。

非授权访问：未经系统授权而使用网络或计算机资源。

传播病毒：通过网络传播计算机病毒，其破坏性非常高，而且用户很难防范。

1.5.2　计算机病毒

计算机病毒是目前网络系统中破坏性非常大的一种信息安全威胁。

1. 计算机病毒的定义

计算机病毒有很多种定义，从广义上讲，凡是能引起计算机故障，破坏计算机中数据的程序统称为计算机病毒。现今国外流行的定义为：计算机病毒是一段附着在其他程序上的、可以实现自我繁殖的程序代码。在国内，《中华人民共和国计算机信息系统安全保护条例》中对病毒的定义是"计算机病毒是指编制或者在计算机程序中插入的破坏计算机功能或者数据，影响计算机使用，并且能够自我复制的一组计算机指令或者程序代码"。此定义具有法律性和权威性。

2. 计算机病毒的特点

计算机病毒具有以下几个特点。

（1）寄生性：计算机病毒寄生在其他程序之中，当执行这个程序时，病毒就起破坏作用，而在未启动这个程序之前，它是不易被人发觉的。

（2）传染性：计算机病毒不但本身具有破坏性，更可怕的是具有传染性，一旦病毒被复制或产生变种，其传染速度之快令人难以预防。

（3）潜伏性：计算机病毒一般都能潜伏在计算机系统中，当其触发条件满足时，就启动运行。如黑色星期五病毒，不到预定时间一点儿都觉察不出来，等到条件具备的时候一下子就爆炸开来，对系统进行破坏。

（4）隐蔽性：计算机病毒具有很强的隐蔽性，有的可以通过病毒软件检查出来，有的根本就查不出来，有的时隐时现、变化无常，这类病毒处理起来通常很困难。

3. 计算机病毒的表现形式

计算机受到病毒感染后，会表现出不同的"症状"。

（1）计算机不能正常启动：加电后计算机根本不能启动，或者可以启动，但所需要的时间变长了。有时会突然出现黑屏现象。

（2）运行速度降低：如果发现在运行某个程序时，读取数据的时间比原来长，存取文件或调用文件的时间都增加了，那就可能是由于病毒造成的。

（3）磁盘空间迅速变小：由于病毒程序要进驻内存，而且又能繁殖，因此使内存空间变小甚至变为"0"。

（4）文件内容和长度有所改变：一个文件存入磁盘后，本来它的长度和其内容都不会改变，可是由于病毒的干扰，文件长度可能改变，文件内容也可能出现乱码。有时文件内容无法显示或显示后又消失了。

（5）经常出现"死机"现象：正常的操作是不会造成死机现象的，即使是初学者，命令输入不对也不会死机。如果计算机经常死机，或者是在无任何外界介入下，系统自动重启，那极可能是由于系统被病毒感染了。

（6）外部设备工作异常：因为外部设备受系统的控制，如果计算机中有病毒，外部设备在工作时可能会出现一些异常情况，出现一些用理论或经验说不清道不明的现象。

（7）磁盘坏簇莫名其妙地增多：病毒程序把自己或操作系统的一部分用坏簇隐起来。

（8）磁盘出现特别标签：病毒程序把自己的某个特殊标志作为标签，使接触到的磁盘出现特别标签。

（9）存储的数据或程序丢失：遭到病毒的恶意破坏，将数据或程序删除或隐藏。

（10）打印出现问题。

（11）生成不可见的表格文件或特定文件。

（12）出现一些无意义的画面问候语等显示。

（13）磁盘的卷标名发生变化。

（14）系统不认识磁盘或硬盘不能引导系统等。

（15）在系统内装有汉字库且汉字库正常的情况下不能调用汉字库或不能打印汉字。

（16）异常要求用户输入口令。

以上列出的仅仅是一些比较常见的病毒表现形式，由于病毒在不断的变异，肯定还会存在一些其他的特殊现象，这就需要由用户自己判断了。

4. 计算机病毒的防范

病毒的繁衍方式、传播方式不断地变化，在目前的计算机系统环境下，特别是对计算机网络而言，要完全杜绝病毒的传染几乎是不可能的。因此，我们必须以预防为主，预防计算机病毒主要从管理制度和技术两个方面进行。

（1）从思想和制度方面进行预防。首先，应该加强立法、健全管理制度。法律是国家强制实施的、公民必须遵循的行为准则。对信息资源要有相应的立法，为此，国家专门出台了《中华人民共和国计算机信息系统安全保护条例》《中华人民共和国信息网络国际联网管理暂行规定》来约束用户的行为，保护守法的计算机用户的合法权益。除国家制定的法律、法规外，凡使用计算机的单位都应制定相应的管理制度，避免蓄意制造、传播病毒的恶性事件发生。例如，建立安全管理责任，根据最小特权原则，对系统的工作人员和资源进行访问权限划分；建立人员许可证制度，对外来人员上机实行登记制度等。

其次，加强教育和宣传、打击盗版。加强计算机安全教育，使计算机的用户能学习和掌握一些必备的反病毒知识和防范措施，使网络资源得到正常合理的使用，防止信息系统及其软件的破坏，防止非法用户的入侵干扰，防止有害信息的传播。现在盗版软件泛滥，这也是造成病毒泛滥的原因之一。因此，加大执法力度，打击非法的盗版活动，使用正版软件是截断病毒扩散途径的重要手段。

（2）从技术措施方面进行预防。上述管理和制度能够在一定程度上预防计算机病毒的传播，但它是以牺牲数据共享的灵活性而获得的安全，同时给用户带来了一定的不便。因此，还应采取有效的技术措施。应采用纵深防御的方法，采用多种阻塞渠道和多种安全机制对病毒进行隔离，这是保护计算机系统免遭病毒危害的有效方法。应采取内部控制和外部控制相结合的措施，设置相应的安全策略。常用的方法有系统安全、软件过滤、文件加密、生产过程控制、后备恢复和安装防病毒软件等措施。安装一套公认最好的驻留式防毒产品，以便在进行磁盘及文件类操作时有效、及时地控制和阻断可能发生的病毒入侵、感染行为，尤其是上网的计算机更应安装具有实时防病毒功能的防病毒软件或防病毒卡。

1.6　计算机网络应用

计算机网络是计算机技术与通信技术相结合的产物，它由许多具有独立功能的计算机系统通过专门的通信设备和线缆连接起来，利用各种网络软件管理和协调各种设备工作。用户面对的是自己的客户端计算机，使用的是异地的局域网、企业内部网或校园网，甚至是信息的海洋——因特网。

1.6.1 计算机网络定义

计算机网络是指将在不同地理位置上分散的具有独立处理能力的多台计算机经过传输介质和通信设备相互连接起来，在网络操作系统和网络通信软件的支持下，按照统一的协议进行协同工作，达到资源共享的目的。计算机网络的功能如下。

（1）资源共享：充分利用计算机系统软、硬件是组建计算机网络的主要目的之一。网络的用户可以方便地使用网络中的共享资源，包括硬件资源、软件资源和信息资源。网络用户还可以访问或共享计算机网络上分散在不同区域、不同部门的各种信息，也可以访问或共享网络上的计算机、外围设备、通信线路、系统软件、应用软件等。

（2）数据通信：分布在不同区域的计算机系统通过网络进行数据传输是网络的最基本的功能。本地计算机要访问网络上另一台计算机的资源就是通过数据传输来实现的。

（3）信息的集中和综合处理：通过网络系统可以将分散在各地计算机系统中的各种数据进行集中或分级管理，经过综合处理形成各种图表、情报，提供给各种用户使用。通过计算机网络向全社会提供各种科技、经济和社会情报及各种咨询服务，在国内外已越来越普及。

（4）负载均衡：对于许多综合性的大问题，可以采用适当的算法，通过计算机网络，将任务分散到网络上不同的计算机中进行分布式处理。通过计算机网络可以合理调节网络中各种资源的负荷，以均衡负荷，减轻局部负担，缓解用户资源缺乏与工作任务过重的矛盾，从而提高设备的利用率。

（5）提高系统可靠性和性能价格比：在计算机网络中，即便一台计算机发生了故障，也并不会影响网络中其他计算机的运行，这样只要将网络中的多台计算机互为备份，就可以提高计算机系统的可靠性。另外，由多台廉价的个人计算机组成计算机网络系统，采用适当的算法，运行速度可以得到很大的提高，速度可以大大超过一般的小型机，又比大型机的价格便宜很多，因此具有较高的性能价格比。

1.6.2 Internet 服务

Internet 是一个全球性的计算机互联网络，中文名称为"国际互联网"、"因特网"、"网际网"或"信息高速公路"等，它是将不同地区规模大小不一的网络互相连接起来而组成的。Internet 中有各种各样的信息，所有人都可以通过网络的连接来共享和使用。Internet 实际上是一个应用平台，在它的上面可以开展很多种应用，主要服务包含以下几个方面。

（1）获取和发布信息：Internet 是一个信息的海洋，通过它可以得到无穷无尽的信息，其中有各种不同类型的书库和图书馆、杂志期刊和报纸。网络还可以提供政府、学校、公司、企业等机构的详细信息和各种不同的社会信息。这些信息的内容涉及社会的各个方面，几乎无所不有。网络用户可以坐在家里，了解全世界正在发生的事情，也可以将自己的信息发布到 Internet 上。

（2）电子邮件（E-mail）：平常的邮件一般是通过邮局传递的，收信人要等几天（甚至更长时间）才能收到信件。电子邮件和平常的邮件有很大的不同，电子邮件的写信、收信、发信过程都是在计算机网络上完成的，从发信到收信的时间以秒来计算，而且电子邮件几乎是免费的。同时，在世界上只要可以上网的地方，都可以收到别人寄来的邮件，而不像平常的邮件，必须到收信的地址才能拿到信件。

（3）网上交际：网络可以看成是一个虚拟的社会空间，每个人都可以在这个网络社会中充当一个角色。Internet 已经渗透到大家的日常生活中，人们可以在网上与别人聊天、交朋友、玩网络游戏。"网友"已经成为一个使用频率越来越高的名词，这个网友可以是完全不认识的人，他（她）可能远在天边，也可能近在眼前。网上交际已经完全突破传统的交友方式，不同性别、年龄、身份、职业、国籍、肤色的人，都可以通过 Internet 而结为好朋友，他们不用见面就可以进行各种各样的交流。

（4）电子商务：在互联网上进行商业贸易已经成为现实，而且发展得如火如荼，可以利用网络开展网上购物、网上销售、网上拍卖、网上货币支付等活动。它已经在海关、外贸、金融、税收、销售、运输等方面得到了广泛的应用。电子商务现在正向一个更加纵深的方向发展，随着社会金融基础设施及网络安全设施的进一步健全，电子商务将在世界上引起一场新的革命。

（5）网络电话：最近几年，IP 电话卡成为一种流行的电信产品，受到人们的普遍欢迎，因为它的长途话费大约只有传统电话的 1/3。IP 电话凭什么能够做到这一点呢？原因就在于它采用了 Internet 技术，是一种网络电话。现在市场上已经出现了很多种类型的网络电话，不仅能够听到对方的声音，而且能够看到对方，还可以是几个人同时进行对话，这种模式也称为"视频会议"。

（6）网上办公：Internet 的出现将改变传统的办公模式，人们可以坐在家里上班，然后通过网络将工作结果传回单位；出差的时候不用带很多的资料，因为随时都可以通过网络回到单位提取需要的信息，Internet 使全世界都可以成为办公的地点。

Internet 还有很多其他的应用，例如远程教育、远程医疗、远程主机登录、远程文件传输等。

习　题

一、选择题

1. 第一台电子计算机于 1946 年在（　　）诞生。
   A. 德国　　　　B. 日本　　　　C. 美国　　　　D. 英国
2. 世界上公认的第一台电子计算机（　　）是 1946 年诞生。
   A. ENIAC　　　B. EDSAC　　　C. EDVAC　　　D. IBM PC
3. 世界上第一台电子计算机的电子逻辑元件是（　　）。
   A. 继电器　　　B. 晶体管　　　C. 电子管　　　D. 集成电路
4. 第三代计算机采用（　　）的电子逻辑元件。
   A. 晶体管　　　B. 真空管　　　C. 集成电路　　　D. 超大规模集成电路
5. 就工作原理而论，世界上不同型号的计算机，一般认为是基于匈牙利籍的科学家冯·诺依曼提出的（　　）原理。
   A. 二进制数　　　B. 布尔代数　　　C. 开关电路　　　D. 存储程序
6. 以二进制和程序控制为基础的计算机结构是由（　　）最早提出的。
   A. 布尔　　　B. 卡诺　　　C. 冯·诺依曼　　　D. 图灵
7. 操作系统的主要功能是（　　）。
   A. 实现软、硬件转换　　　B. 管理系统所有的软、硬件资源
   C. 把源程序转换为目标程序　　　D. 进行数据处理
8. 微机的核心部件是（　　）。
   A. 内存储器　　　B. 总线　　　C. 硬盘　　　D. 微处理器

9. 微型计算机通常是由控制器、（　　　）等几部分组成。

  A．UPS、存储器和 I／O 设备   B．运算器、存储器和 UPS

  C．运算器、存储器和 I／O 设备   D．运算器、存储器

10. 通常计算机系统是指（　　　）。

  A．硬件和软件   B．系统软件和应用软件

  C．硬件系统和软件系统   D．软件系统

11. 微机系统中存取容量最大的部件是（　　　）。

  A．硬盘   B．主存储器   C．高速缓存   D．软盘

12. 微型计算机外存储器是指（　　　）。

  A．ROM   B．RAM   C．磁盘   D．虚拟盘

13. 计算机主要由（　　　）、存储器、输入设备和输出设备等部件构成。

  A．硬盘   B．软盘   C．键盘   D．运算控制单元

14. CPU 的中文含义是（　　　）。

  A．主机   B．中央处理单元 C．运算器   D．控制器

15. 中央处理器（简称 CPU）不包含（　　　）部分。

  A．控制单元   B．寄存器   C．运算逻辑单元 D．输出单元

16. 通常所说的计算机"病毒"是指（　　　）。

  A．生物病毒感染   B．细菌感染

  C．被损坏的程序   D．特制的具有破坏性的程序

17. 计算机杀毒软件的作用是（　　　）。

  A．检查计算机是否感染病毒，清除部分已感染的病毒

  B．杜绝病毒对计算机的侵害

  C．检查计算机是否感染病毒，清除已感染的任何病毒

  D．查出已感染的任何病毒，清除部分已感染的病毒

18. 下面列出的可能的计算机病毒传播途径，不正确的说法是（　　　）。

  A．使用来路不明的软件   B．编制不符合安全规范的软件

  C．通过非法的软件拷贝   D．通过把多张软件叠放在一起

19. 鼠标是（　　　）。

  A．输出设备   B．输入设备   C．存储设备   D．显示设备

20. （　　　）是大写字母锁定键，主要用于连续输入若干个大写字母。

  A．Tab   B．Ctrl   C．Alt   D．Caps Lock

21. （　　　）设备分别属于输入设备、输出设备和存储设备。

  A．CRT、CPU、ROM   B．磁盘、鼠标、键盘

  C．鼠标器、绘图仪、光盘   D．磁带、打印机、激光打印机

22. 在表示存储器的容量时，M 的准确含义是（　　　）。

  A．1 米   B．1024K   C．1024 字节 D．1024

23. 输入/输出装置和外接的辅助存储器统称为（　　　）。

  A．CPU   B．存储器   C．操作系统   D．外围设备

24. 在微型计算机系统中访问速度最快的是（　　　）。

  A．硬盘存储器 B．软盘存储器 C．内存储器 D．打印机

25. 光笔属于（　　）。
　　A. 控制设备　　　　B. 输入设备　　　C. 输出设备　　　D. 通信设备
26. 软件大体上可分为系统软件和（　　）软件。
　　A. 高级　　　　　B. 计算机　　　C. 应用　　　D. 通用
27. （　　）是内存储器中的一部分，CPU 对它们只能读取不能存储内容。
　　A. RAM　　　　B. 随机存储器　　C. ROM　　　D. 键盘
28. 微机系统中存取容量最大的部件是（　　）。
　　A. 硬盘　　　　B. 主存储器　　C. 高速缓存　　D. 软盘
29. 计算机语言的发展经历了（　　）、（　　）和（　　）几个阶段。
　　A. 高级语言、汇编语言和机器语言　　B. 高级语言、机器语言和汇编语言
　　C. 机器语言、高级语言和汇编语言　　D. 机器语言、汇编语言和高级语言
30. （　　）是计算机感染病毒的可能途径。
　　A. 从键盘输入统计数据　　　　B. 运行外来程序
　　C. 软盘表面不清洁　　　　D. 机房电源不稳定
31. 绿色电脑是指（　　）的电脑。
　　A. 机箱是绿色的　　　　B. 显示器的背景色为绿色
　　C. 节能　　　　D. CPU 的颜色是绿色
32. 只读存储器简称（　　）。
　　A. RAM　　　　B. ROM　　C. PROM　　D. EPROM
33. 把计算机中的信息传送到打印机上，称为计算机（　　）。
　　A. 打印　　　　B. 输入　　C. 输出　　D. 存储
34. 计算机的指令主要存放在（　　）中。
　　A. CPU　　　　B. 微处理器　　C. 存储器　　D. 键盘
35. 负责指挥与控制整台电子计算机系统的是（　　）。
　　A. 输入设备　　　　B. 输出设备　　C. 存储器　　D. 中央处理器
36. 在计算机术语中，常用 Byte 表示（　　）。
　　A. 字节　　　　B. 位　　C. 字　　D. 字长
37. 能将高级语言翻译成机器语言的程序称为（　　）。
　　A. 编辑程序　　　　B. 编译程序　　C. 装入程序　　D. 驱动程序
38. 能直接让计算机识别的语言是（　　）。
　　A. C　　　　B. BASIC　　C. 汇编语言　　D. 机器语言
39. 人们根据特定的需要预先为计算机编制的指令序列称为（　　）。
　　A. 软件　　　　B. 文件　　C. 程序　　D. 集合
40. 计算机内部是以（　　）形式来传送、储存、加工处理数据或指令的。
　　A. 二进制码　　B. 拼音简码　　C. 八进制码　　D. 五笔字型码
41. CD-ROM 驱动器的主要性能指标是数据的（　　）。
　　A. 压缩率　　B. 读取速率　　C. 频率　　D. 存储容量
42. （　　）不属于微机总线。
　　A. 地址总线　　B. 通信总线　　C. 数据总线　　D. 控制总线

二、填空题

1. （   ）年，在美国宾夕法尼亚大学诞生了第一台电子计算机（   ），标志着计算工具进入了新的时代。

2. 计算机的发展方向是（   ）、（   ）、（   ）、（   ）。

3. 计算机软件系统包括（   ）软件和（   ）软件。

4. （   ）是计算机必须配备的系统软件。

5. 电子元件的发展经过了电子管、（   ）、集成电路和（   ）4个阶段。

6. 根据规模大小和功能强弱，计算机可分为巨型机、大型机、中型机、（   ）和微型机。

7. （   ）将用高级语言写成的源程序翻译成计算机可以重复执行的机器语言程序。

8. 汇编语言是一种（   ）的计算机语言。

9. 计算机的时钟频率称为（   ）。

10. （   ）和汇编语言是低级语言。

11. 指令的（   ）叫作程序。

12. 微机的启动通常有（   ）、热启动和系统复位3种方式。

13. 没有安装任何软件的计算机被称为（   ）。

14. Pentium芯片是美国（   ）公司开发的。

15. 能够处理文本、声音、图像、动画、影像等多种信息的计算机称为（   ）计算机。

16. 计算机系统硬件包括运算器、控制器、存储器、输入设备和（   ）。

17. 计算机病毒有（   ）、潜伏性、传播性、激发性和破坏性。

三、简述题

1. 计算机有哪些显著的特点？

2. 结合你的生活实际，阐述计算机的主要应用情况。

3. 讨论并阐述计算机网络给人们带来的好处和弊端。

4. 阐述计算机硬件与计算机软件之间的关系。

5. 阐述CPU的主要组成和主要功能。

6. 相对于低级计算机语言而言，高级计算机语言有何缺点？

第2章
信息表示与计算基础

电子开关元件具有开和关两种稳定状态，计算机虽然是一种非常复杂的机器，但构成计算机的基本器件却是这种极为简单的电子开关元件。由于每个开关元件只有开和关两种稳定状态，正好与数值系统中的"0"和"1"对应，因而采用二进制编码就成为计算机中表达信息、存储信息、进行算术及逻辑运算的基础。

本章主要讲述数制的概念、几种计算机中常用的数制之间的转换方法。介绍了数值信息和字符信息在计算机中的表示方法。

2.1 计算机的数制系统

在日常生活中经常要用到数制，通常以十进制进行计数，即逢十进一。除了十进制计数以外，还有许多非十进制的计数方法。例如，60分钟为1小时，采用60进制计数法；1星期有7天，采用7进制计数法；1年有12个月，采用12进制计数法，还有我们古代的"半斤八两"，1斤就16两，采用的是16进制，在生活中还有许多其他各种各样的进制计数法。按进位的原则进行计数，称为进位计数制，简称"数制"。

日常人们所习惯的是十进制，二进制是面向计算机的，它是计算机所采用的进位制。18世纪德国数理哲学大师莱布尼兹从拉丁文译本《易经》中读到了八卦的组成结构，《易经》中的"经"由64个"卦"组成，每一个卦，又是由称为"爻"的两种符号排列而成。"--"叫做"阴爻"，"++"叫做"阳爻"，这两种爻合称"两仪"。如果每次取两个，会得到四种排列，称为"四象"；如果每次取3个，会得到8种排列，称为"八卦"；如果每次取六个，那就会得到64种排列，称为"64卦"。现在我们把阳爻看作数码1，阴爻看作数码0，于是我们就可以把各种卦转化为二进制中的数了。莱布尼兹惊奇地发现其基本素数（0）（1），即《易经》的阴爻和阳爻，其进位制就是二进制，并认为这是世界上数学进制中最先进的。20世纪被称作第三次科技革命的重要标志之一的计算机的发明与应用，其运算模式正是二进制。它不但证明了莱布尼兹的原理是正确的，同时也证明了《易经》数理学是很了不起的。

2.1.1 计算机内部是一个二进制数制世界

在二进制系统中只有两个数——0和1，无论是指令还是数据，在计算机中都采用了二进制编码形式。即使是图形、声音等这样的信息，也必须转换成二进制数编码形式，才能存入计算机中，这是为什么呢？因为在计算机内部，信息的表示依赖于机器硬件电路的状态，信息采用什么表示形式，直接影响到计算机的结构与性能。采用基 2 码表示信息，有以下几个优点。

（1）易于物理实现。

因为具有两种稳定状态的物理器件是很多的，如门电路的导通与截止，电压的高与低，而它们恰好对应表示 1 和 0 两个符号。假如采用十进制，要制造具有 10 种稳定状态的物理电路，那是非常困难的。

（2）二进制运算简单。

数学推导证明，对 R 进制数进行算术求和或是求积运算，其运算规则各有 R(R+1)/2 种。如果采用十进制，就有 55 种求和与求积的运算规则；而二进制仅各有 3 种，因此简化了运算器等物理器件的设计。

（3）机器可靠性高。

由于电压的高低、电流的有无等都是一种质的变化，两种状态分明。所以基 2 码的传递抗干扰能力强，鉴别信息的可靠性高。

（4）通用性强。

基 2 码（0 和 1）不仅成功地运用于数值信息编码（二进制），而且适用于各种非数值信息的数字化编码。特别是仅有两个符号 0 和 1 正好与逻辑命题的两个值"真"与"假"相对应，从而为计算机实现逻辑运算和逻辑判断提供了方便。

计算机存储器中存储的都是由"0"和"1"组成的信息，但它们分别代表各自不同的含义，有的表示计算指令，有的表示二进制数据，有的表示英文字母，有的则表示汉字，还有的可能表示颜色或声音。存储在计算机中的信息采用了各自不同的编码方案，就是同一类型的信息也可以采用不同的编码形式。

虽然计算机内部均采用二进制数来表示各种信息，但计算机与外界交往仍然采用人们熟悉和便于阅读的形式，如十进制数据、文字显示以及图形描述等。期间的转换，则由计算机系统的硬件和软件来实现。

2.1.2 进制表示

在计算机系统中采用二进制，其主要原因是由于电路设计简单、运算简单、工作可靠、逻辑性强。八进制和十六进制是面向人和机器的。不论是哪一种数制，其计数和运算都有共同的规律和特点。

1. 基数

基数是指数制中所需要的数字字符的总个数。如果数制只采用 R 个基本符号，则称为基 R 数制，R 称为数制的"基数"。例如，十进制数用 0、1、2、3、4、5、6、7、8、9 这十个不同的符号来表示数值，这个"十"就是数字字符的总个数，也是十进制的基数，表示逢十进一。进位计数制的编码要符合"逢 R 进位"的规则。

- 二进制数：基数为 2，逢二进一，由数字 0、1 组成。
- 八进制数：基数为 8，逢八进一，由数字 0、1、2、3、4、5、6、7 组成。
- 十六进制数：基数为 16，逢十六进一，由数字 0、1、2、3、4、5、6、7、8、9 和字母 A、B、C、D、E、F 组成。

2. 权

数制中每一个固定位置对应的单位值称为"权"。 位权是指一个数字在某个固定位置上所代表的值，处在不同位置上的数字符号所代表的值不同，每个数字的位置决定了它的值或者位权。

位权与基数的关系是：各进位制中位权的值是基数的若干次幂。因此，用任何一种数制表示的数都可以写成按位权展开的多项式之和。如十进制数"634.28D"可以表示为：

$$634.28D = 6 \times 10^2 + 3 \times 10^1 + 4 \times 10^0 + 2 \times 10^{-1} + 8 \times 10^{-2}$$

位权表示法的原则是数字的总个数等于基数；每个数字都要乘以基数的幂次，而该幂次是由每个数所在的位置所决定的。排列方式是以小数点为界，整数部分自右向左乘以基数的 0 次方、1 次方、2 次方……小数部分自左向右乘以基数的负 1 次方、负 2 次方、负 3 次方……

一般，任意进制数 S 都可以表示为 2-1 式的形式：

$$S = k_n k_{n-1} \cdots k_0 \cdots k_{-m}$$
$$= k_n p^n + k_{n-1} p^{n-1} + \cdots + k_0 p^0 + \cdots + k_{-m} p^{-m}$$
$$= \sum_{i=-m}^{n} k_i p^i \qquad\qquad （2\text{-}1）$$

其中，P 称为任意进制的基数；m，n 为正整数。

非十进制数转换成十进制数时，把每一位非十进制数按位权展开求和就可以换算为十进制数。

3．数制表示方式

为了区别不同进制数，常在不同进制数字后加一个字母表示：

- 十进制数在数字后加字母 D（Decimal）或不加字母，如 982D 或 982。
- 二进制数在数字后加字母 B（Binary），如 101101B。
- 八进制数在数字后加字母 O（Octonary），但为了与 0 区别，改为 Q，如 36Q。
- 十六进制数在数字后加字母 H（Hexadecimal），如 6AH，若以 A、B、C、D、E 或 F 开头，则需要加前导词"0"，以便与标识符相区分，如 0A6H。

二进制、十进制、八进制和十六进制的关系如表 2-1 所示。

表 2-1　　　　　　　　　　　二进制、十进制、八进制和十六进制的关系

十进制	0	1	2	3	4	5	6	7	8	9	10	11	12	13	14	15
八进制	0	1	2	3	4	5	6	7	10	11	12	13	14	15	16	17
十六进制	0	1	2	3	4	5	6	7	8	9	A	B	C	D	E	F
二进制	0	1	10	11	100	101	110	111	1000	1001	1010	1011	1100	1101	1110	1111

2.1.3　数制间的转换

将数由一种数制转换成另一种数制称为数制间的转换。由于计算机采用二进制，但用计算机解决实际问题时对数值的输入/输出通常使用十进制，这就有一个十进制向二进制转换或由二进制向十进制转换的过程。也就是说，在使用计算机进行数据处理时首先必须把输入的十进制数转换成计算机所能接受的二进制数；计算机在运行结束后，再把二进制数转换为人们所习惯的十进制数输出。

1．R 进制转换为十进制

非十进制数转换成十进制数时，把每一位非十进制数按位权展开求和就可以换算为十进制数。

【例 2.1】 二进制数转换成十进制数。

（1）$101.1B = 1 \times 2^2 + 0 \times 2^1 + 1 \times 2^0 + 1 \times 2^{-1} = 5.5D$

（2）$1101101.0101B = 1 \times 2^6 + 1 \times 2^5 + 0 \times 2^4 + 1 \times 2^3 + 1 \times 2^2 + 0 \times 2^1 + 1 \times 2^0 + 0 \times 2^{-1} + 1 \times 2^{-2} + 0 \times 2^{-3} + 1 \times$

2^{-4}=109.3125D

【例 2.2】 八进制数转换成十进制数。

（1）765.1Q = $7 \times 8^2 + 6 \times 8^1 + 5 \times 8^0 + 1 \times 8^{-1}$ =501.125D

（2）3506.2Q = $3 \times 8^3 + 5 \times 8^2 + 0 \times 8^1 + 6 \times 8^0 + 2 \times 8^{-1}$ =1862.25D

【例 2.3】 十六进制数转换成十进制数。

（1）11.2AH = $1 \times 16^1 + 1 \times 16^0 + 2 \times 16^{-1} + 10 \times 16^{-2}$ =17.1640625D

（2）0B78.FH = $11 \times 16^2 + 7 \times 16^1 + 8 \times 16^0 + 15 \times 16^{-1}$ =2936.9375D

2．十进制数转换成 R 进制数

十进制数转换成非十进制数时，可以分成两个部分（整数部分和小数部分）分别进行转换。下面以十进制数转换成二进制数为例讲述具体的转换方法，十进制数转换成其他进制数的方法与转换成二进制数的方法相同，可以依此类推。

（1）整数部分的转换。

二进制数的基数为 2，所以十进制整数转换成二进制数的方法适用下例规则："除 2 倒取余数，直到商为 0。"具体方法是用十进制整数除以基数 2，若商不为 0，则继续用商除以基数 2，直到商为 0，最后将余数自下而上排列。

【例 2.4】 将十进制数 79 转换为二进制数。

用 79 除以基数 2，直到商为 0 为止。其过程如下：

```
                                    余数
              2 | 79              1    ↑
                  39              1
                  19              1
                   9              1
                   4              0
                   2              0
                   1              1
                   0
```

结果为：79D = 1001111B

【例 2.5】 将十进制数 57 转化成二进制数。

```
              2 | 57      余数
                  28       1
                  14       0
                   7       0
                   3       1
                   1       1
                   0       1
```

结果为：57D=111001B

（2）小数部分的转换。

小数部分的转换规则是："乘 2 正取进位数。"具体方法是用十进制小数乘以基数 2，取出乘积的整数，若乘积的小数部分不为 0 或还没有达到所要求的精度，则继续用小数部分乘以基数 2，直到乘积为 0 或达到所要求的精度为止，最后将所取出的整数自上而下排列，作为转换后的小数。

【例 2.6】 将十进制数 0.25 转换为二进制数。

用 0.25 乘以基数 2，取出整数，直到乘积的小数部分为 0 为止。其过程如下。

$$
\begin{array}{r}
0.25 \\
\times \quad 2 \\
\hline
0.50 \\
\times \quad 2 \\
\hline
1.00
\end{array}
\quad
\begin{array}{l}
整数 \\
\\
0 \\
\\
1
\end{array}
$$

结果为：0.25D = 0.01B

【例 2.7】 将十进制数 125.24 转换为二进制数（精确到小数点后 4 位）。

125.24 包含有整数和小数，因此将整数部分和小数部分分开转换。其转换过程如下。

整数部分转换：余数　　　　　小数部分转换

$$
\begin{array}{r|r|l}
2 & 125 & 1 \\
2 & 62 & 0 \\
2 & 31 & 1 \\
2 & 15 & 1 \\
2 & 7 & 1 \\
2 & 3 & 1 \\
2 & 1 & 1 \\
& 0 &
\end{array}
$$

$$
\begin{array}{r}
0.24 \\
\times \quad 2 \\
\hline
0.48 \\
\times \quad 2 \\
\hline
0.96 \\
\times \quad 2 \\
\hline
1.92 \\
\times \quad 2 \\
\hline
1.84 \\
\times \quad 2 \\
\hline
1.68
\end{array}
\quad
\begin{array}{l}
整数 \\
0 \\
\\
0 \\
\\
1 \\
\\
1 \\
\\
1
\end{array}
$$

小数部分进行转换时，不一定能够完全转换，存在转换误差。为了减小转换误差，像十进制中的 4 舍 5 入法一样，二进制也有 0 舍 1 入法，称为下舍上入法。这样一来，得到的结果为：125.24D≈1111101.0100B

3. 二、八、十六制数之间的相互转换

非十进制数之间转换的最浅显易懂的方法是：以十进制数为桥梁，将需要转换的源数据转换为十进制数，然后将得到的十进制数转换为目的进制的数。但是这种方法存在两个方面的缺点：一是转换过程较为复杂；二是小数部分转换时容易引起较大的误差。

其实八、十六和二进制数的基数之间存在着一种幂关系，根据这种幂关系来转换可以克服上述方法的缺点。下面将讲述八、十六和二进制数之间的转换方法。

（1）二进制数和八进制数之间的转换。

由于八进制数的基数 8 与二进制数的基数 2 之间的关系是：$8 = 2^3$。因此一位八进制数可以用三位二进制数来表示；反之，每三位二进制数可以组合为一位八进制数。

可见，当需要将八进制数转换为二进制数时，可以按位将每一位八进制数展开为对应的三位二进制数（可参见表 2-1 二进制、十进制、八进制和十六进制的关系）。同理，当需要将二进制数转换为八进制数时，可以按位将每三位二进制数组合为对应的一位八进制数。

需要注意的是：组合二进制数时整数部分按从低位到高位的顺序组合，而小数部分按从高位到低位的顺序组合。当位数不足三位时，可补 "0" 填充，整数部分在前面补 "0"，而小数部分则在后面补 "0"，因为这样补 "0" 不会影响原数据的数据值。例如：

$$
573.26Q = \underset{101}{5}\ \underset{111}{7}\ \underset{011.}{3.}\ \underset{010}{2}\ \underset{110}{6} = 101\ 111\ 011.010\ 110B
$$

$$
10110101.11B = \underset{2}{010}\ \underset{6}{110}\ \underset{5.}{101.}\ \underset{6}{110}B = 265.6Q
$$

（2）二进制数和十六进制数之间的转换。

与上述的原理相同，由于十六进制数的基数 16 与二进制数的基数 2 之间的关系是：$16 = 2^4$，因此一位十六进制数可以用四位二进制数来表示；反之，每四位二进制数可以组合为一位十六进制数。

可见，当需要将十六进制数转换为二进制数时，可以按位将每一位十六进制数展开为对应的四位二进制数（可参见表 2-1）。同理，当需要将二进制数转换为十六进制数时，可以按位将每四

位二进制数组合为对应的一位十六进制数。例如：

$$0A57B.C3H=\frac{A}{1010}\ \frac{5}{0101}\ \frac{7}{0111}\ \frac{B.}{1011.}\ \frac{C}{1100}\ \frac{3}{0011}=1010\ 0101\ 0111\ 1011.1100\ 0011B$$

$$10110101.11B=\frac{1011}{B}\ \frac{0101.}{5}\ \frac{1100B}{C}=0B5.CH$$

八进制数和十六进制数之间的转换：可以以二进制数为桥梁。即将需要转换的源数据按位展开为二进制数，然后将得到的二进制数按位组合为目的进制的数。

2.2　数值信息的表示

按照冯·诺依曼型计算机的存储原理，所有的数值数据必须以二进制数的形式预先存储在计算机的存储器中，计算机执行程序时从存储器中取出数据进行处理。那么数值信息在计算机中是如何表示的呢？本节将介绍这一表示方法。

2.2.1　机器数与真值

任何一个非二进制数输入计算机后，都必须以二进制格式存放在计算机的存储器中。所有非二进制数都可以通过前面介绍的转换方法表示为二进制数，但是在实际应用中的数据通常有正数和负数之分，那么数据的正负号怎么表示呢？其实，数据的正负是一个二态值，而计算机的"0"和"1"可以表示二态值，于是可以使用二进制数"0"表示正数，二进制数"1"表示负数。因此，数值可以这样表示：用最高位作为数值的符号位，并规定"0"表示正数，"1"表示负数，每个数据占用一个或多个字节（每字节可存储 8 位二进制数），这种数字与符号组合在一起的二进制数称为机器数，由机器数所表示的数据实际值称为真值。

例如：$N=-53$，转换成二进制后，N 的真值是：$-110101B$。

假设机器的字长为 8 位，则 $N=-53$ 的机器数为：$10110101B$。

机器数 10110101B 在存储器中以如图 2-1 所示的形式存储。

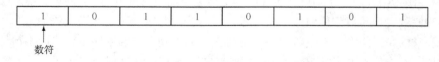

数符

图 2-1　机器数 10110101B 在存储器中的存储形式

2.2.2　整数和实数

在机器中，一般通过对小数点的位置加以规定来表示数据的小数部分，因此，在计算机中的数据类型有整数和实数之分。

1. 整数

没有小数部分的数称为整数。也可以认为整数的小数点在数的最右边。整数分为带符号和不带符号两类。对于带符号的整数，符号位被放在最高位。整数表示的数是精确的，但数的范围是有限的。根据存放数的字长，它们可以用 8 位（1 个字节）、16 位（2 个字节）、32 位（4 个字节）等表示，不同的字长表示数的范围如表 2-2 所示。

表 2-2　　　　　　　　　　　　　　　不同字长的数的表示范围

字长（位）	无符号整数的表示范围	有符号整数的表示范围
8	$0 \sim 255$，即（$0 \sim 2^8-1$）	$-128 \sim 127$，即（$-2^7 \sim 2^7-1$）
16	$0 \sim 65\,535$，即（$0 \sim 2^{16}-1$）	$-32\,768 \sim 32\,767$，即（$-2^{15} \sim 2^{15}-1$）
32	$0 \sim 2^{32}-1$	$-2^{31} \sim 2^{31}-1$

例如：十进制数-65 在字长为 8 位的机器中存储形式如图 2-2 所示。

1	1	0	0	0	0	0	1

图 2-2　-65 的存储形式

2. 实数

在科学计算中，计算机处理的数大部分都是实数，即带有小数的数。通常，实数采用"浮点数"或"科学计数法"表示，其中"浮点数"由两部分组成：尾数和阶码。

例如：0.275×10^4，其中，275 称为尾数，4 是阶码。

在浮点数表示方法中，小数点的位置是浮动的，如十进制实数-5432.3036 可表示为：$-5.4323036 \times 10^{+3}$、$-0.54323036 \times 10^{+4}$、$-543230.36 \times 10^{-2}$ 等多种形式。为了便于计算机中小数点的表示，规定将浮点数写成规格化的形式，即尾数的绝对值大于等于 0.1 且小于 1，从而唯一地规定了小数点的位置。例如，十进制实数-5465.32 以规格化形式表示为：$-0.546532 \times 10^{+4}$。阶符为 0（正数），阶码为 4，数符为 1（负数），尾数为 546532。

同样，任意二进制规格化浮点数的表示形式为：$N= \pm d \times 2^{\pm P}$

式中：d 是尾数，前面的"±"表示数符；P 是阶码，前面的"±"表示阶符。

一般，浮点数在计算机中的存储格式如图 2-3 所示。

阶符	阶码	数符	尾数

图 2-3　浮点数存储格式

例如：设尾数为 8 位，阶码为 6 位，阶符与数符各 1 位，用 2 个字节存储；则二进制数 $x=-1101.01$ 经规格化后，表示为：

$x=-0.110101 \times 2^{100}$，存储格式如图 2-4 所示。

图 2-4　$x=-1101.01$B 的存储格式

2.2.3　原码、反码和补码表示法

在计算机中，机器数也有不同的表示方法，通常用原码、反码和补码 3 种方式表示，其主要目的是解决减法运算问题。任何正数的原码、反码和补码的形式完全相同，负数则各有不同的表示形式。

1. 原码

正数的符号位用"0"表示，负数的符号位用"1"表示，数值部分用二进制形式表示，这种表示法称为原码。原码与机器数相同。

例如，用8位二进制数表示十进制整数+5和-5时，其原码分别为：

$$[+5]_原=\underline{0}\ \underline{0000101}B \qquad [-5]_原=\underline{1}\ \underline{0000101}B$$

符号位 数值位   符号位 数值位

$$[+36]_原=\underline{0}\quad\underline{0100100}B \qquad [-36]_原=\underline{1}\quad\underline{0100100}B$$

下面将考虑一个特例，即+0和-0的原码形式。

$$[+0]_原=\underline{0}\ \underline{0000000}B \qquad\qquad [-0]_原=\underline{1}\ \underline{0000000}B$$

由此可见，+0和-0的原码形式不一致，但是从人们的常规意识和运算角度而言，+0和-0的数值、表示形式和存储形式应该是一致的。这种不一致性在计算机处理过程中可能会带来不便。因此，数在计算机中通常不采用原码表示形式。

2．反码

正数的反码和原码相同，负数的反码是对该数的原码除符号位外各位按位取反。

例如，用8位二进制数表示十进制整数+5和-5时，其反码分别为：

$$[+5]_反=\underline{0}\ \underline{0000101}B \qquad [-5]_反=\underline{1}\ \underline{1111010}B$$

符号位 数值位   符号位 数值位

$$[+36]_反=\underline{0}\quad\underline{0100100}B \qquad [-36]_反=\underline{1}\quad\underline{1011011}B$$

下面将考虑一个特例，即+0和-0的反码形式。

$$[+0]_反=\underline{0}\ \underline{0000000}B \qquad\qquad [-0]_反=\underline{1}\ \underline{1111111}B$$

由此可见，+0和-0的反码形式也出现了不一致。同样，这种不一致性在计算机处理过程中可能会带来不便。因此，数在计算机中通常也不采用反码表示形式。

3．补码

在普通的钟表上，18时和6时表针所指的位置是相同的，因为它们对于12具有相同的余数，简称同余。补码是根据同余的概念引入的。在计算机系统中，数值一律用补码来表示。主要原因：使用补码，可以将符号位和其他位统一处理；同时，减法也可按加法来处理。另外，两个用补码表示的数相加时，如果最高位（符号位）有进位，则进位被舍弃。

数值的补码表示也分两种情况：

（1）正数的补码：与原码相同。

（2）负数的补码：符号位为1，其余位为该数绝对值的原码按位取反；然后整个数加1。

例如，用8位二进制数表示十进制整数+5和-5时，其补码分别为：

$$[+5]_补=\underline{0}\quad\underline{0000101}B \qquad [-5]_补=\underline{1}\quad\underline{1111011}B$$

符号位 数值位   符号位 数值位

$$[+36]_补=\underline{0}\quad\underline{0100100}B \qquad [-36]_补=\underline{1}\quad\underline{1011100}B$$

下面将考虑一个特例，即+0和-0的补码形式。

$$[+0]_补=\underline{0}\ \underline{0000000}B \qquad\qquad [-0]_补=\underline{0}\ \underline{0000000}B$$

由此可见，+0和-0的补码形式具有一致性。这既符合人们的常规意识和运算规则，同时对计算机处理而言具有很大的方便性。因此，在计算机中的数通常采用补码形式进行存储和运算。

2.3　字符信息的表示

计算机处理的数据分为数值型和非数值型两类。数值型数据指数学中的代数值,具有量的含义,且有正负之分、整数和小数之分;而非数值型数据是指输入到计算机中的所有信息,没有量的含义,如数字符号 0~9、大写字母 A~Z 或小写字母 a~z、汉字、图形、声音及其他一切可印刷的符号 +、-、!、#、%、》等。由于计算机采用二进制,所以输入计算机中的任何数值型和非数值型数据都必须转换为二进制。

在计算机所使用的数据中,还有另一种类型的数据,即字符型数据。它包括字母、文字、符号、数字等。由于计算机内部所有的信息都是以二进制形式存放的。所以必须按照某种规则对字符数据进行处理,对于任意一个计算机可以识别的字符数据,都按照特定编码规则使其与一个二进制编码建立一一对应的关系,也就是说在这种编码规则下,用一个二进制编码表示一个字符数据。对应于不同种类字符有不同的编码规则,如对应于英文字母、符号等字符有 ASCII 码、BCD码,对应于中文有 GB2312 等各种不同的编码规则,而且这些编码规则一般是国家标准或国际标准,是被国家或国际上所承认并且执行的。

2.3.1　信息存储单位

在计算机内部,各种信息都是以二进制编码形式存储,因此下面介绍一下存储单位。

1. 位(bit)
位是度量数据的最小单位,表示一位二进制信息。

2. 字节(byte)
一位字节由八位二进制数字组成(1byte=8bit)。字节是信息存储中最常用的基本单位。

3. 字(word)
字是位的组合,并作为一个独立的信息单位处理。字又称为计算机字,它的含义取决于机器的类型、字长以及使用者的要求。常用字长有 8 位、16 位、32 位、64 位等。

4. 机器字长
在讨论信息单位时,还有一个与机器硬件指标有关的单位,就是机器字长。机器字长一般是指参加运算的寄存器所含有的二进制数的位数,它代表了机器的精度。机器的功能设计决定了机器的字长,一般大型机用于数值计算,为保证足够的精度,需要较长的字长,如 32 位、64 位等。

2.3.2　ASCII 码

ASCII 码是计算机系统中广泛使用的一种字符编码,是英文 American Standard Code for Information Interchange(美国信息交换标准编码)的缩写。该编码已经被国际标准化组织采纳,成为国际间通用的信息交换标准编码。目前国际上流行的是 ASCII 编码的七位版本,即用一个字节的低七位表示一个字符,最高位置零,如表 2-3 所示。7 个二进制位可表示 128 种状态,故可用来表示 128 个不同的字符,在 ASCII 编码的七位版本中用来表示 33 个通用控制字符、95 个可打印显示的字符(其中有 10 个数字、52 个大小写英文字母、33 个标点符号和运算符号)。

表 2-3   ASCII 编码表

高位 低位	000	001	010	011	100	101	110	111
0000	NUL	DEL	SP	0	@	P	`	p
0001	SOH	DC1	!	1	A	Q	a	q
0010	STX	DC2	"	2	B	R	b	r
0011	ETX	DC3	#	3	C	S	c	s
0100	EOT	DC4	$	4	D	T	d	t
0101	ENQ	NAK	%	5	E	U	e	u
0110	ACK	SYN	&	6	F	V	f	v
0111	BEL	ETB	'	7	G	W	g	w
1000	BS	CAN	(	8	H	X	h	x
1001	HT	EM	)	9	I	Y	i	y
1010	LF	SUB	*	:	J	Z	j	z
1011	VT	ESC	+	;	K	[	k	{
1100	FF	FS		<	L	\	l	|
1101	CR	GS	-	=	M	]	m	}
1110	SO	RS	.	>	N	^	n	~
1111	SI	US	/	?	O		o	Del

2.3.3 标准汉字编码

GB2312—80（国家标准汉字编码）是常用的汉字编码标准，它收录了 6 763 个常用汉字。根据这些汉字使用频率的高低，又将它们分成两部分，一部分称为一级汉字共 3 755 个，即最常用的汉字；另一部分称为二级汉字共 3 008 个，为次常用的汉字。GB2312—80 还收录了一些数字符号、图形符号、外文字母等。

随着我国国际地位的不断提高，以及计算机应用在我国和其他华语地区的日益普及，汉语在国际事务和全球信息交流中的作用将越来越大，对汉字的计算机处理已成为当今文字信息处理中的重要内容。

汉字与西方文字不同。西方文字是拼音文字，仅用为数不多的字母和其他符号即可拼组成大量的单词、句子，这与计算机可以接受的信息形态和特点基本一致，所以处理起来比较容易。例如，对英文字符的处理，7 位 ASCII 码字符集中的字符即可满足使用需求，且英文字符在计算机上的输入及输出也非常简单，因此，英文字符的输入、存储、内部处理和输出都可以只用同一个编码（如 ASCII 码）。而汉字是一种象形文字，字数极多（现代汉字中仅常用字就有六七千个，总字数高达 5 万个以上），字形复杂，且每一个汉字都有"音、形、义"三要素，同音字、异体字也很多，这些都给汉字的计算机处理带来了很大的困难。要在计算机中处理汉字，必须解决以下几个问题：首先是汉字的输入，即如何把结构复杂的方块汉字输入计算机中去，这是汉字处理的关键；其次，汉字在计算机内如何表示和存储？如何与西文兼容？最后，如何将汉字的处理结果从计算机内输出？

为此，必须将汉字代码化，即对汉字进行编码。对应于上述汉字处理过程中的输入、内部处理及输出这三个主要环节，每一个汉字的编码都包括输入码、交换码、内部码和字形码。

在计算机的汉字信息处理系统中，处理汉字时要进行如下的代码转换：输入码→交换码→内部码→字形码。以上简述了对汉字进行计算机处理的基本思想和过程，下面具体介绍汉字的 4 种编码。

1. 输入码

为了利用计算机上现有的标准西文键盘来输入汉字，必须为汉字设计输入编码。输入码也称为外码。目前，已申请专利的汉字输入编码方案有六七百种之多，而且还不断有新的输入方法问世，以至于有"万'码'奔腾"之喻。按照设计思想的不同，可把数量众多的输入码归纳为 4 大类：数字编码、拼音码、字形码和音形码。目前应用最广泛的是拼音码和字形码。

数字编码：数字编码是用等长的数字串为汉字逐一编号，以这个编号作为汉字的输入码。例如，区位码、电报码等都属于数字编码。此种编码的编码规则简单，易于和汉字的内部码转换，但难于记忆，仅适用于某些特定部门。

拼音码：拼音码是以汉字的读音为基础的输入方法。拼音码使用方法简单，一学就会，易于推广，缺点是重码率较高（因为汉字同音字多），在输入时常要进行屏幕选字，对输入速度有影响。拼音码是按照汉语拼音编码输入的，因此在输入汉字时，要求读音标准，不能使用方言。拼音码特别适合于对输入速度要求不太高的非专业录入人员使用。

字形码：字形码是以汉字的字形结构为基础的输入编码。在微型机上广为使用的五笔字型码（王码）是字形码的典型代表。五笔字型码的主要特点为输入速度快，目前最高记录为每分钟输入 293 个汉字（该记录为兰州军区一女兵所保持），如此高的输入速度已达到人眼扫描的极限。但这种输入方法因为要记忆字根、练习拆字，所以前期学习花费的时间较多。此外，有极少数的汉字拆分困难，给出的编码与汉字的书写习惯不一致。

音形码：音形码是兼顾汉字的读音和字形的输入编码。目前使用较多的音形码是自然码。

2. 交换码

交换码用于汉字外码和内部码的交换。我国于 1981 年颁布的《信息交换用汉字编码字符集·基本集》（代号为 GB2312—80）是交换码的国家标准，所以交换码也称为国标码。国标码是双字节代码，即每两个字节为一个汉字编码。每个字节的最高位为"0"。国标 GB2312—80 收入常用汉字 6 763 个，其他字母及图形符号 682 个，总计 7 445 个字符。将这 7 445 个字符按 94 行×94 列排列在一起，组成 GB2312—80 字符集编码表，表中的每一个汉字都对应于唯一的行号（称为区号）和列号（称为位号），根据区位号确定汉字的国标码值，分别用两个字节存放。

由于篇幅所限，本书未列出 GB2312—80 字符编码表，可参看有关书籍。

GB2312—80 规定了用连续的两个字节来表示一个汉字，并且只用各个字节的低 7 位，最高位未定义，这样一来就有可能与 ASCII 码字符产生冲突。就单个字节来说，两种编码方式都只用到字节的低七位，ASCII 码规定高位置零，而国标码对高位未定义。因此，对单个字节而言，不能确定它到底是一个 ASCII 码字符还是一个汉字的一部分（低字节或高字节）。于是有很多解决这类问题的方案应运而生，变形国标码就是其中之一，并且得到了广泛的应用。它的主要特点是将国标码编码的各个字节的最高位置为"1"，以达到区别于 ASCII 编码的目的。

由于计算机中各种信息都以二进制的形式存在，有的是数值，有的是 ASCII 码字符，有的是汉字，如何区分它们呢？这实际上取决于（或者程序）按照何种规则判读它们。例如，对于机器内存中连续两个字节，它们的低七位内容分别为 0110000 和 0100001，如果它们的最高位均为 1，则表示汉字"啊"；如果均为 0，则表示为两个 ASCII 码字符"0"和"1"。当然，还可以根据不同的编码规则将它们判读成不同的字符，这里不再详细叙述。

习 题

一、选择题

1. 对于 R 进制数，每一位上的数字可以有（　　　）种。
    A. R　　　　　　　　B. R-1　　　　　　C. R/2　　　　　　D. R+1

2. 计算机内部采用二进制表示数据信息，二进制的一个主要优点是（　　　）。
    A. 容易实现　　　　B. 方便记忆　　　　C. 书写简单　　　　D. 符合人的习惯

3. 下列各叙述中，正确的是（　　　）。
    A. 正数二进制原码和补码相同
    B. 所有的十进制小数都能准确地转换为有限的二进制小数
    C. 汉字的计算机机内码就是国标码
    D. 存储器具有记忆能力，其中的信息任何时候都不会丢失

4. 在微型计算机系统中，使用最广泛的字符编码是（　　　）。
    A. 原码　　　　　　B. 补码　　　　　　C. ASCII 码　　　D. 汉字编码

5. 在计算机内部，所有数据都是以（　　　）编码形式表示的。
    A. 条形码　　　　　B. 拼音码　　　　　C. 汉字码　　　　D. 二进制

6. 将二进制数 1111011 转换为十进制数是（　　　）。
    A. 89　　　　　　　B. 123　　　　　　C. 121　　　　　　D. 107

7. 将二进制数 1111011 转换为八进制数是（　　　）。
    A. 153　　　　　　B. 171　　　　　　C. 173　　　　　　D. 371

8. 将二进制数 1111011 转换为十六进制数是（　　　）。
    A. B7　　　　　　　B. 711　　　　　　C. 79　　　　　　D. 7B

9. 在 ASCII 码表中，按照 ASCII 码值从小到大排列顺序是（　　　）。
    A. 数字、英文大写字母、英文小写字母　　B. 数字、英文小写字母、英文大写字母
    C. 英文大写字母、英文小写字母、数字　　D. 英文小写字母、英文大写字母、数字

10. 按对应的 ASCII 码值来比较（　　　）。
    A. "a" 比 "b" 大　　B. "f" 比 "Q" 大　C. 空格比逗号大　D. "H" 比 "R" 大

11. 已知字符 K 的 ASCII 码的十六进制数是 4B，则 ASCII 码的二进制数 1001000 对应的字符应为（　　　）。
    A. G　　　　　　　B. H　　　　　　　C. I　　　　　　D. J

12. 字符 5 和 7 的 ASCII 码的二进制数分别是（　　　）。
    A. 1100101 和 1100111　　　　　　　B. 10100011 和 01110111
    C. 1000101 和 1100011　　　　　　　D. 0110101 和 0110111

13. 已知字母 "F" 的 ASCII 码是 46H，则字母 "f" 的 ASCII 码是（　　　）。
    A. 66H　　　　　B. 26H　　　　　　　C. 98H　　　　　D. 34H

14. 已知字母 "C" 的十进制 ASCII 码为 67，则字母 "G" 的 ASCII 码的二进制值为（　　　）。
    A. 01111000　　B. 01000111　　　　C. 01011000　　D. 01000011

15. 计算机的存储器容量以字节（B）为单位，1MB 表示（　　　）。

  A. 1024×1024 字节
         B. 1024 个二进制位
  C. 1000×1000 字节
         D. 1000×1024 个二进制位

16. 带+、-号的数，如+1001010，称为（   ）。

  A. 无符号数   B. 真值   C. 浮点数   D. 机器数

17. -75 在计算机中补码表示为（   ）。

  A. 11000011   B. 01001011   C. 10110101   D. 11001100

18. 原码-0 的反码是（   ）。

  A. +0   B. -127   C. 0   D. +127

19. 原码+127 的反码是（   ）。

  A. +127   B. 0   C. 127   D. -0

20. 二进制数真值+1010111 的补码是（   ）。

  A. 11000111 B. 01010111   C. 11010111   D. 00101010

21. 二进制数真值-1010111 的补码是（   ）。

  A. 00101001 B. 11000010   C. 11100101   D. 10101001

22. 一个字节由 8 个二进制位组成，它所能表示的最大的十六进制数为（   ）。

  A. 255   B. 256   C. 8F   D. FF

23. 下列一组数中，最小的数是（   ）。

  A.（11011001）$_2$ B.（36）$_{10}$ C.（37）$_8$ D.（3A）$_{16}$

24. 下列 4 个数中，（   ）不可能是八进制数。

  A. 10011010 B. 1024   C. 787   D. 555

25. 与十进制数 873 相等的十六进制数是（   ）。

  A. 359   B. 2D9   C. 3F9   D. 369

26. 十进制数 329 所对应的二进制数是（   ）。

  A. 101001001 B. 100101001 C. 100100101 D. 101100101

27. 下列字符中，ASCII 码值最小的是（   ）。

  A. a   B. A   C. x   D. Y

28. 汉字国标码（GB2312-80）将汉字分成（   ）。

  A. 一级汉字和二级汉字 2 个等级 B. 一级、二级、三级 3 个等级
  C. 简体字和繁体字 2 个等级   D. 常见字和罕见字 2 个等级

29. 标准 ASCII 码字符集共有编码（   ）个。

  A. 128   B. 52   C. 34   D. 32

30. 在计算机中采用二进制是因为（   ）。

  A. 可降低硬件成本   B. 两个状态的系统具有稳定性
  C. 二进制的运算法则简单   D. 以上三个原因

二、填空题

1. 在十六进制数的某一位上，表示"十二"的数码符号是（   ）。

2. 存储容量单位，1GB 等于（   ）KB。

3. 为了避免混乱，二进制数在书写时常在后面加上字母（   ）。

4. 已知字符 8 的十六进制 ASCII 码是 38H，则二进制数 0110101 是字符（   ）的 ASCII 码。

5. 十进制数-75 在计算机中表示为（   ），称该数为机器数。

6. ASCII 码使用（　　　）位二进制码表示 128 个字符。

7. 微型计算机能够处理的最小数据单位是（　　　）。

8. 与八进制数 123 相等的二进制数是（　　　）。

9. 计算机进行数据存储的基本单位是（　　　）。

10. 在计算机中用（　　　）位二进制码组成一个字节。

11. 与二进制小数 0.1 等值的十六进制小数为（　　　）。

12. 二进制数 0.101B 转换成十进制数是（　　　）。

13. 八进制数 127.6 对应的十六进制数是（　　　）。

14. 将十进制数 215 转换成十六进制数是（　　　）。

15. 将十进制数 215 转换成二进制数是（　　　）。

16. 将二进制数 01100100 转换成十进制数是（　　　）。

17. 将二进制数 01100100 转换成八进制数是（　　　）。

18. 将十进制数 89.625 转换成二进制数是（　　　）。

19. 将八进制数 145.72 转换成二进制数是（　　　）。

20. 将八进制数 143.1 转换成十进制数是（　　　）。

21. 十六进制数 7A 对应的十进制数为（　　　）。

22. 将十六进制数 A4.F 转换成十进制数是（　　　）。

23. 将二进制数 10111101001 转换成十六进制数是（　　　）。

24. 计算机中位的英文名字为（　　　）。

25. 在计算机中，用一个字节的二进制数表示的最大带符号十进制数是（　　　）。

26. 在计算机中，一个字节能容纳的最大二进制数换算成无符号十进制整数为（　　　）。

27. 机器语言程序在机器内是以（　　　）形式表示的。

28. 字符 5 的 ASCII 码表示是（　　　）。

29. 五笔字形码输入法属于（　　　）。

30. 计算机中数据的表示形式是（　　　）。

三、简答题

1. 计算机中为什么使用二进制？

2. 什么是 ASCII 编码？

3. 常用的汉字编码有哪些？

第 3 章
操作系统基础知识

操作系统（Operating System，OS）是现代计算机系统的重要组成部分，无论是巨型机、大型机、小型机、微型机，还是计算机网络，都必须配置操作系统。如微机上通用的操作系统有MS-DOS、Windows、Linux、OS/2 等，又如中小型机上广泛使用的 UNIX 操作系统，IBM 系统机上使用的 CMS 和 MVS 系统等。计算机系统越复杂，操作系统就显得越重要。特别是在软硬件结合日趋紧密的今天，操作系统扮演着极为重要的角色。对于使用计算机的所有用户来说，几乎每一刻都离不开操作系统，没有操作系统，计算机几乎无法工作。如果不了解操作系统，就很难使用计算机系统来完成任何工作。

本章主要讲述操作系统的定义、功能和分类，并以 Windows 7 为例，讲述该操作系统的基本功能和基本操作。

3.1　操作系统概述

操作系统是紧挨着硬件的第一层软件，它是对硬件系统功能的首次扩充，也是其他系统软件和应用软件在计算机上运行的基础。操作系统的地位如图 3-1 所示。

从图 3-1 中可以看出，操作系统在计算机系统中的地位是十分重要的。操作系统虽属于系统软件，但它是最基本的、最核心的系统软件。操作系统有效地统管计算机的所有资源（包括硬件资源和软件资源），合理地组织计算机的整个工作流程，

图 3-1　操作系统的地位

以提高资源的利用率，并为用户提供强有力的使用支持和灵活方便的使用环境。

3.1.1　操作系统的定义

我们可以从不同角度来描述操作系统。

（1）从操作系统所具有的功能来看，操作系统是一个计算机资源管理系统，负责对计算机的全部软、硬件资源进行分配、控制、调度和回收。

（2）从用户使用来看，操作系统是一台比裸机功能更强、服务质量更高、用户使用更方便灵活的虚拟机，也可以说操作系统是用户和计算机之间的界面（或接口），用户通过它来使用计算机。

（3）从机器管理控制来看，操作系统是计算机工作流程的自动而高效的组织者，计算机软、

硬件资源合理而科学的协调者，可减少管理者的干预，从而提高计算机的使用价值。

（4）从软件范围静态地来看，操作系统是一种系统软件，是由控制和管理系统运转的程序和数据结构等内容构成的。

由此，我们得出操作系统的定义如下：

操作系统（Operating System，简称 OS）是管理和控制计算机软、硬件资源，合理地组织计算机的工作流程，方便用户使用计算机系统的最底层的程序集合。

操作系统追求的主要目标有两点；一是方便用户使用计算机，一个好的操作系统应向用户提供一个清晰、简洁、易于使用的用户界面；二是提高资源的利用率，尽可能使计算机中的各种资源得到最充分的利用。

3.1.2 操作系统的基本功能

操作系统具有以下几项重要的功能。

1. 处理器管理

处理器管理的主要工作是进行处理器的分配调度，当多个用户程序请求处理服务时，如果一个运行程序因等待某一条件（如等待输入输出完成）而不能运行下去时，就要把处理器转交给另一个可运行的程序，以便充分利用处理器的能力；或者出现了一个可运行的程序比当前正占有处理器的程序更重要时，则要优先处理更重要的程序，以便合理地为所有用户服务。

CPU 是计算机中最重要的资源，没有它，任何处理工作都不可能进行。在处理器管理中，我们最关心的是它的运行时间。现代的计算机中 CPU 的速度越来越快，每一秒钟可运行几百万、几千万，甚至几亿、几十亿条指令，因此它的时间相当宝贵。处理器管理就是提出调度策略，给出调度算法，使每个用户都能满意，同时又能充分地利用 CPU。

2. 存储器管理

存储器管理主要是对内存的管理，也包括对内外存交换信息的管理，配合硬件进行地址转换和存储保护的工作，进行存储空间的分配和回收。

随着存储芯片的集成度不断地提高、价格不断地下降，一般而言，内存整体的价格已经不再昂贵了。不过受 CPU 寻址能力的限制以及物理安装空间的限制，单台机器的内存容量是有一定的限度的。

当多个用户程序共用一个计算机系统时，它们往往要共用计算机的内存储器，为了既使各个用户的程序和数据相隔离而且互不干扰，又能共享一些程序和数据，这就需要进行存储空间分配和存储保护。

存储器管理是用户与内存的接口。

3. 设备管理

设备管理主要是管理各类外部设备，包括分配、启动和故障处理等，主要目的是合理地控制 I/O 的操作过程，最大程度地实现 CPU 与设备、设备与设备之间的并行工作。

这里的设备是指除 CPU 和内存以外的各种设备，如磁盘、磁带、打印机、终端等。这些设备种类繁多，物理性能各不相同，并且经常发展变化，一般用户很难直接使用。操作系统的设备管理是用户与外设的接口，用户只需通过特定的命令来使用某个设备，设备管理在多道程序环境下提高了设备的利用率。

4. 文件管理

文件管理也称信息管理，主要负责文件信息的存取和管理，包括文件的存储、检索和修改等操作。

在计算机系统中，存储的信息是大量的，而且是各种各样的。系统本身有很多程序，用户又有很多程序和数据，它们都是以文件的形式来组织的。大部分文件平时都存放在外存上。因此，文件管理是用户与外存的接口。所有的文件都要求便于用户使用和存取，而且还要保证文件的安全，这样有利于提高系统的效率和资源的利用率等。

5．用户接口

操作系统提供方便、友好的用户界面，使用户无需了解过多的软、硬件细节就能方便灵活地使用计算机。

通常用户接口包括作业一级接口和程序一级接口。作业一级接口为了便于用户直接或间接地控制自己的作业而设置。它通常包括联机用户接口与脱机用户接口。程序一级接口是为用户程序在执行中访问系统资源而设置的，通常由一组系统调用组成。

3.1.3　操作系统的分类

操作系统的种类相当多，各种设备安装的操作系统可从简单到复杂，根据应用环境和用户使用计算机的方式不同，操作系统有不同的分类标准，常用的分类标准有：按操作系统的功能分类、按支持的用户数分类、按运行的任务数量分类等。

1．按系统的功能分类

（1）批量操作系统。批处理（Batch Processing）操作系统的工作方式是：用户将作业交给系统操作员，系统操作员将许多用户的作业组成一批作业，之后输入计算机中，在系统中形成一个自动转接的连续的作业流，然后启动操作系统，系统自动、依次执行每个作业。最后由操作员将作业结果交给用户。在一般的计算机中心都配有批量操作系统。

（2）分时操作系统。分时（Time Sharing）操作系统的工作方式是：一台主机连接了若干个终端，每个终端有一个用户在使用。用户交互式地向系统提出命令请求，系统接受每个用户的命令，采用时间片轮转方式处理服务请求，并通过交互方式在终端上向用户显示结果。用户根据上步结果发出下道命令。分时操作系统将 CPU 的时间划分成若干个时间片。操作系统以时间片为单位，轮流为每个终端用户服务。每个用户轮流使用一个时间片而使每个用户并不感到有别的用户存在，就好像独占了这台计算机。典型的分时操作系统有 UNIX、Linux 等。

（3）实时操作系统。实时操作系统（Real Time Operating　System，RTOS）是指使计算机能及时响应外部事件的请求在规定的严格时间内完成对该事件的处理，并控制所有实时设备和实时任务协调一致地工作的操作系统。实时操作系统要追求的目标是：对外部请求在严格时间范围内做出反应，有高可靠性和完整性。其主要特点是资源的分配和调度首先要考虑实时性然后才是效率。此外，实时操作系统应有较强的容错能力。根据具体应用领域的不同，又可以将实时系统分成两类，即实施控制系统（如导弹发射系统、飞机自动导航系统）和实时信息处理系统（如机票订购系统、联机检索系统）。

（4）网络操作系统。网络操作系统是基于计算机网络的，是在各种计算机操作系统上按网络体系结构协议标准开发的软件，包括网络管理、通信、安全、资源共享及各种网络应用。其目标是相互通信及资源共享。在其支持下，网络中的各台计算机能互相通信和共享资源。其主要特点是与网络的硬件相结合来完成网络的通信任务。目前常用的有 Novell NetWare、Windows Server 等操作系统。

（5）分布式操作系统。它是为分布计算系统配置的操作系统。大量的计算机通过网络被连结在一起，可以获得极高的运算能力及广泛的数据共享。这种系统被称作分布式系统（Distributed System）。

它在资源管理、通信控制和操作系统的结构等方面都与其他操作系统有较大的区别。由于分布计算机系统的资源分布于系统的不同计算机上，操作系统对用户的资源需求不能像一般的操作系统那样等待有资源时直接分配而是要在系统的各台计算机上搜索，找到所需资源后才可进行分配。分布操作系统的通信功能类似于网络操作系统。由于分布计算机系统不像网络分布得很广，同时分布操作系统还要支持并行处理，因此它提供的通信机制与网络操作系统提供的有所不同，它要求通信速度高。分布操作系统的结构也不同于其他操作系统，它分布于系统的各台计算机上，能并行地处理用户的各种需求，有较强的容错能力。

（6）个人计算机操作系统。随着计算机应用的日益广泛，许多人都拥有自己的个人计算机，而在大学、政府部门或商业系统则使用功能更强的个人计算机，通常称为工作站。在个人计算机上配置的操作系统称为个人计算操作机系统。目前，在个人计算机和工作站领域有两种主流操作系统：一种是微软（Microsoft）公司提供的具有图形用户界面的视窗操作系统（Windows）；另一种是 UNIX 系统和 Linux 系统。

2．按支持的用户数分类

（1）单用户操作系统。在单用户操作系统中，所有的硬件、软件资源只能为一个用户提供服务。也就是说，单用户操作系统在单位时间内只完成一个用户提交的任务，如 DOS、Windows 操作系统。

（2）多用户操作系统。多用户操作系统能够控制由多台计算机通过通信口连接起来组成的一个工作环境并为多个用户服务，如 UNIX、Linux 操作系统。

3．按运行的任务数量分类

（1）单任务操作系统。在单任务操作系统中，用户一次只能提交一个任务，当该任务处理完成后才能提交下一个任务，如 DOS 操作系统。

（2）多任务操作系统。在多任务操作系统中，用户一次可以提交多个任务，系统可以同时接受并且处理。常见的操作系统包括 Windows、UNIX 等。

3.2　典型操作系统简介

3.2.1　DOS 操作系统简介

DOS 的全称是磁盘操作系统（Disk Operating System），是一种单用户、普及型的微机操作系统，主要用在以 Intel 公司的 86 系列芯片为 CPU 的微机及其兼容机上，曾经在 20 世纪 80 年代风靡全球。

DOS 由 IBM 公司和微软公司开发，包括 PC-DOS 和 MS-DOS 两个系列。20 世纪 80 年代初，IBM 公司决定涉足 PC 市场，并推出 IBM-PC 个人计算机。1980 年 11 月，IBM 公司和微软公司正式签约委托微软为其即将推出的 IBM-PC 开发一个操作系统，这就是 PC-DOS，又称 IBM-DOS。1981 年，微软也推出了 MS-DOS1.0 版，两者的功能基本一致，统称 DOS。IBM-PC 的开放式结构在计算机技术和市场两个方面都带来了革命性的变革，随着 IBM-PC 在 PC 市场上的份额不断减少，MS-DOS 逐渐成为 DOS 的同义词，而 PC-DOS 则逐渐成为 DOS 的一个支流。

DOS 的主要功能有：命令处理、文件管理和设备管理。自 DOS 4.0 版以后，引入了多任务概念，强化了对 CPU 的调度和内存的管理，但 DOS 的资源管理功能比其他操作系统简单得多。

3.2.2　Windows 操作系统

Windows 操作系统是图形化用户界面的操作系统，由 Microsoft 公司推出。

Microsoft 公司成立于 1975 年，到现在已经成为世界上最大的软件公司，其产品覆盖操作系统、编译系统、数据库管理系统、办公自动化软件和因特网支撑软件等各个领域，成为风靡全球的微机操作系统。目前个人计算机上采用 Windows 操作系统的占 90%，微软公司几乎垄断了 PC 行业。

图形化用户界面操作系统环境的思想并不是 Microsoft 公司率先提出的，Xerox 公司的商用 GUI 系统（1981 年）、Apple 公司的 Lisa（1983 年）和 Macintosh（1984 年）是图形化用户界面操作系统的鼻祖。Microsoft 公司于 1985 年 5 月推出 Windows 计划，但是一开始这一产品很不成功，直到 1985 年 11 月产品化的 Windows 1.01 版才开始投放市场，1987 年又推出 Windows 2.0，这两个版本基本上没有多少用户。1990 年发布的 Windows 3.0 版对原来系统做了彻底改造，在功能上有了很大提高，从而赢得了用户。到 1992 年 4 月 Windows 3.1 发布后，Windows 逐步取代了 DOS 在全世界流行。

从 Windows 1.x 到 Windows 3.x，系统都必须依靠 DOS 提供的基本硬件管理功能才能工作，因此从严格意义上来说，它还不能算是一个真正的操作系统，只能称为图形化用户界面操作系统。1995 年 8 月，Microsoft 公司推出了 Windows 95 并放弃开发新的 DOS 版本，Windows 95 能够独立在硬件上运行，是真正的新型操作系统。以后 Microsoft 公司又相继推出了 Windows 97、Windows 98、Windows 98 SE 和 Windows Me 等后继版本。Windows 3.x 和 Windows 9x 都属于家用操作系统范畴，主要运行于个人计算机中。

除了家用操作系统版本外，Windows 还有其商用操作系统版本：Windows 2000 和早期的 Windows NT，它们也是独立的操作系统，主要运行于小型机、服务器，也可以在 PC 上运行。

Microsoft 公司于 2000 年 2 月正式推出了 Windows 2000。它是 Microsoft 公司推出的面向 21 世纪的新一代操作系统。Windows 2000 是在 Windows 98 和 Windows NT 基础上修改和扩充而成的。它不是单个操作系统，而是包括了 Windows 2000 Professional、Windows 2000 Server、Windows 2000 Advance Server 与 Windows 2000 Datacenter Server 4 个系统用来支持不同对象的应用。其中 Windows 2000 Professional 是运行于客户端的操作系统。Windows 2000 Server、Windows 2000 Advance Server 与 Windows 2000 Datacenter Server 都是可以运行在服务器端的操作系统，只是它们所能实现的网络功能与服务不同。

Windows 2000 Server 是为服务器开发的多用途网络操作系统，它可为部门工作组或中小型公司用户提供文件和打印、应用软件、Web 和通信等各种服务，其性能优越、系统可靠、使用和管理简单，是中小型局域网上的理想操作系统。

2001 年 1 月，Microsoft 公司正式宣布停止开发 Windows 9x 系列，将家用操作系统版本和商用操作系统版本合二为一。新的 Windows 操作系统命名为 Windows XP，包括家庭版、专业版和一系列服务器版。它具有一系列运行新特性，具备更多的防止应用程序错误的手段，进一步增强了 Windows 安全性，简化了系统管理和部署，并革新了远程用户工作方式。

2005 年 7 月，Microsoft 公司推出了 Windows Vista 操作系统。与 Windows XP 相比，Windows Vista 在界面、安全性和软件驱动集成性上有了很大的改进。

2009 年 10 月，Microsoft 公司推出了 Windows 7 操作系统。该系统旨在让计算机操作更加简单和快捷，为人们提供高效易行的工作环境。

2012 年 10 月，Microsoft 公司正式推出 Windows 8 操作系统。Windows 8 系统支持 PC 和平板电脑，提供了更佳的屏幕触控支持。

3.2.3　UNIX 操作系统简介

UNIX 操作系统是一个通用、交互式分时操作系统。1969 年，它由美国电报电话公司贝尔实验室在 DEC 公司的小型系列机 PDP-7 上开发成功的。

UNIX 取得成功的最重要原因是系统的开放性和公开源代码，用户可以方便地向 UNIX 系统中逐步添加新功能和工具，这样可使 UNIX 越来越完善，能提供更多服务，成为有效的程序开发的支撑平台。它是目前唯一可以安装和运行在包括微型机、工作站直到大型机和巨型机上的操作系统。

UNIX 操作系统广泛应用于金融、电信等领域，UNIX 因为其安全可靠，高效强大的特点在服务器领域得到了广泛的应用。一直以来，在国内金融领域信息系统中，大量使用的是各种 UNIX 操作系统。大多数营业网点使用的 PC 机、各种业务前置机、通信前置机及中间业务平台服务器等所用操作系统几乎全部都是 UNIX。

UNIX 的主要特点如下。

（1）UNIX 系统是一个多用户、多任务的操作系统。每个用户都可以同时进行多个进程。用户进程数目在逻辑上不受任何限制，在实现方面也有独到之处，有比较高的运行效率。当然，事实上由于 CPU 速度和物理内存的限制，如果进程过多也会使运行效率降低。

（2）UNIX 系统的大部分是用 C 语言编写的，这使得系统易读、易修改、易移植。一般来说，用汇编语言编写的系统，在执行速度方面要比用 C 语言编写的系统快 20%～30%。但是，用汇编语言编写的系统不易读、不易修改、难于移植，所以现在的大多数操作系统都是用 C 语言编写的。

（3）提供了丰富的、经过精心挑选的系统调用，整个系统的实现十分紧凑、简洁、优美。

（4）UNIX 提供了功能强大的可编程 Shell 语言，即外壳语言，作为用户界面。具有简洁高效的特点。

（5）UNIX 系统采用树形文件系统，具有良好的安全性、保密性和可维护性。在文件系统的实现方面，UNIX 也有比较大的创新，这大大影响了以后的操作系统。

（6）UNIX 系统提供了多种通信机制，如管道通信、软终端通信、消息通信、共享存储器通信和信号灯通信。后来的操作系统或多或少地借鉴了 UNIX 的通信机理。

（7）UNIX 系统采用进程对换的内存管理机制和请求调页的存储管理方式，实现了虚拟存储管理，大大提高了内存的使用效率。

3.2.4　Linux 操作系统简介

Linux 是由芬兰籍科学家 Linus Torvalds 于 1991 年编写完成的一个操作系统内核，当时他还是芬兰首都赫尔辛基大学计算机系的学生，在学习操作系统课程中，自己动手编写了一个操作系统原型，从此，一个新的操作系统诞生了。Linus 把这个系统放在了 Internet 上，允许自由下载，许多人对这个系统进行改进、扩充、完善，同样也做出了许多关键性贡献。

Linux 是一个开放源代码的操作系统。它除继承了历史悠久的技术成熟的 UNIX 操作系统的特点和优点外，还做了许多改进，成为一个真正的多用户、多任务的通用操作系统。在 Linux 上可以运行大多数 UNIX 程序。

如今有越来越多的商业公司采用 Linux 作为操作系统。例如，科学工作者使用 Linux 来进行分布式计算；ISP 使用 Linux 配置 Internet 服务器、电话拨号服务器来提供网络服务；CERN（欧洲核子中心）采用 Linux 做物理数据处理；美国 1998 年 1 月发行的影片《泰坦尼克号》中计算机动画的设计工作就是在 Linux 平台上进行的。同时越来越多的商业软件工作宣布支持 Linux。在国外的大学中很多教授用 Linux 来讲授操作系统原理和设计。当然，对于大多数用户来说最重要的一点是，现在可以在自己家中的计算机上进行 Linux 系统上的编程，享受阅读操作系统的全部原代码的乐趣。

Linux 在服务器领域已经非常普及，在台式机领域的应用也在增长，但一些公司希望它能够进一步扩展到嵌入式设备领域。目前，已经有一些手机、无线网络设备和个人视频录像机使用了Linux。

Linux 的主要特点如下。

（1）Linux 操作系统不限制应用程序可用内存的大小。

（2）Linux 操作系统具有虚拟内存的能力，可以利用硬盘来扩展内存。

（3）Linux 操作系统允许在同一时间内，运行多个应用程序。

（4）Linux 操作系统支持多用户，在同一时间内可以有多个用户使用主机。

（5）Linux 操作系统具有先进的网络能力，可以通过 TCP/IP 协议与其他计算机相连，通过网络进行分布式处理。

（6）Linux 操作系统符合 UNIX 标准，可以将 Linux 上完成的程序移植到 UNIX 主机上运行。

（7）Linux 操作系统是免费软件。

UNIX 和 Linux 的区别如下。

（1）UNIX 是一个功能强大、性能全面的多用户、多任务操作系统，可以应用在从巨型计算机到普通 PC 机等多种不同的平台上，是应用面最广、影响力最大的操作系统。

（2）Linux 是一种外观和性能与 UNIX 相同或更好的操作系统。源代码不源于任何版本的UNIX，是一个类似于 UNIX 的产品。Linux 产品成功地模仿了 UNIX 系统和功能。在网络管理能力和安全方面，使用过 Linux 的人都承认 Linux 与 UNIX 很相似。UNIX 系统一直被用做高端应用或服务器系统，因此拥有一套完善的网络管理机制和规则。Linux 沿用了这些出色的规则，使网络的可配置能力很强，为系统管理提供了极大的灵活性。

3.2.5　MAC OS 操作系统简介

Mac OS X 是苹果电脑所采用的操作系统，和微软公司的 Windows 操作系统以及开源的 Linux等同属最常用的操作系统之一。

Mac OS X 是全球领先的操作系统。基于坚如磐石的 UNIX 基础，设计简单直观，让处处创新的 Mac 安全易用，只注意高度兼容 Mac 软件不支持其他软件，出类拔萃。MacOS X 以稳定可靠著称。系统不兼容任何非 Mac 软件，因此在开发 Snow Leopard 的过程中，Apple 工程师们只能开发 Mac 系列软件。所以他们可以不断寻找可供完善、优化和提速的地方——从简单的卸载外部驱动到安装操作系统。只专注一样，所以超凡品质如今更上层楼。

Mac OS 系统的主要特点如下。

（1）外观更趋完善，使用更方便。

（2）经过重新设计的 Finder 功能充分利用了 Snow Leopard 中的新科技，包括 64 位元支持和

Grand Central Dispatch。反应更快捷灵敏。还包括了很多新功能，如定制 Spotlight 搜索选项和增强的图标显示，你可以快速浏览多页文档或者观看 QuickTime 影片。

（3）更快备份。随 MacOS X Leopard 发布的 Time Machine 功能，首度推出革命性的硬盘备份解决方案。Time Capsule 则利用其无线硬盘和 Time Machine 完美协作，进一步增强了备份功能。Snow Leopard 则将 Time Machine 的工作效率大大提高，Time Capsule 的初始备份时间减少达 50%。

装备 Snow Leopard 的 Mac 在屏幕锁定时，可以更快从睡眠状态启动，速度较以前提高两倍。关机比以前快 75%。在你赶着回家或去机场时节约宝贵时间。加入无线网络也比以前快达 55%。

（4）快速稳定：升级 Mac 从未如此容易。在 Snow Leopard 中，升级比以前快达 45%，过程更简单稳定。举例来说，Snow Leopard 会检查你的应用程序，以确保它们互相兼容，不兼容的软件会放在一边。万一在安装的过程中 Mac 突然断电，也可以重头再来而不必担心数据丢失。

（5）系统资源：Snow Leopard 占用的硬盘空间比上一代少一半。为你节省 6GB 的空间——足够存储 1500 首歌曲或数千张照片。

（6）QuickTime：QuickTime 采用新一代媒体技术为 Mac OS X Snow Leopard 中的完美影音体验提供有力支持。它集合了界面简洁的 QuickTime Player 播放器，全新修剪界面，并提供简单 YouTube 上传方式，更高效的媒体播放功能，基于 HTTP 基础的在线播放，以及更精准的色彩再现。

（7）创新中文输入法：在 Snow Leopard 之前，你只能通过拼音等键盘输入方式输入中文。Snow Leopard 则提供了创新的输入方式：在触控板上手写输入。手写时屏幕上会打开新的输入窗口，显示笔划近似的所有备选单字，并根据所选单字建议接下来可能用到的单字。

（8）iChat：Snow Leopard 中 iChat 的视频聊天功能如今更稳定好用。很多影响连接的路由器不兼容的问题得到解决。iChat 无法直接连接时可以通过 AIM 中继服务器连接。

现在进行视频聊天只要求 300 kbps 的上行宽带速度，是升级之前的三分之一，更多人可以享受视频聊天的乐趣。iChat Theater 的分辨率更高达 640 像素×480 像素，是以前的四倍。

（9）好时机、好服务：通过 Mac OS X 中的 Service 服务选单，你在执行某个应用程序时，也可以使用另一个应用程序的功能。Snow Leopard 中的服务功能更加简便实用。它只显示和当前使用程序或浏览内容相关的服务项目而非全部。轻松点击鼠标右键或触控板控制键便可使用服务功能。可以自行设置菜单、只显示你想要的服务选项，或使用 Automator 创建自己的个人服务。

（10）自动设置时区：如果你正在环游世界，肯定不愿担心电脑时区的设置是否正确，Snow Leopard 帮你分忧。使用 Core Location 技术，Mac 会根据已知 Wi-Fi 热点自动定位并设置时区，无论你身在何处，总能知道正确时间。

（11）Safari：Safari4 是先进的 Apple 网络浏览器的最新版本。网页处理速度大幅提高并增加许多新功能，包括搜索浏览历史，智能化地址栏和搜索栏，常见网站的创新显示方式，对网页标准的完美支持等。

Snow Leopard 支持 64 位元，JavaScript 的处理速度因此提升 50%。此外，Safari 还不容易出故障。大多数 Mac OS X 中浏览器故障都是由浏览器插件引起的，Apple 工程师因此重新设计了 Safari，让插件分开运行，即使网页插件发生故障，Safari 一样能正常运行。

（12）外部驱动：Snow Leopard 让你能更稳妥地退出碟片和外部驱动。假如驱动器上有某个文件或文件夹正在使用中，Mac OSX 便不允许你退出驱动器。但你未必知道具体原因。Snow Leopard 中这个问题会较少出现，即使出现你也会知道到底是哪个应用程序在使用驱动器，以便关闭程序并正常退出。

（13）分享文件更高效：Mac 内置的 Bonjour 技术让文件共享变得轻而易举，现在 Snow Leopard 还使之更节能。如果你需要家里的电脑和办公室的电脑共享文件，电脑必须整天开着，这显然很费电。而有了 Snow Leopard 和兼容的 AirPort Extreme 或 Time Capsule 基站，你的电脑在睡眠状态也能和其他的电脑或设备共享文件，因此更节能。

3.2.6　手持设备操作系统简介

目前比较流行的手持设备操作系统有：Android、苹果 iOS、Windows Phone。

1．Android

Android 是一种基于 Linux 的自由及开放源代码的操作系统，主要使用于移动设备，如智能手机和平板电脑，由 Google 公司和开放手机联盟领导及开发。尚未有统一中文名称，较多人使用"安卓"或"安致"。Android 操作系统最初由 Andy Rubin 开发，主要支持手机。2005 年 8 月由 Google 收购注资。2007 年 11 月，Google 与 84 家硬件制造商、软件开发商及电信营运商组建开放手机联盟共同研发改良 Android 系统。随后 Google 以 Apache 开源许可证的授权方式，发布了 Android 的源代码。第一部 Android 智能手机发布于 2008 年 10 月。Android 逐渐扩展到平板电脑及其他领域上，如电视、数码相机、游戏机等。2011 年第一季度，Android 在全球的市场份额首次超过塞班（Symbian）系统，跃居全球第一。 2013 年的第四季度，Android 平台手机的全球市场份额已经达到 78.1%。2014 第一季度 Android 平台已占所有移动广告流量来源的 42.8%，首度超越 iOS，但运营收入不及 iOS。

Android 在正式发行之前，最开始拥有两个内部测试版本，并且以著名的机器人名称来对其进行命名，它们分别是：阿童木（AndroidBeta）、发条机器人（Android 1.0）。后来由于涉及版权问题，谷歌将其命名规则变更为用甜点作为它们系统版本的代号的命名方法。甜点命名法开始于 Android 1.5 发布的时候。作为每个版本代表的甜点的尺寸越变越大，然后按照 26 个字母顺序：纸杯蛋糕（Android 1.5），甜甜圈（Android 1.6），松饼（Android 2.0/2.1），冻酸奶（Android 2.2），姜饼（Android 2.3），蜂巢（Android 3.0），冰激凌三明治（Android 4.0），果冻豆（Jelly Bean，Android4.1 和 Android 4.2）。

2008 年 9 月发布 Android 第一版。

2009 年 4 月 30 日发布 1.5 版：Cupcake（纸杯蛋糕）。

主要的更新如下：

拍摄/播放影片，并支持上传到 Youtube；支持立体声蓝牙耳机，同时改善自动配对性能；最新的采用 WebKit 技术的浏览器，支持复制/贴上和页面中搜索；GPS 性能大大提高；提供屏幕虚拟键盘；主屏幕增加音乐播放器和相框 widgets；应用程序自动随着手机旋转；短信、Gmail、日历，浏览器的用户接口大幅改进，如 Gmail 可以批量删除邮件；相机启动速度加快，拍摄图片可以直接上传到 Picasa；来电照片显示。

2009 年 9 月 15 日发布 1.6 版：Donut（甜甜圈）。

主要的更新如下：

重新设计的 Android Market 手势；支持 CDMA 网络；文字转语音系统（Text-to-Speech）；快速搜索框；全新的拍照接口；查看应用程序耗电；支持虚拟私人网络（VPN）；支持更多的屏幕分辨率；支持 OpenCore2 媒体引擎；新增面向视觉或听觉困难人群的易用性插件。

2009 年 10 月 26 日发布 2.0 版。

主要的更新如下：

优化硬件速度；"Car Home" 程序；支持更多的屏幕分辨率；改良的用户界面；新的浏览器的用户接口和支持 HTML5；新的联系人名单；更好的白色/黑色背景比率；改进 Google Maps3.1.2；支持 Microsoft Exchange；支持内置相机闪光灯；支持数码变焦；改进的虚拟键盘；支持蓝牙 2.1；支持动态桌面的设计。

2010 年 5 月 20 日发布 Android 2.2/2.2.1 版：Froyo（冻酸奶）。

主要的更新如下：

整体性能大幅度的提升；3G 网络共享功能；Flash 的支持；App2sd 功能；全新的软件商店；更多的 Web 应用 API 接口的开发。

2010 年 12 月 7 日发布 2.3.x：Gingerbread（姜饼）。

主要的更新如下：

增加了新的垃圾回收和优化处理事件；原生代码可直接存取输入和感应器事件、EGL/OpenGLES、OpenSL ES；新的管理窗口和生命周期的框架；支持 VP8 和 WebM 视频格式，提供 AAC 和 AMR 宽频编码，提供了新的音频效果器；支持前置摄像头、SIP/VOIP 和 NFC（近场通信）；简化界面、速度提升；更快更直观的文字输入；一键文字选择和复制/粘帖；改进的电源管理系统；新的应用管理方式。

2011 年 2 月 2 日发布 3.0：Honeycomb（蜂巢）。

主要更新如下：

优化针对平板 ；全新设计的 UI 增强网页浏览功能 ；n-app purchases 功能。

2011 年 5 月 11 日布发布 3.1：Honeycomb（蜂巢） 。

版本主要更新如下：

经过优化的 Gmail 电子邮箱 ；全面支持 Google Maps ；将 Android 手机系统跟平板系统再次合并从而方便开发者；任务管理器可滚动，支持 USB 输入设备（键盘、鼠标等）；支持 Google TV.可以支持 XBOX 360 无线手柄；widget 支持的变化，能更加容易的定制屏幕 widget 插件。

2011 年 7 月 13 日发布 3.2：Honeycomb（蜂巢）。

版本更新如下：

支持 7 英寸设备；引入了应用显示缩放功能。

2011 年 10 月 19 日在香港发布 4.0：Ice Cream Sandwich（冰激凌三明治）。

版本主要更新如下：

全新的 UI；全新的 Chrome Lite 浏览器，有离线阅读、16 标签页、隐身浏览模式等；截图功能；更强大的图片编辑功能；自带照片应用堪比 Instagram，可以加滤镜、加相框，进行 360° 全景拍摄，照片还能根据地点来排序；Gmail 加入手势、离线搜索功能，UI 更强大；新功能 People：以联系人照片为核心，界面偏重滑动而非点击，集成了 Twitter、Linkedin、Google+等通信工具。有望支持用户自定义添加第三方服务；新增流量管理工具，可具体查看每个应用产生的流量，限制使用流量，到达设置标准后自动断开网络。

2012 年 6 月 28 日发布 Android 4.1：Jelly Bean（果冻豆）。

主要更新如下：

更快、更流畅、更灵敏；特效动画的帧速提高至 60fps，增加了三倍缓冲；增强通知栏；全新搜索；搜索将会带来全新的 UI、智能语音搜索和 Google Now 三项新功能；桌面插件自动调整大小；加强无障碍操作；语言和输入法扩展；新的输入类型和功能；新的连接类型。

2012 年 10 月 30 日发布 Android 4.2：Jelly Bean（果冻豆）。

Android 4.2 沿用 "果冻豆" 这一名称，以反映这种最新操作系统与 Android 4.1 的相似性，但 Android 4.2 推出了一些重大的新特性，具体如下：

Photo Sphere 全景拍照功能；键盘手势输入功能；改进锁屏功能，包括锁屏状态下支持桌面挂件和直接打开照相功能等；可扩展通知，允许用户直接打开应用；Gmail 邮件可缩放显示；Daydream 屏幕保护程序；用户连点三次可放大整个显示屏，还可用两根手指进行旋转和缩放显示，以及专为盲人用户设计的语音输出和手势模式导航功能等；支持 Miracast 无线显示共享功能；Google Now 现可允许用户使用 Gamail 作为新的数据来源，如改进后的航班追踪功能、酒店和餐厅预订功能以及音乐和电影推荐功能等。

2013 年 9 月 4 日凌晨，谷歌对外公布了 Android 新版本 Android 4.4KitKat（奇巧巧克力），并且于 2013 年 11 月 1 日正式发布，新的 4.4 系统更加整合了自家服务，力求防止安卓系统继续碎片化、分散化。

2. 苹果 iOS

苹果 iOS 是由苹果公司开发的手持设备操作系统。苹果公司最早于 2007 年 1 月 9 日的 Macworld 大会上公布此系统，最初专门设计给 iPhone 使用，后来陆续使用到 iPod touch、iPad 及 Apple TV 等产品上。iOS 与苹果的 MacOS X 操作系统一样，它也是以 Darwin 为基础的，因此同样属于类 UNIX 的商业操作系统。这个系统原名为 iPhone OS，2010 年 6 月 7 日 WWDC 大会上改为 iOS。截止至 2011 年 11 月，根据 Canalys 的数据显示，iOS 已经占据了全球智能手机系统市场份额的 30%，在美国的市场占有率为 43%。

iOS 具有简单易用的界面、令人惊叹的功能，以及超强的稳定性，已经成为 iPhone、iPad 和 iPod touch 的强大基础。尽管其他竞争对手一直努力地追赶，iOS 内置的众多技术和功能让 Apple 设备始终保持着遥遥领先的地位。

2007 年 1 月 9 日苹果公司在 Macworld 展览会上公布，随后于同年的 6 月发布第一版 iOS 操作系统，最初的名称为 "iPhone Runs OS X"。

2007 年 10 月 17 日，苹果公司发布了第一个本地化 iPhone 应用程序开发包（SDK），并且计划在 2 月发送到每个开发者以及开发商手中。

2008 年 3 月 6 日，苹果发布了第一个测试版开发包，并且将 "iPhone runs OS X" 改名为 "iPhone OS"。

2008 年 9 月，苹果公司将 iPod touch 的系统也换成了 "iPhone OS"。

2010 年 2 月 27 日，苹果公司发布 iPad，iPad 同样搭载了 "iPhone OS"。这年，苹果公司重新设计了 "iPhone OS" 的系统结构和自带程序。

2010 年 6 月，苹果公司将 "iPhone OS" 改名为 "iOS"，同时还获得了思科 iOS 的名称授权。

2010 年第四季度，苹果公司的 iOS 占据了全球智能手机操作系统 26% 的市场份额。

2011 年 10 月 4 日，苹果公司宣布 iOS 平台的应用程序已经突破 50 万个。

2012 年 2 月，应用总量达到 552,247 个，其中游戏应用最多，达到 95 324 个，比重为 17.26%；书籍类以 60 604 个排在第二，比重为 10.97%；娱乐应用排在第三，总量为 56 998 个，比重为 10.32%。

2012 年 6 月，苹果公司在 WWDC 2012 上宣布了 iOS 6，提供了超过 200 项新功能。

2013 年 6 月 10 日，苹果公司在 WWDC 2013 上发布了 iOS 7，几乎重绘了所有的系统 APP，去掉了所有的仿实物化，整体设计风格转为扁平化设计。

2013 年 9 月 10 日，苹果公司在 2013 秋季新品发布会上正式提供 iOS 7 下载更新。

2014 年 6 月 3 日，苹果公司在 WWDC 2014 上发布了 iOS 8，并提供了开发者预览版更新。

3. Windows Phone

Windows Phone（WP）是微软发布的一款手机操作系统，它将微软旗下的 Xbox Live 游戏、Xbox Music 音乐与独特的视频体验集成至手机中。微软公司于 2010 年 10 月 11 日晚上 9 点 30 分正式发布了智能手机操作系统 Windows Phone，并将其使用接口称为"Modern"接口。2011 年 9 月 27 日，微软发布 Windows Phone 7.5。2012 年 6 月 21 日，微软正式发布 Windows Phone 8，采用和 Windows 8 相同的 Windows NT 内核，同时也针对市场的 Windows Phone 7.5 发布 Windows Phone 7.8。

2014 年，微软发布 Windows Phone 8.1 系统；发布时提到 Windows Phone 8.1 可以向下兼容，让使用 Windows Phone 8 手机的用户也可以升级到 Windows Phone 8.1。

3.3　Windows 7 使用基础

Windows 7 是由微软公司（Microsoft）开发的操作系统，核心版本号为 Windows NT 6.1。Windows 7 可供家庭及商业工作环境、笔记本电脑、平板电脑、多媒体中心等使用。2009 年 7 月 14 日 Windows 7 RTM（Build 7600.16385）正式上线，2009 年 10 月 22 日微软于美国正式发布 Windows 7。Windows 7 同时也发布了服务器版本——Windows Server 2008 R2。2011 年 2 月 23 日凌晨，微软面向大众用户正式发布了 Windows 7 升级补丁——Windows 7 SP1（Build7601.17514.101119-1850），另外还包括 Windows Server 2008 R2 SP1 升级补丁。

3.3.1　Windows 7 操作系统简介

Windows 7 操作系统继承部分 Vista 特性，在加强系统的安全性、稳定性的同时，重新对性能组件进行了完善和优化，部分功能、操作方式也回归质朴，在满足用户娱乐、工作、网络生活中的不同需要等方面达到了一个新的高度。特别是在科技创新方面，实现了上千处新功能和改变，Windows 7 操作系统成为了微软产品中的巅峰之作。

1. Windows 7 操作系统的常见版本

（1）Windows 7 Home Basic（家庭普通版）：提供更快、更简单的找到和打开经常使用的应用程序和文档的方法，为用户带来更便捷的计算机使用体验，其内置的 Internet Explorer 8 提高了上网浏览的安全性。

（2）Windows 7 Home Premium（家庭高级版）：可帮助用户轻松创建家庭网络和共享用户收藏的所有照片、视频及音乐。还可以观看、暂停、倒回和录制电视节目，实现最佳娱乐体验。

（3）Windows 7 Professional（专业版）：可以使用自动备份功能将数据轻松还原到用户的家庭网络或企业网络中。通过加入域，还可以轻松连接到公司网络，而且更加安全。

（4）Windows 7 Ultimate（旗舰版）：是最灵活、强大的版本。它在家庭高级版的娱乐功能和专业版的业务功能基础上结合了显著的易用特性，用户还可以使用 BitLocker 和 BitLocker To Go 对数据加密。

2. Windows 7 系统特点

Windows 7 的设计主要围绕 5 个重点：针对笔记本电脑的特有设计，基于应用服务的设计，用户的个性化，视听娱乐的优化，用户易用性的新引擎。

（1）更易用。Windows 7 做了许多方便用户的设计，如快速最大化、窗口半屏显示、跳转列表（Jump List）、系统故障快速修复等，这些新功能令 Windows 7 成为最易用的 Windows。

（2）更快速。Windows 7 大幅缩减了 Windows 的启动时间，据实测，在 2008 年的中低端配置下运行，系统加载时间一般不超过 20 秒，这比 Windows Vista 的 40 余秒相比，是一个很大的进步。

（3）更简单。Windows 7 将会让搜索和使用信息更加简单,包括本地、网络和互联网搜索功能,直观的用户体验将更加高级,还会整合自动化应用程序提交和交叉程序数据透明性。

（4）更安全。Windows 7 包括了改进了的安全和功能合法性,还会把数据保护和管理扩展到外围设备。Windows 7 改进了基于角色的计算方案和用户账户管理,在数据保护和坚固协作的固有冲突之间搭建沟通桥梁,同时也会开启企业级的数据保护和权限许可。

（5）节约成本。Windows 7 可以帮助企业优化它们的桌面基础设施，具有无缝操作系统、应用程序和数据移植功能，并简化 PC 供应和升级，进一步朝完整的应用程序更新和补丁方面努力。

（6）更好的连接。Windows 7 进一步增强了移动工作能力，无论何时、何地，任何设备都能访问数据和应用程序，开启坚固的特别协作体验，无线连接、管理和安全功能会进一步扩展。令性能和当前功能以及新兴移动硬件得到优化，拓展了多设备同步、管理和数据保护功能。

3.3.2　Windows 7 操作系统的安装

开始安装 Windows 7 操作系统，首先要得到安装过程的镜像文件，同时通过刻录机，将其刻录到光盘当中（如果不具备刻录设备，也可通过虚拟光驱软件，加载运行 ISO 镜像文件），之后重启计算机，进入 BIOS 设置选项。找到启动项设置选项，将光驱（DVD-ROM 或 DVD-RW）设置为默认的第一启动项目，随后保存设置并退出 BIOS，此时放入刻录光盘，在出现载入界面时按动回车，即可进入 Windows 7 操作系统的安装界面当中，同时自动启动对应的安装向导。

在完成对系统信息的检测之后，即进入 Windows 7 系统的正式安装界面，首先会要求用户选择安装的语言类型、时间和货币方式、默认的键盘输入方式等，如安装中文版本，就选择中文（简体）、中国北京时间和默认的简体键盘即可，设置完成后则会开始启动安装，如图 3-2 所示。

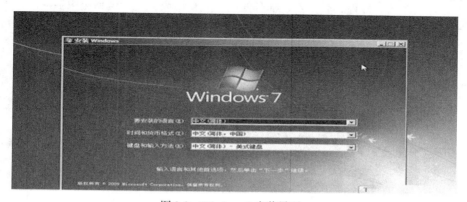

图 3-2　Windows 7 安装界面

（1）单击"开始安装"按钮，启动 Windows 7 操作系统安装过程，随后会提示确认 Windows 7 操作系统的许可协议，用户在阅读并认可后，选中"我接受许可条款"，并进行下一步操作。

（2）此时，系统会自动弹出包括"升级安装"和"全新安装"两种升级选项提示，前者可以在保留部分核心文件、设置选项和安装程度的情况下，对系统内核执行升级操作。例如，可将系统从 Windows Vista 旗舰版本，升级到 Windows 7 的旗舰版本等，不过并非所有的微软系统都支持进行升级安装。Windows 7 为用户提供了包括升级安装和全新安装两种选项支持升级的对应版本（仅支持从 Vista 升级到 Windows 7）。

（3）在选择好安装方式后，下一步则会选择安装路径信息，此时安装程序会自动罗列当前系统的各个分区和磁盘体积、类型等，选择一个确保至少有 8GB 以上剩余空间的分区，即可执行安装操作，当然，为防止出现冲突，建议借助分区选项，对系统分区先进行格式化后，再继续执行安装操作。

（4）选择安装路径后，执行格式化操作并继续系统安装。选择好对应的磁盘空间后，下一步便会开始启动包括对系统文件的复制、展开系统文件、安装对应的功能组件、更新等操作，期间基本无需值守，当中会出现一到两次的重启操作。

（5）完成配置后，开始执行复制、展开文件等安装工作。文件复制完成后，将出现 Windows 7 操作系统的启动界面，如图 3-3 所示。

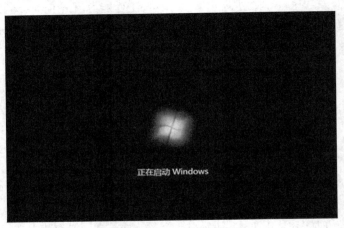

图 3-3　Windows7 启动界面

（6）经过大约 20 分钟之后，安装部分便已经成功结束，之后会弹出包括账户、密码、区域和语言选项等设置内容，此时根据提示，即可轻松完成配置向导，之后便会进入 Windows 7 操作系统的桌面当中，如图 3-4 所示。

图 3-4　Windows7 登录界面

3.3.3　Windows 7 的启动和退出

1．Windows 7 的启动

我们按下主机开关和显示器开关以后，Windows 7 自动运行启动。在 Windows 7 启动的过程中，系统会进行自检，并初始化硬件设备。在系统正常启动的情况下，会直接进入 Windows 7 的登录界面，在密码文本框中输入密码后，按 Enter 键，便会直接进入 Windows 7 系统。

2．Windows 7 的退出

在关闭或重新启动计算机之前，应先退出 Windows 7 系统，否则可能会破坏一些没有保存的文件和正在运行的程序。下面具体介绍一下退出步骤。

（1）关闭所有正在运行的应用程序。

（2）单击"开始"→"关机"按钮，即可关闭计算机，如图 3-5 所示。

（3）单击"关机"右侧的 ▷ 按钮，可以对计算机进行其他操作，如图 3-6 所示。

图 3-5　单击"关机"按钮

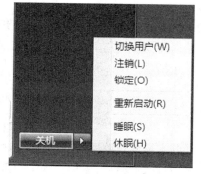

图 3-6　展开"关机"状态操作菜单

3.4　Windows 7 的基本资源与简单操作

3.4.1　计算机中的资源管理

1．Windows 7 桌面组成

进入 Windows 7 操作系统后，用户首先看到的是桌面。桌面的组成元素主要包括桌面背景、图标、"开始"按钮、快速启动工具栏和任务栏，如图 3-7 所示。

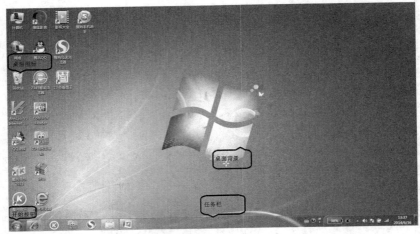

图 3-7　Windows 7 桌面

（1）桌面背景。可以是个人收集的数字图片、Windows 7 提供的图片、纯色或带有颜色框架的图片，也可以显示幻灯片图片。Windows 7 操作系统自带了很多漂亮的背景图片，用户可以从中选择自己喜欢的图片作为桌面背景。除此之外，用户还可以把自己收藏的精美图片设置为桌面背景。

在 Windows 7 系统桌面上单击鼠标右键，在弹出的快捷菜单中单击"个性化"菜单命令；在弹出的"个性化"设置界面中单击"桌面背景"选项；弹出"桌面背景"设置界面，其中供选择的图片有"场景"、"风景"、"建筑"等分类，任选其中一幅图片单击，可看到图片的左上方有一个对勾，表示图片已被选中；单击"保存修改"按钮，返回桌面，即可看到桌面背景已经更改。

（2）桌面图标。Windows 7 操作系统中，所有的文件、文件夹和应用程序等都由相应的图标表示。桌面图标一般是由文字和图片组成的，文字说明图标的名称或功能，图片是它的标识符。桌面图标包括系统图标和快捷图标两种。快捷方式图标又包括文件或文件夹快捷方式图标，以及应用程序快捷方式图标。

系统图标有如下几种。

①　"计算机"图标：用户通过该图标可以实现对计算机硬盘驱动器、文件夹和文件的管理，也可以访问连接到计算机的照相机、扫描仪和其他硬件。

②　"用户的文件"图标：用于管理"个人文档"下的文件和文件夹，可以保存信件、报告和其他文档，是系统默认的文档保存位置。

③　"网络"图标：访问网络中其他计算机上的文件和文件夹的有关信息，在双击打开的窗口中，用户可以查看工作组中的计算机、查看网络位置及添加网络位置等。

④　"回收站"图标：在回收站中暂时存放着用户已经删除的文件或文件夹等，当没有彻底清空回收站时，可以从中还原删除的文件或文件夹。

用户双击桌面上的系统图标或快捷方式图标，可以快速地打开相应的文件、文件夹或者应用程序。

（3）"开始"按钮。单击桌面左下角的"开始"按钮，即可弹出"开始"菜单。它由"固定程序"列表、"常用程序"列表、"所有程序"列表、"启动程序"列表、"启动"菜单、"关闭选项"按钮区和"搜索"框组成，如图 3-8 所示。

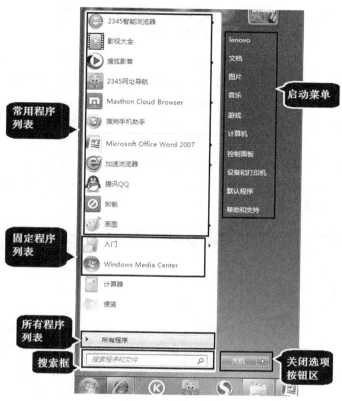

常用程序列表

固定程序列表

所有程序列表

搜索框

启动菜单

关闭选项按钮区

图 3-8　"开始"菜单

① 常用程序列表。此列表中主要存放系统常用程序，包括"便笺"、"画图"、"截图工具"和"放大镜"等。此列表是随着时间动态分布的，如果超过 10 个，它们会按照时间的先后顺序依次替换。

② 固定程序列表。该列表中显示开始菜单中的固定程序。默认情况下，菜单中显示的固定程序只有"入门"和"Windows Media Center"两个。通过选择不同的选项，可以快速地打开应用程序。

③ 所有程序列表。用户在所有程序列表中可以查看所有系统中安装的软件程序。单击"所有程序"按钮，即可打开所有程序列表。单击文件夹的图标，可以继续展开相应的程序，单击"返回"按钮，即可隐藏所有程序列表。

④ 启动菜单。"开始"菜单右侧是启动菜单。在启动菜单中列出了经常使用的 Windows 程序链接，常见的有"文档"、"图片"、"音乐"、"游戏"、"计算机"和"控制面板"等。单击不同的程序按钮，即可快速打开相应的程序。

⑤ 搜索框。搜索框主要用来搜索计算机上的项目资源，是快速查找资源的有力工具。在搜索框中直接输入需要查询的文件名，按"Enter"键即可进行搜索操作。

⑥ 关闭选项按钮区。关闭选项按钮区主要用来对操作系统进行关闭操作。其中包括"关机"、"切换用户"、"注销"、"锁定"、"重新启动"、"睡眠"以及"休眠"等选项。

（4）快捷启动工具栏

在 Windows 7 操作系统中取消了快速启动工具栏。若想快速打开程序，可将程序锁定到任务栏，如图 3-9 所示。

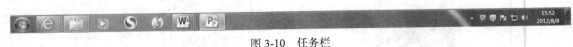

图 3-9　快捷启动工具栏

如果程序已经打开，在任务栏上选择程序并单击鼠标右键，从弹出的快捷菜单中选择"将此程序锁定到任务栏"命令；任务栏上将会一直存在添加的应用程序，用户可以随时打开程序；如果程序没有打开，选择"开始"→"所有程序"命令，在弹出的下拉列表中选择需要添加到任务栏中的应用程序，右键单击该程序，在弹出的快捷菜单中选择"锁定到任务栏"命令。

（5）任务栏

任务栏是位于桌面最底部的长条。和以前的操作系统相比，Windows 7 中的任务栏设计更加人性化，使用更加方便，功能更强大，灵活性更高。用户按"Alt+Tab"组合键可以在不同的窗口之间进行切换操作，如图 3-10 所示。

图 3-10　任务栏

任务栏可分为 3 个主要部分：

（1）"开始"按钮：用于弹出"开始"菜单。

（2）快捷启动栏：显示已打开的程序和文件，并可以在它们之间进行快速切换。

（3）通知区域：包括时钟及一些告知特定程序和计算机设置状态的图标。

2．窗口的基本操作

当用户打开一个文件或者应用程序时，都会出现一个窗口，窗口是用户进行操作时的重要操作对象，熟练地对窗口进行操作，会提高用户的工作效率，如图 3-11 所示。

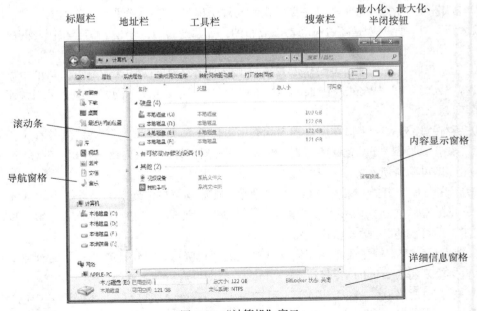

图 3-11　"计算机"窗口

（1）窗口类型及组成

窗口是 Windows 系统中最常见的操作对象，它是屏幕上的一个矩形框。运行一个程序或打开一个文档，系统都会在桌面上打开一个相应的窗口，这也是"Windows"这个名称的由来。窗口按用途可分为应用程序窗口、文件夹窗口和对话框窗口 3 种类型。

应用程序窗口是应用程序面向用户的操作平台，通过该窗口可以完成应用程序的各项工作任务。如：Word 文字处理程序是用于文字处理的应用程序，PowerPoint 是用于制作演示文稿的应用程序。在 Windows 7 中，一旦运行应用程序，就会打开一个对应的应用程序窗口。

文件夹窗口是某个文件夹面向用户的操作平台，通过该窗口可以对文件夹的各项内容进行操作。

对话框窗口是系统或应用程序打开的、与用户进行信息交流的子窗口。

① 窗口的基本组成。Windows 环境下的应用程序窗口结构大同小异，界面风格也基本相同，一般含有以下元素。

标题栏：位于窗口顶部，用于显示应用程序的名称。当标题栏呈高亮度显示（默认为蓝色）时，此窗口称为"当前窗口"（或称为"活动窗口"）。

菜单栏：位于标题栏的下方，菜单栏提供了应用程序中大多数命令的访问途径。

工具栏：包含应用程序常用的若干工具按钮，使用工具栏可以简化操作。

地址栏：显示窗口或文件所在的位置，即路径。

搜索栏：用于搜索相关的程序或文件。

导航窗格：显示当前文件夹中所包含的可展开的文件夹列表。

内容显示窗格：用于显示信息或供用户输入资料的区域。

详细信息窗格：用于显示程序或文件（夹）的详细信息。

滚动条：当要显示的内容不能全部显示于窗口中时，窗口的下方和右方会出现滚动条，即水平滚动条和垂直滚动条。使用滚动条可用来查看窗口中未显示的内容。

最小化按钮 ▬：单击该按钮，窗口将最小化，并缩小在任务栏中。

最大化按钮 ▢/还原按钮 ❐：单击最大化按钮，程序窗口将最大化充满整个屏幕；当窗口最大化后，最大化按钮就变成了还原按钮，单击还原按钮，最大化窗口还原成原来的窗口，窗口大小和位置与原来的状态一致。

关闭按钮 ✖：单击该按钮，将关闭窗口及应用程序。

◀按钮：单击该按钮，可以回到前一步操作的窗口。

▶按钮：单击该按钮，可以回到操作过的下一步操作的窗口。

↻按钮：单击该按钮，可以将窗口的内容刷新一次。

② 对话框窗口。当完成一个操作，需要向 Windows 进一步提供信息时，就会出现一个对话框，如图 3-12 所示。对话框是系统和用户之间的通信窗口，供用户从中阅读提示、选择选项、输入信息等。对话框的顶部也有对话框标题（标题栏）和关闭按钮，但一般没有最大化及最小化按钮，所以对话框的大小通常不能改变。但对话框可以移动（利用左键拖动标题栏即可），也可以关闭。

常见的对话框中包括如下元素。

单选按钮：在一组相关的选项中，必须选中一个且只能选中一个。

复选框：一些具有开关状态的设置项，可选定其中的一个或多个，也可以一个不选（小框内出现的对勾标记"√"为选中标记）。

文本输入框：用户可在其中输入文字信息。

选择框（变数框、微调框）：单击上箭头增大数值，单击下箭头减小数值。如果当前数值与需要数值相差较大时，可直接输入数字。

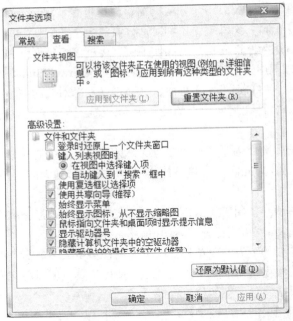

图 3-12 "文件夹选项"对话框

列表框：列表框中列出可供用户选择的各种选项。如果列表内容很多，不能一次全部显示，则列表框中会出现垂直或水平滚动条。

下拉列表框：它看起来与文本输入框相似，但是在它的右端有一个向下的箭头，当单击该箭头时，会展开一个可供用户选择的列表。

滑尺：对话框中的滑尺，大多数是用于调节系统组件的，例如调节鼠标双击速度的滑尺、调节键盘响应速度的滑尺等。

加减器：加减器可以用来选择几个数字中的一个，方便用户的输入。一般来说，用户可以在加减器指定的数值范围之内进行选择。

命令按钮：单击某一个命令按钮，可执行相应的命令，如果命令按钮后有"…"标记，则单击它可打开另一个对话框。

（2）窗口的基本操作

应用程序窗口和文档窗口的操作主要有移动、缩放、切换、排列、最小化、最大化、关闭等。

3. 帮助功能

（1）窗口组成。在"开始"菜单中选择"帮助和支持"命令后，即可打开"Windows 帮助和支持"窗口，如图 3-13 所示。在这个窗口中为用户提供了帮助主题、指南、疑难解答和其他支持服务。

Windows 7 的帮助系统以网页的风格显示内容，以超级链接的形式打开相关的主题，用户可以很方便地找到自己所需要的内容。用户通过帮助系统，可以快速了解 Windows 7 的新增功能及各种常规操作。

（2）联机帮助。

要随时保证 Windows 7 的帮助内容是最新的，需要用到 Windows 7 的联机帮助。默认情况下，如果在打开帮助和支持中心的时候，系统已经连接到了 Internet，那么 Windows 7 会自动使用联机帮助。如果系统设置为不使用联机帮助或者系统没有连接到互联网，那么 Windows 7 就会使用脱机帮助。

图 3-13　"Windows 帮助和支持"主页

如果想要知道当前正在使用联机帮助还是脱机帮助，只要查看图 3-13 所示的"Windows 帮助和支持"窗口右下角的状态按钮即可。如果显示的是"联机帮助"，那么当前使用的就是联机帮助。如果显示的是"脱机帮助"，那么当前使用的就是脱机帮助。除此之外，还可以通过该窗口右下角的按钮在两种模式之间进行切换。

3.4.2　文件和文件夹管理

在 Windows 7 操作系统中，文件是最小的数据组织单位。文件中可以存放文本、图像和数值数据等信息。而硬盘则是存储文件的大容量存储设备，其中可以存储很多的文件。同时为了便于管理文件，还可以把文件组织到文件夹中。文件系统实现对文件的存取、处理和管理等操作，因此文件系统在操作系统中占有重要的地位，本节主要介绍与文件系统相关的概念和基本操作。

1．文件管理中的几个概念

文件是计算机中的一个很重要的概念，是操作系统用来存储和管理信息的基本单位，文件可以用来保存各种信息。

（1）文件系统。

文件是存储在一定介质上的、具有某种逻辑结构的、完整的、以文件名为标识的信息集合。它可以是程序、程序所使用的一组数据，或用户创建的文档、图形、图像、动画、声音、视频等。

文件名：每个文件必须有且仅有一个文件名。文件名包括服务器名称、驱动器号、文件夹路径、文件名和扩展名，最多可包含 255 个字符。其格式如下：

［服务器名］［驱动器号：］［文件夹路径］＜文件名＞［.扩展名］

① 文件名格式中的中括号"［ ］"中的内容表示可选项，可以省略。如驱动器号、文件夹路径等可以省略；尖方括号"＜＞"中的内容表示必选项，不能省略。

② ＜文件名＞也称主文件名，组成文件名的字符包括：26 个英文字母(大小写同义)，数字(0～9)和一些特殊符号，但不能包含以下字符：正斜杠（/）、反斜杠（\）、大于号（＞）、小于号（＜）、星号（*）、问号（?）、引号（"）、竖线（|）、冒号（:）或分号（;）。汉字可以用作文件名，但不

鼓励这样做。文件名一般由用户指定，原则是"见名知义"。

③ 扩展名也称"类型名"或"后缀"，一般由系统自动给定，原则是"见名知类"，它由 3 个字符组成，也可以省略或由多个字符组成。对于系统给定的扩展名不能随意改动，否则，系统将不能识别。扩展名前边必须用点"."与文件名隔开。

文件类型：文件类型可以分为三大类：系统文件、通用文件和用户文件。前两类一般在装入系统时安装，其文件名和扩展名由系统指定，用户不能随便改名和删除。用户文件是指用户自己建立的文件，多数是文本文件。

在 Windows 环境中，文件类型指定了对文件的操作或结构特性。文件类型可标识打开该文件的程序，例如 Microsoft Word。文件类型与文件扩展名相关联。例如，具有 .txt 或 .log 扩展名的文件是"文本文档"类型，可使用任何文本编辑器打开。

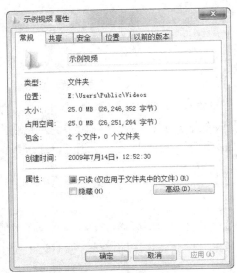

图 3-14 "视频属性"对话框

（2）文件属性。文件属性用于指出文件是否为只读、隐藏、准备存档（备份）、压缩或加密，以及是否应索引文件内容以便加速文件搜索的信息等，如图 3-14 所示。

文件和文件夹都有属性页，文件属性页显示的主要内容包括：文件类型、与文件关联的程序（打开文件的程序名称）、它的位置、大小、创建日期、最后修改日期、最后打开日期、摘要（列出包括标题、主题、类别和作者等的文件信息）等，不同类型的文件或同一类型的不同文件其属性可能不同，有些属性可由用户自己定义。

通常情况下，建立文件的程序还可以自定义属性，提供关于该文件的其他信息。如使用 Word 创建或编辑文档时，单击"文件"菜单项，在弹出的菜单中，选择"属性"，弹出"属性"对话框，选择"自定义"选项卡，可以为文件创建新属性。

（3）文件夹。文件夹是图形用户界面中程序和文件的容器，用于存放程序、文档、快捷方式和子文件夹。文件夹是在磁盘上组织程序和文档的一种手段。在屏幕上由一个文件夹的图标和文件夹名来表示。只存放子文件夹和文件的文件夹称为标准文件夹，一个标准文件夹对应一块磁盘空间。文件夹还可以用来存入存放控制面板、拨号网络、打印机、软盘、硬盘、光盘等。硬盘、光盘等是硬件设备。而控制面板、拨号网络等不能用来存储文件或文件夹，它们实际上是应用程序，是一种特殊的文件夹。如果没有特别说明，本书文件夹都是指标准文件夹。

（4）文件名通配符。当查找文件、文件夹、打印机、计算机或用户时，可以使用通配符来代替一个或多个字符。当不知道真正的字符或者不想键入完整的名称时，常常使用通配符代替一个或多个字符。通配符有两个：星号"*"和问号"?"，其含义和用法如下。

"*" 星号代表零个或多个字符。对于要查找的文件，如果知道它以"gloss"开头，但不记得文件名的其余部分，则可以键入以下字符串"gloss*"，它表示查找以"gloss"开头的所有文件类型的所有文件，包括 Glossary.txt、Glossary.doc 和 Glossy.doc。

"?" 问号代表名称零个或一个字符。例如，键入"gloss?.doc"，它表示查找以"gloss"开头，主文件名最长为 6 个字符并且文件扩展名为".doc"的所有文件，它查找到的文件可能为

Glossy.doc 或 Glooss1.doc，但不会是 Glossary.doc。

2．文件及文件夹操作

通过"计算机"窗口和资源管理器窗口可以实现对计算机资源的绝大多数操作和管理，两者是统一的。

（1）"计算机"窗口。"计算机"窗口用于管理计算机上的所有资源。双击桌面上的"计算机"图标，即可打开"计算机"窗口，如图 3-15 所示，方便用户访问自己计算机上的各种资源。

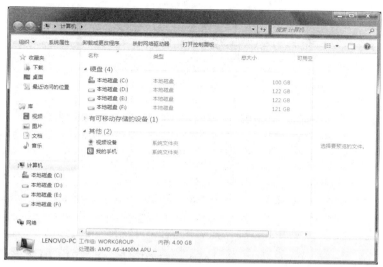

图 3-15　"计算机"窗口

（2）资源管理器窗口。"资源管理器"是 Windows 操作系统提供的资源管理工具，是 Windows 的精华功能之一。我们可以通过资源管理器查看计算机上的所有资源，能够清晰、直观地对计算机上形形色色文件和文件夹进行管理。在 Windows 7 中，资源管理更加美观和直观，如图 3-16 所示。

图 3-16　资源管理器窗口

打开资源管理并显示菜单栏步骤如下。

① 在任务栏中，单击"Windows 资源管理器"按钮 。

② 按 Alt 键，菜单栏将显示在工具栏上方。若要隐藏菜单栏，请单击任何菜单项或者再次按 Alt。若要永久显示菜单栏，在工具栏中，单击"组织"→"布局"→"菜单栏"命令，选中"菜单栏"即可永久显示，如图 3-17 所示。

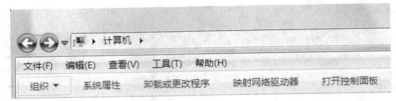

图 3-17　菜单栏

在 Windows 7 资源管理器左边列表区，整个计算机的资源被划分为四大类：收藏夹、库、计算机和网络，这与 Windows XP 及 Vista 系统有很大的不同，是为了让用户更好地组织、管理及应用资源，为我们带来更高效的操作。例如，在收藏夹下"最近访问的位置"中可以查看到我们最近打开过的文件和系统功能，方便我们再次使用；在网络中，我们可以直接在此快速组织和访问网络资源。此外，更加强大的则是"库"功能，它将各个不同位置的文件资源组织在一个个虚拟的"仓库"中，这样集中在一起的各类资源自然可以极大提高用户的使用效率。

（3）资源管理器新功能介绍。Windows 7 资源管理器的地址栏采用了一种新的导航功能，直接单击地址栏中的标题就可以进入相应的界面，单击 按钮，可以弹出快捷菜单。另外，如果你要复制当前的地址，只要在地址栏空白处单击鼠标左键，即可让地址栏以传统的方式显示。

在菜单栏方面，Windows 7 的组织方式发生了很大的变化或者说是简化，一些功能被直接作为顶级菜单而置于菜单栏上，如刻录、新建文件夹功能。

此外，Windows 7 不再显示工具栏，一些有必要保留的按钮则与菜单栏放在同一行中。如视图模式的设置，点击按钮后即可打开调节菜单，在多种模式之间进行调整，包括 Windows 7 特色的大图标、超大图标等模式。在地址栏的右侧，我们可以再次看到 Windows 7 的搜索。在搜索框中输入搜索关键词后按回车键，立刻就可以在资源管理器中得到搜索结果，不仅搜索速度令人满意，且搜索过程的界面表现也很出色，包括搜索进度条、搜索结果条目显示等。

（4）文件及文件夹管理

① 使用文件预览功能快速预览子文件夹。虽然 Windows XP 系统早已实现对图片文件的预览（显示缩略图），不过 Windows 7 的预览功能更为强大，可以支持图片、文本、网页、Office 文件等。

单击选中需要预览的文件，如图片文件或 Word 文档等。

单击 按钮，在窗口右侧的窗格中就会显示出该文件的内容，如图 3-18 所示。

② 选择多个连续文件或文件夹。需要对多个连续文件或文件夹进行相同操作时，同时将这些文件选中再进行操作要比一个一个的操作方便很多，方法如下。

单击要选择的第一个文件或文件夹后按住 Shift 键。

再单击要选择的最后一个文件或文件夹，则将以所选第一个文件和最后一个文件为对角线的矩形区域内的文件或文件夹全部选定。

③ 一次性选择不连接文件或文件夹。需要对多个不连续文件或文件夹进行相同操作时，可

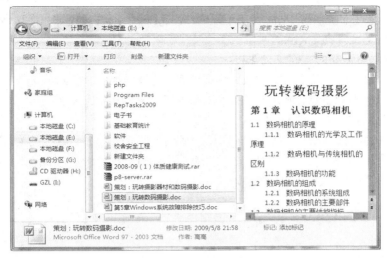

图 3-18 "窗口"窗格

以使用如下方法将这些文件同时选中。

首先单击要选择的第一个文件或文件夹，然后按住 Ctrl 键。

再依次单击其他要选定的文件或文件夹，即可将这些不连续的文件选中。

④ 快速复制文件或文件夹。这里介绍两种复制文件的方法。

第 1 种方法：

选定要复制的文件或文件夹。

单击"组织"按钮下拉菜单中的"复制"命令，或右键单击需要复制的文件或文件夹，在弹出的快捷菜单中选择"复制"命令，也可以按 Ctrl+C 组合键。

打开目标文件夹（复制后文件所在的文件夹）。

单击"组织"按钮下拉菜单中的"粘贴"命令，或者右键单击需要复制的文件或文件夹，在弹出的快捷菜单中选择"粘贴"命令，也可以按 Ctrl+V 组合键。

第 2 种方法：

选定要复制的文件或文件夹，然后打开目标文件夹。

按住 Ctrl 键的同时，把所选内容使用鼠标左键（按住鼠标左键不放）拖动到目标文件夹（即复制后文件所在的文件夹）即可。

⑤ 快速移动文件或文件夹。

需要移动文件位置时，可以使用以下两种方法。

第 1 种方法：

选定要移动的文件或文件夹。

单击"组织"按钮下拉菜单中的"剪切"命令或者右键单击需要复制的文件或文件夹，在弹出的快捷菜单中选择"剪切"命令，也可以按 Ctrl+X 组合键。

打开目标文件夹（即移动后文件所在的文件夹）。

单击"组织"按钮下拉菜单中的"粘贴"命令或者右键单击需要复制的文件或文件夹，在弹出的快捷菜单中选择"粘贴"命令，也可以按 Ctrl+V 组合键。

第 2 种方法：

选定要移动的文件或文件夹。

按住 Shift 键的同时，把所选内容使用鼠标左键（按住鼠标左键不放）拖动到目标文件夹（即移动后文件所在的文件夹）即可。

⑥ 彻底删除不需要的文件或文件夹。

顾名思义，彻底删除就是将文件或文件夹彻底从电脑中删除，删除后文件或文件夹不被移动到回收站，所以也不能还原。确认文件彻底不需要了，可以将其彻底删除。

选定要删除的文件或文件夹。

按 Shift 键的同时，单击"组织"按钮下拉菜单中的"删除"命令或右键单击需要删除的文件或文件夹，在弹出的快捷菜单中选择"删除"命令，也可以按"Shift+Delete"组合键。

在弹出的对话框中单击"是"按钮即可。

3.4.3 程序管理

1. 程序文件

（1）程序文件的含义。

程序是为完成某项活动所规定的方法； 描述程序的文件称为程序文件；程序文件存储的是程序，包括源程序和可执行程序。

（2）质量体系程序文件。

质量体系程序文件对影响质量的活动做出规定， 是质量手册的支持性文件，应包含质量体系中采用的全部要素的要求和规定，每一质量体系程序文件应针对质量体系中一个逻辑上独立的活动。

（3）程序文件的作用。

使质量活动受控，对影响质量的各项活动作出规定，规定各项活动的方法和评定的准则，使各项活动处于受控状态，阐明与质量活动有关人员的责任，作为执行、验证和评审质量活动的依据，程序的规定在实际活动中执行并留下证据，依据程序审核实际运作是否符合要求。

2. 程序的运行与退出

（1）程序的运行

启动应用程序有多种方法，可以用以下任意一种方法。

① 单击"开始"菜单或其级联菜单中列出的程序。

② 单击桌面或快速启动工具栏应用程序图标，在图标上右键单击，弹出快捷菜单，单击"打开"命令。

③ 单击文件夹中应用程序或快捷方式的图标，在图标上右键单击，弹出快捷菜单，单击"打开"命令。

④ 单击"开始"，在"搜索程序和文件"的文本框中输入应用程序名，按回车键即可。

（2）程序的退出

退出程序或关闭运行的程序或窗口，可以用以下任意一种方法。

① 按"Alt+F4"组合键。

② 单击应用程序窗口右上角的"关闭"按钮

③ 打开窗口"系统"菜单，执行"关闭"命令。

④ 打开应用程序"文件"菜单，执行"关闭"命令。

⑤ 打开应用程序"文件"菜单，执行"退出"命令。

⑥ 右击任务栏上对应窗口图标，在弹出的"系统"菜单中执行"关闭"命令。

⑦ 打开"任务管理器"，执行"结束任务"命令。右键单击任务栏上空白处，在弹出的快捷菜单中，单击"任务管理器"菜单项。

3. 任务管理器的使用

任务管理器提供有关计算机上运行的程序和进程信息的 Windows 实用程序。使用"任务管理器"，一般用户主要用它快速查看正在运行的程序状态、终止已经停止响应的程序、结束程序、结束进程、运行新的程序、显示计算机性能（CPU、内存等）的动态概述。

右键单击任务栏空白处，在弹出的快捷菜单中，选择"启动任务管理器"选项，即可打开任务管理器，如图 3-19 所示。

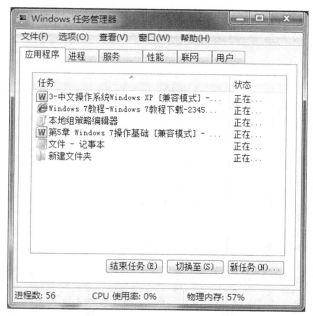

图 3-19　"Windows 任务管理器"对话框

（1）"应用程序"选项卡。

列出了当前正在运行中的全部应用程序的图标、名称及状态。选定其中一个应用程序，然后单击"切换至"按钮，可以使该任务对应的应用程序窗口成为活动窗口；单击"结束任务"按钮，可以结束该任务的运行，即关闭该应用程序；单击"新任务"按钮，在"打开"框中键入或选择要添加程序的名称，然后单击"确定"，"新任务"相当于"开始"菜单中的"运行"命令。

（2）"进程"选项卡。

在"进程"选项卡中可勾选"显示所有用户的进程"选项，也可单击"结束进程"按钮。

（3）"服务"选项卡。

单击"服务"按钮，此时会弹出"服务"对话框，如图 3-20 所示，可选项一个项目，查看它的描述。

（4）"性能"选项卡。

显示计算机性能的动态概述，如图 3-21 所示，主要包括下列选项。

① CPU 使用率：表明处理器工作时间百分比的图表。该计数器是处理器活动的主要指示器。查看该图表可以知道当前使用的处理时间是多少。如果计算机看起来运行较慢，该图表就会显示较高的百分比。

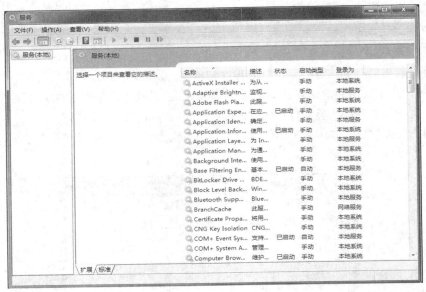

图 3-20　"服务"选项卡

② CPU 使用记录：显示 CPU 的使用程度随时间的变化情况的图表。

③ 内存：分配给程序和操作系统的内存。

④ 物理内存使用记录：显示内存的使用程度随时间的变化情况的图表。

（5）"联网"选项卡。

可查看网络使用率、线路速度和连接状态，如图 3-22 所示。

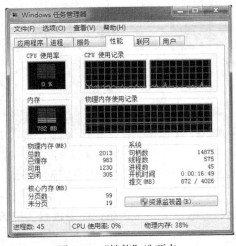

图 3-21　"性能"选项卡

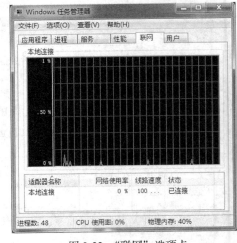

图 3-22　"联网"选项卡

（6）"用户"选项卡。

查看用户活动的状态，可选择断开、注销或发送信息，如图 3-23 所示。

4．Windows 应用程序

（1）记事本。

记事本是 Windows 操作系统提供的一个简单的文本文件编辑器，用户可以利用它来对日常事务中使用到的文字和数字进行处理，如剪切、粘贴、复制、查找等。它还具有最基本的文件处理

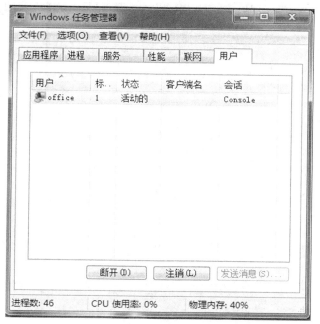

图 3-23　"用户"选项卡

功能，如打开与保存文件、打印文档等，但是在记事本程序中不能插入图形，也不能进行段落排版。记事本保存的文件格式只能是纯文本格式。

选择"开始"→"所有程序"→"附件"→"记事本"命令，即可打开记事本窗口，如图 3-24所示。

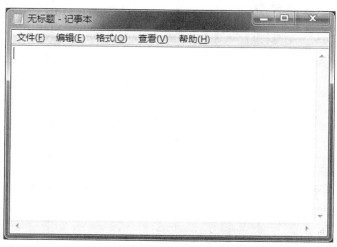

图 3-24　记事本窗口

（2）画图程序。画图程序时一个简单的图形应用程序，它具有操作简单、占用内存小、易于修改、可以永久保存等特点。

画图程序不仅可以绘制线条和图形，还可以在图片中加入文字，对图像进行颜色处理和局部处理以及更改图像在屏幕上的显示方式等操作。

选择"开始"→"所有程序"→"附件"→"画图"命令，打开画图程序，如图 3-25 所示。

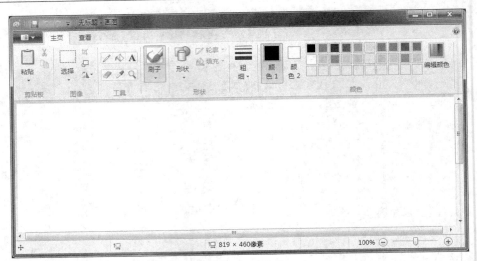

图 3-25　画图程序窗口

（3）计算器。计算器是方便用户计算的工具，它操作界面简单，而且容易操作。

① 标准型计算器

单击"开始"→"所有程序"→"附件"→"计算器"命令，即可启动"计算器"程序，如图 3-26 所示。其使用方法和日常生活中的计算器几乎一样。

② 科学型计算器

当需要对输入的数据进行乘方运算时可切换至科学型计算器界面，在标准型计算器界面中选择"查看"→"科学型"命令，打开如图 3-27 所示的界面。

图 3-26　"计算器"程序

图 3-27　科学型计算器界面

5. 安装或删除应用程序

（1）安装应用程序。

① 下载应用程序。

② 双击需要安装的应用程序，会弹出安装程序对话框，如图 3-28 所示，单击"下一步"按钮。

③ 按照安装程序的提示进行操作。

（2）删除应用程序。

如果某款软件不再需要了，留在系统中会占用一定的系统资源，可以将其卸载，以释放被占用的系统资源。

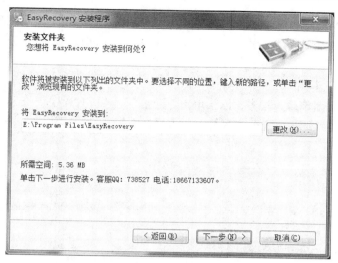

图 3-28　安装应用程序对话框

① 单击"开始"→"控制面板" →"程序"菜单命令，找到"程序和功能"项。

② 单击"程序和功能"，打开"卸载或更改程序"窗口，在列表中找到需要卸载的程序，双击该程序，打开"**卸载"的对话框，如图 3-29 所示。

根据程序提示一步一步完成卸载即可。

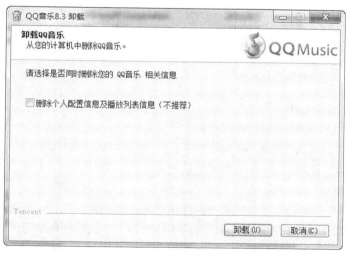

图 3-29　"**卸载"的对话框

3.4.4　磁盘管理

1. 磁盘清理

Windows 有时使用特定目的的文件，然后将这些文件保留在为临时文件指派的文件夹中，或者可能有以前安装的现在不再使用的 Windows 组件；或者硬盘驱动器空间耗尽等多种原因。可能需要在不损害任何程序的前提下，减少磁盘中的文件数或创建更多的空闲空间。

可以使用"磁盘清理"清理硬盘空间，包括删除临时 Internet 文件、删除不再使用的已安装组件和程序并清空回收站，如图 3-30 所示。开始磁盘清理程序搜索所需的驱动器，然后列出临时文件、Internet 缓存文件和可以安全删除的不需要的程序文件。可以使用磁盘清理程序删除部分或全部这些文件。通常情况下，建议用户每隔一个月左右的时间，运行一次"磁盘清理"清理硬盘空间。

磁盘清理的一般步骤如下。

（1）要启动"磁盘清理"程序，依次单击"开始"→"所有程序"→"附件"→"系统工具"→"磁盘清理"，或在要磁盘清理的盘符上单击鼠标右键，选择"属性"→"常规"→"磁盘清理"命令，如图 3-31 所示。

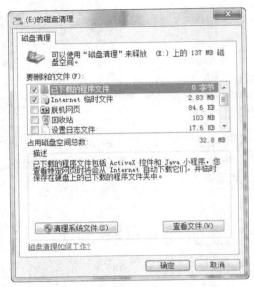

图 3-30　"磁盘清理"对话框

图 3-31　"本地磁盘（C:）属性"对话框

（2）选择要清理的磁盘。

（3）单击"确定"按钮，开始清理磁盘。

（4）清理磁盘结束后，弹出"磁盘清理窗口"，显示可以清理掉的内容。

（5）选择要清除的项目，单击"确定"按钮。

2．磁盘碎片整理

计算机会在对文件来说足够大的第一个连续可用空间上存储文件。如果没有足够大的可用空间，计算机会将尽可能多的文件保存在最大的可用空间上，然后将剩余数据保存在下一个可用空间上，并依此类推。当卷中的大部分空间都被用作存储文件和文件夹后，大部分的新文件则被存储在卷中的碎片中。删除文件后，在存储新文件时剩余的空间将随机填充。这样，同一磁盘文件的各个部分分散在磁盘的不同区域。

当磁盘中有大量碎片时，会减慢了磁盘访问的速度，并降低了磁盘操作的综合性能。

磁盘碎片整理程序可以分析本地卷、合并碎片文件和文件夹，以便每个文件或文件夹都可以占用卷上单独而连续的磁盘空间，如图 3-32 所示。这样，系统就可以更有效地访问文件和文件夹，以及更有效地保存新的文件和文件夹。通过合并文件和文件夹，磁盘碎片整理程序还将合并卷上的可用空间，以减少新文件出现碎片的可能性。合并文件和文件夹碎片的过程称为碎片整理。

碎片整理花费的时间取决于多个因素，其中包括卷的大小、卷中的文件数和大小、碎片数量

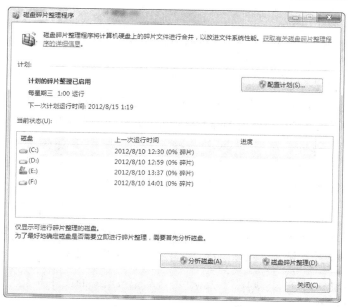

图 3-32　磁盘碎片整理

和可用的本地系统资源。首先分析卷可以在对文件和文件夹进行碎片整理之前，找到所有的碎片文件和文件夹。然后就可以观察卷上的碎片是如何生成的，并决定是否从卷的碎片整理中受益。

磁盘碎片整理程序可以对使用文件分配表（FAT）、FAT32 和 NTFS 文件系统格式化的文件系统卷进行碎片整理。

整理磁盘碎片的一般步骤如下。

（1）启动"磁盘碎片整理"程序，"开始"→"所有程序"→"附件"→"系统工具"→"磁盘碎片整理"命令，或者在要磁盘清理的盘符上单击鼠标右键，选择"属性"→"工具"→"立即进行碎片整理"命令，如图 3-33 所示。

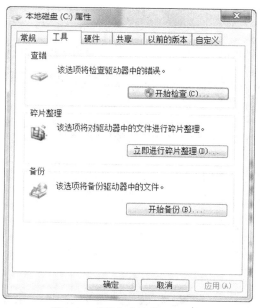

图 3-33　"磁盘碎片整理"程序

（2）选择要整理的磁盘。

（3）单击"碎片整理"按钮，开始碎片整理。

（4）显示"分析和碎片整理报告"。

3. 检测并修复磁盘错误

可以使用错误检查工具来检查文件系统错误和硬盘上的坏扇区。操作步骤如下。

（1）打开"计算机"窗口，然后选择要检查的本地硬盘，单击鼠标右键，在弹出的对话框中选择"属性"命令。

（2）打开"本地磁盘属性"窗口，在"工具"选项卡的"查错"栏下，单击"开始检查"按钮。

（3）在"磁盘检查选项"下，选中"扫描并试图恢复坏扇区"复选框，单击"开始"按钮。

 执行该过程之前必须关闭所有文件。如果卷目前正在使用，则会显示消息框提示您选择是否要在下次重新启动系统时重新安排磁盘检查。这样，在下次重新启动系统时，磁盘检查程序将运行。此过程运行当中，该卷不能用于执行其他任务。

若该卷被格式化为 NTFS，则 Windows 将自动记录所有的文件事务、自动代替坏簇并存储 NTFS 卷上所有文件的关键信息副本。

3.5 Windows 7 控制面板

3.5.1 控制面板

1. 控制面板含义

控制面板（control panel）是 Windows 图形用户界面一部分，可通过"开始"菜单访问。它允许用户查看并操作基本的系统设置和控制，如添加硬件、添加/删除软件、控制用户账户、更改辅助功能选项，等等。

2. 打开控制面板

单击"开始"→"控制面板"菜单命令，打开"控制面板"窗口，如图 3-34 所示。

图 3-34 "控制面板"窗口

3.5.2　显示属性设置

在"控制面板"窗口，选择"外观和个性化"选项，可进行"显示属性"的更改，如图 3-35 所示。

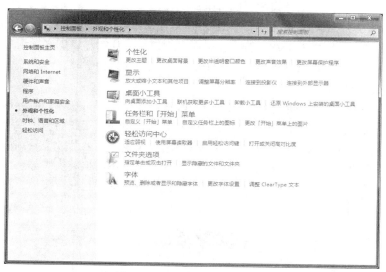

图 3-35　"外观和个性化"选项

1．设置桌面背景

Windows 7 桌面背景（也称壁纸）可以是个人收集的数字图片、Windows 7 提供的图片、纯色或带有颜色框架的图片。可以选择一个图像作为桌面背景，也可以显示幻灯片图片。设置桌面背景的操作步骤如下。

在"个性化"窗口中单击"桌面背景"按钮，打开"桌面背景"窗口，或在"控制面板"中单击"外观和个性化"下"更改桌面背景"按钮，打开"桌面背景"窗口，如图 3-36 所示。

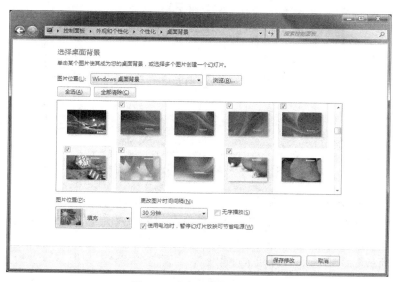

图 3-36　"桌面背景"窗口

可以在窗口中选择自带的图片，单击图片后，Windows 7 桌面系统所见即所得的方式会立即把选择的图片作为背景显示，单击"保存修改"按钮，可确认桌面背景的改变，也可以单击"图片位置"下拉列表框查看其他位置的图片进行选择设置。

如果用户需要把其他位置的图片作为桌面背景，只要单击"浏览"按钮，弹出"浏览"对话框，找到图片打开，即可把图片设为桌面背景。

在 Windows 7 中还可以使用幻灯片作为桌面背景，即可以使用自己的图片，也可以使用 Windows 7 中某个主题提供的图片。若要在桌面上创建幻灯片图片，则必须选择多张图片，如果只选择一张图片，幻灯片将会结束播放，选中的图片会成为桌面背景。

2．设置屏幕保护

屏幕保护程序是指在一段指定的时间内没鼠标或键盘事件时，在计算机屏幕上会出现移动的图片或图案。当用户离开计算机一段时间后，屏幕显示会始终固定在同一个画面上，即电子束长时间轰击荧光层的相同区域，长此以往，会因为显示屏荧光层的疲劳效应导致屏幕老化，因此，可设置屏幕保护程序，以动态的画面显示屏幕，来保护屏幕不受损坏。

在"控制面板"中单击"外观和个性化"下"更改屏幕保护程序"按钮，打开"屏幕保护程序设置"窗口，如图 3-37 所示。

图 3-37 "屏幕保护程序设置"对话框

3．设置分辨率、刷新频率和颜色

Windows 根据显示器选择最佳的显示设置，包括屏幕分辨率、刷新频率和颜色深度。这些设置根据所用显示器的类型、大小、性能及视频显卡的不同而有所差异。

在"控制面板"中单击"外观和个性化"下"调整屏幕分辨率" 选项，打开"更改显示器外观"窗口，如图 3-38 所示。

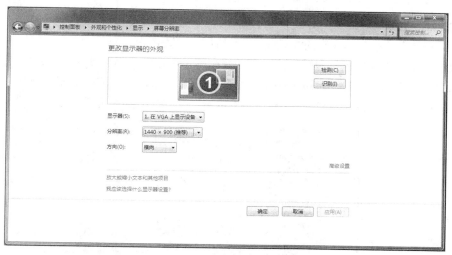

图 3-38 "更改显示器外观"对话框

单击"分辨率"后面的下拉按钮，可以更改分辩率。

单击"高级设置"按钮，在弹出的对话框中进行刷新频率和颜色设置，如图 3-39 所示。

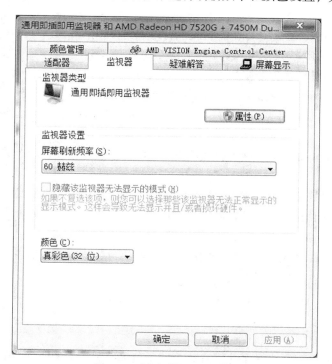

图 3-39 "高级设置"对话框

3.5.3 桌面小工具

和 Windows XP 相比，Windows 7 又新增了桌面小图标工具。虽然 Windows Vista 中也提供了桌面小图标工具，但和 Windows 7 相比，缺少灵活性。在 Windows 7 操作系统中用户只要将小工具的图片添加到桌面上，即可快捷地使用。

1. 添加小工具

Windows 7 中的小工具非常的漂亮实用。添加小工具的步骤如下。

在桌面的空白处单击鼠标右键，从弹出的快捷菜单中选择"小工具"菜单命令，弹出"小工具库"窗口，系统列出了多个自带的小工具。选择要添加的小工具后单击鼠标右键，在弹出的快捷菜单中选择"添加"菜单命令，如图 3-40 所示，选择的小工具即可成功地添加到桌面上。

图 3-40　小工具库窗口

2. 移除小工具

小工具被添加到桌面上后，如果不再使用，可以将小工具从桌面移除，将鼠标指针放在小工具的右侧，单击"关闭"按钮即可从桌面上移除小工具。如果用户想将小工具从系统中彻底删除，则需要将其卸载，具体的操作步骤如下。

在如图 3-40 所示的小工具窗口中，在要卸载的小工具上单击鼠标右键，并在弹出的快捷菜单中选择"卸载"菜单命令，弹出"桌面小工具"对话框，单击"卸载"按钮，选择的小工具被成功卸载。

3. 设置小工具

小工具被添加到桌面上后，即可直接使用。同时，用户还可以移动、关闭小工具和设置不透明度等。

（1）移动小工具的位置。

用鼠标拖动小工具到适当的位置放下，即可移动小工具的位置。

（2）展开小工具。

单击小工具右侧的"较大尺寸"按钮即可展开小工具，查看详细信息。

（3）设置小工具在桌面的最前端。

选择小工具单击鼠标右键，在弹出的快捷菜单中选择"前端显示"菜单命令，即可设置小工具在桌面的最前端。

（4）设置小工具的不透明度。

如果选择"不透明度"菜单命令，在弹出的子菜单中选择不透明度的值，即可设置小工具的不透明度。

3.5.4　系统日期和时间设置

在"控制面板"窗口，选择"时钟、语言和区域"选项，可进行系统日期和时间设置。

1. 设置时间和日期

（1）选择"时间和日期"选项，打开"日期和时间"对话框，如图 3-41 所示。

（2）单击"更改日期和时间"按钮，在弹出的"日期和时间设置"窗口中进行设置，完成后单击"确定"按钮。

2．更改时区

（1）打开"日期和时间"对话框，单击"更改时区"按钮，在弹出的对话框中对时区进行更改，如图 3-42 所示。

图 3-41　设置时间和日期

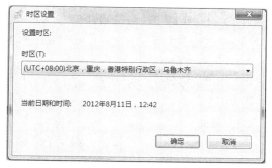

图 3-42　时区设置

（2）完成后，单击"确定"按钮。

3.5.5　设置鼠标属性

在"控制面板"窗口，打开"鼠标属性"对话框，如图 3-43 所示。

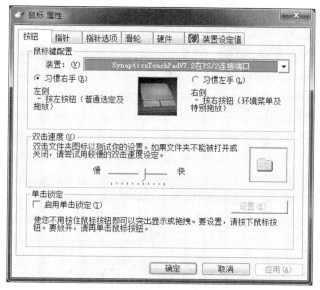

图 3-43　"鼠标属性"对话框

1．鼠标键

打开"鼠标属性"对话框，单击"鼠标键"选项卡，可对鼠标键配置/双击速度和单击锁定进行设置。

2．指针

单击"指针"选项卡，可对鼠标指针进行各种设置。

（1）方案。

单击方案下方的下拉按钮，在弹出的下拉菜单中选择一种方案。

（2）自定义。

在自定义下方的鼠标选项中选择一种鼠标，单击"确定"按钮即可。

（3）启用指针阴影。

单击"浏览"按钮，在弹出的"浏览"对话框中选择一种指针阴影，单击"确定"按钮。

（4）允许主题更改鼠标指针。

选中"允许主题更改鼠标指针"复选框，单击"确定"按钮即可。

3．指针选项

打开"鼠标属性"对话框，选择"指针选项"选项卡，可对鼠标的移动、对齐和可见性/进行设置。

4．滑轮

打开"鼠标属性"对话框，选择"滑轮"选项卡，可设置鼠标的垂直滚动和水平滚动。

5．硬件

打开"鼠标属性"对话框，选择"硬件"选项卡，可查看设置鼠标的设备属性。

3.5.6 安装打印机

在"控制面板"窗口，选择"查看设备和打印机"选项，打开如图3-44所示的对话框。

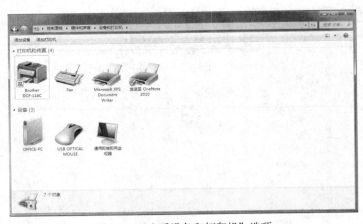

图 3-44 "查看设备和打印机"选项

单击"添加打印机"选项，在弹出的"添加打印机"对话框中查找打印机，根据操作提示进行添加，如图3-45所示。

在"打印机和传真"窗口的打印任务栏中，单击"设置打印机属性"按钮，打开打印机属性对话框，设置打印纸、打印端口等，如图3-46所示。

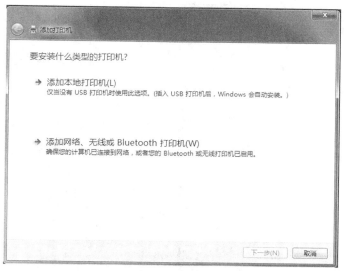

图 3-45　"添加打印机"对话框

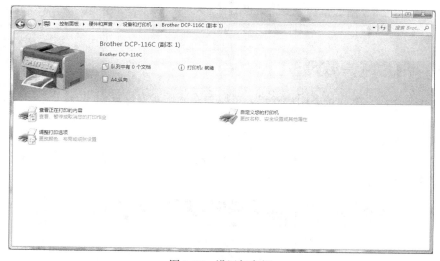

图 3-46　设置打印机

3.5.7　中文输入法设置

（1）在"控制面板"窗口，选择"更改键盘和其他输入法"选项，打开"区域和语言"对话框，如图 3-47 所示。

（2）选择"键盘和语言"选项，单击"更改键盘"按钮，打开"文本服务和输入语言"对话框，如图 3-48 所示。

（3）在"已安装的服务"下，单击"添加"按钮来添加输入法。在安装的输入法列表中，选中不要的输入法后，即可激活右侧的"删除"按钮，单击"删除"按钮即可删除选中的输入法。

（4）在安装的输入法列表中，也可以对输入的位置进行调整。选中要调整的输入法，即可激活右侧的"上移"、"下移"按钮，进行对应操作即可。

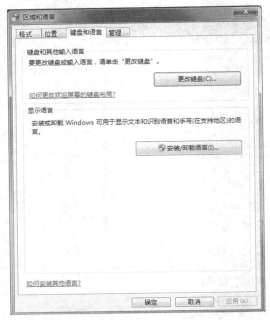

图 3-47 "区域和语言"对话框

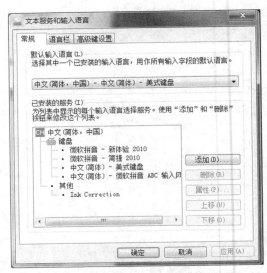

图 3-48 "文本服务和输入语言"对话框

3.5.8 用户账户管理

Windows 7 操作系统支持多用户账户，可以为不同的账户设置不同的权限，它们之间互不干扰，独立完成各自的工作。

1．添加和删除账户

（1）在"控制面板"窗口，在"用户账户和家庭安全"下单击"添加或删除用户账户"选项，打开"管理账户"对话框，如图 3-49 所示。

图 3-49 "管理账户"窗口

（2）在打开的"管理账户"窗口中单击"创建一个新账户"链接，打开"创建新账户"窗口，如图 3-50 所示。输入账户名称，选中"标准用户"单选钮，单击"创建账户"按钮。

（3）返回到"管理账户"窗口中，可以看到新建的账户，如图 3-51 所示。如果想删除某个账户，可以单击账户名称，如在此选择"欣欣"账户，打开"更改账户"窗口，单击"删除账户"链接。

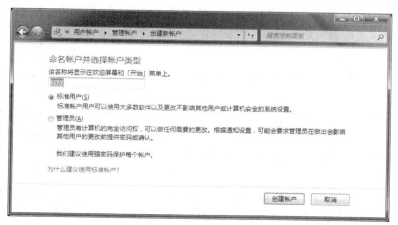

图 3-50　"创建新账户"窗口

图 3-51　"更改账户"窗口

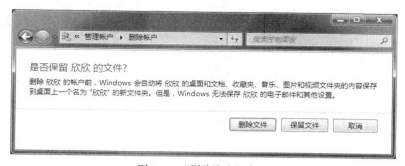

图 3-52　"删除账户"窗口

（4）此时会打开"删除账户"窗口，如图 3-52 所示。因为系统为每个账户设置了不同的文件，包括桌面、文档、音乐、收藏夹、视频文件等，如果用户想保留账户的这些文件，则可以单击"保留文件"按钮，否则单击"删除文件"按钮。

（5）弹出"确认删除"对话框，单击"删除账户"按钮即可。返回"管理账户"窗口，可见选择的账户已被删除。

2. 设置账户属性

添加了一个账户后，用户还可以设置其名称、密码和图片等属性。操作步骤如下。

（1）打开"管理账户"窗口，选择需要更改属性的账户，打开"更改账户"窗口。

（2）单击"更改账户名称"链接，打开"重命名账户"窗口，输入账户的新名称，单击"更改名称"按钮。

（3）单击"创建密码"链接，打开"创建密码"窗口，在密码文本框中输入两次相同的密码，单击"创建密码"按钮。

（4）单击"更改图片"链接，打开"选择图片"窗口，系统提供了很多图片供用户选择，选择喜欢的图片，单击"更改图片"按钮即可更改图片。如果用户想将自己的图片设为账户图片，则可以单击"浏览更多图片"按钮，在弹出的对话框中选择自己保存的图片，单击"打开"按钮即可。

（5）单击"更改账户类型"链接，打开"更改账户"窗口，可以更改账户的类型。

3. 为账户添加家长控制

Winows 7操作系统新增了家长控制功能，通过此功能可以对儿童使用计算机的方式进行协助管理，限制儿童使用计算机的时段、可以玩的游戏类型及可以运行的程序等。

当家长控制阻止了对某个游戏或程序的访问时，将显示一个通知，声明已阻止该程序。儿童可以单击通知中的链接来请求获得该游戏或程序的访问权限，家长可以通过输入账户信息，允许其访问。为用户账户设置家长控制的具体操作步骤如下。

（1）打开"控制面板"窗口，在"用户账户和家庭安全"下单击"为所有用户设置家长控制"图标，打开"家长控制"窗口，如图3-53所示。

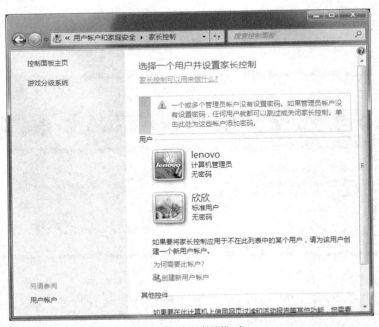

图3-53 "家长控制"窗口

（2）单击"创建新账户"窗口，输入新用户的名称"游戏"，单击"创建账户"按钮，此时会创建一个"游戏"账户，进行用户控制设置，如图3-54所示。

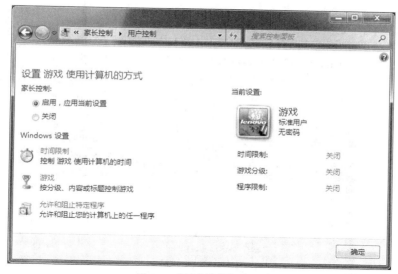

图 3-54 "用户控制" 窗口

3.6　Windows 7 系统安全与维护

3.6.1　系统安全工具

1. 手动更新 Windows Defender

Windows Defender 具有查杀间谍软件和流氓软件的功能，和杀毒软件一样，在使用时最好保证其是最新的，所以在使用前要对其进行更新。

（1）单击"开始"菜单，在"搜索"文本框中输入"Windows Defender"，按回车键后打开"Windows Defender"。

（2）单击 🔳右侧的▾按钮，在弹出的菜单中选择 "检查更新" 命令，如图 3-55 所示。

（3）程序开始检查更新，如果有新的更新，程序将自动进行更新。

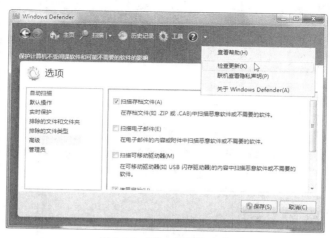

图 3-55　"检查更新"命令

2. 打开 Windows Defender 实时保护

开启 Windows Defender 实时保护功能，可以最大限度的保护系统安全，方法如下。

（1）在 Windows Defender 中单击 🔧 工具 按钮，在打开的"工具和设置"窗口中单击"选项"链接。

（2）在"选项"窗口中，首先单击选中左侧的"实时保护"项，然后在右侧窗格中选中"使用实时保护"和其下的子项，如图 3-56 所示，最后单击"保存"按钮即可。

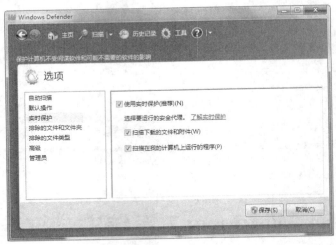

图 3-56　"实时保护"项

3. 使用 Windows Defender 扫描计算机

如果怀疑计算机被植入了间谍程序或恶意软件，可以使用 Windows Defender 扫描一下计算机。

（1）打开"Windows Defender"。

（2）单击"扫描"按钮右侧的▼，在弹出的菜单中选择一种扫描方式，如果是第一次扫描，建议选择"完全扫描"，如图 3-57 所示，选择后即可开始扫描。

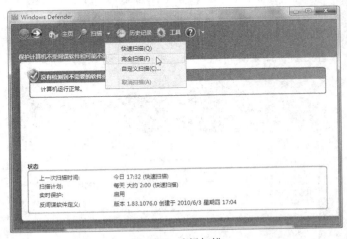

图 3-57　选择扫描

3.6.2　系统维护工具

用户在使用电脑的过程中，有时会不小心删除系统文件，或系统遭受病毒与木马的攻击，导致无法进入操作系统或系统崩溃，这时用户就不得不重装系统。如果系统进行了备份，那么就可以直接将其还原，以节省时间。

　　Windows 7 操作系统自带的备份还原功能更加强大，支持文件备份还原、系统映像备份还原、早期版本备份还原和系统还原等功能，为用户提供了高速度、高压缩的一键备份还原功能。

1. 利用系统镜像备份 Windows 7 系统

　　Windows 7 系统备份和还原功能中新增了"创建系统映像"功能，可以将整个系统分区备份为一个系统映像文件，以便日后恢复。如果系统中有两个或者两个以上系统分区（双系统或多系统），系统会默认将所有的系统分区都备份。

　　（1）单击"开始"→"控制面板"菜单命令，打开"控制面板"窗口。单击"系统和安全"→"备份和还原"选项命令，打开如图 3-58 所示的"备份或还原文件"窗口。

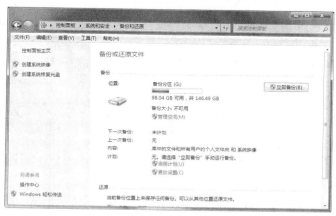

图 3-58　"备份或还原文件"窗口

　　（2）单击左侧窗格中的"创建系统映像"链接，打开"你想在何处保存备份？"对话框。该对话框中列出了 3 种存储系统映像的设备，本例中选择"在硬盘上"，然后在下面的列表框中选择一个存储映像文件的分区，如图 3-59 所示。

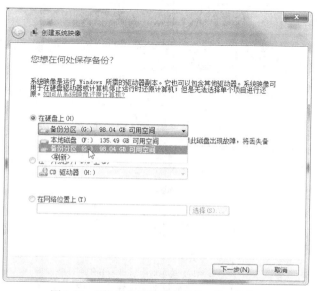

图 3-59　"你想在何处保存备份？"对话框

（3）单击"下一步"按钮，打开"您要在计算机中包括哪些驱动器？"对话框，在列表框中可以选择需要备份的分区，系统默认已选中了系统分区，如图3-60所示。

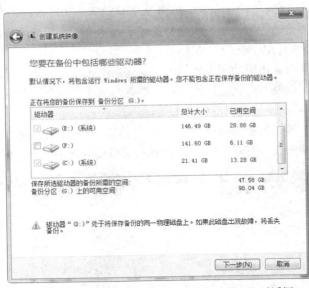

图 3-60　"您要在计算机中包括哪些驱动器？"对话框

（4）单击"下一步"按钮，打开"确认您的备份配置"对话框，列出了用户选择的备份设置，确认无误即可单击 开始备份(S) 按钮开始备份。

（5）单击"开始备份"按钮，弹出对话框，同时显示出了备份进度。接下来就是等待备份完成了，备份完成后在弹出的对话框中单击"关闭"按钮即可。

2．利用系统镜像还原 Windows 7

当系统出现问题影响使用时，就可以使用先前创建的系统影响来恢复系统。恢复的步骤很简单，在系统下进行简单设置，然后重启计算机，按照屏幕提示操作即可。

（1）在"控制面板"中单击"系统和安全"→"备份和还原"选项命令，打开"备份或还原文件"窗口。单击窗口下方的"恢复系统设置或计算机"链接，如图3-61所示。

图 3-61　单击"恢复系统设置或计算机"链接

（2）在"将此计算机还原到一个较早的时间点"窗口中，单击下方的"高级恢复方法"链接，如图 3-62 所示。

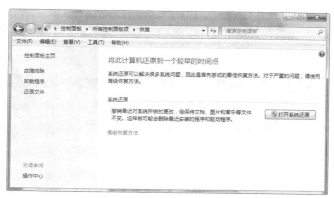

图 3-62　高级恢复方法

（3）在"选择一个高级恢复方法"窗口中，单击"使用之前创建的系统映像恢复计算机"项，如图 3-63 所示。

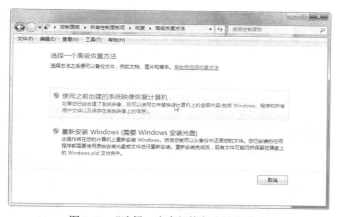

图 3-63　"选择一个高级恢复方法"窗口

（4）在"您是否要备份文件？"窗口中，因为之前提示了用户备份重要文件，所以这里单击 跳过 按钮，如图 3-64 所示

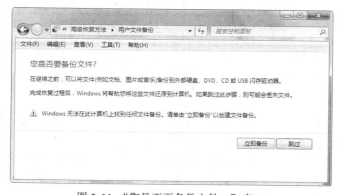

图 3-64　"您是否要备份文件？"窗口

（5）接着会打开"重新启动计算机并继续恢复"窗口，单击 重新启动 按钮，计算机将重新启动。

（6）重新启动后，计算机将自动进入恢复界面，在"系统恢复选项"对话框中选择键盘输入法，这里选择系统默认的"中文（简体）-美式键盘"。

（7）在"选择系统镜像备份"对话框中，选中"使用最新的可用系统映像"单选项，如图3-65所示。

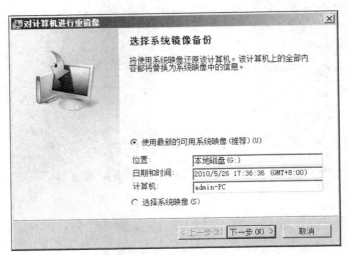

图3-65　"选择系统镜像备份"对话框

（8）单击"下一步"按钮，在"选择其他的还原方式"对话框中根据需要进行设置，一般无需修改，使用默认设置即可，如图3-66所示。

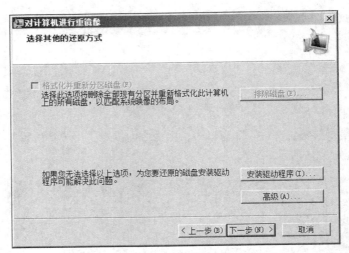

图3-66　"选择其他的还原方式"对话框

（9）单击"下一步"按钮，打开的对话框中列出了系统还原设置信息，如图3-67所示。

（10）单击"完成"按钮，弹出如图3-68所示的提示信息。

（11）单击"是"按钮，开始从系统映像还原计算机，如图3-69所示。

（12）还原完成后会弹出如图3-70所示对话框，询问是否立即重启计算机，默认50秒后自动重新启动，这里根据需要单击相应的按钮即可。

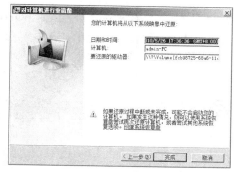

图 3-67　选择按钮

图 3-68　提示信息

图 3-69　开始从系统映像还原计算机

图 3-70　"提示"对话框

3. 制作 Windows 7 操作系统紧急启动 U 盘

如果无法进入 Windows 7 系统，很可能是由于系统文件被破坏。为了以防万一，可以提前将引导 Windows 7 的文件复制到 U 盘中，制作一个紧急启动 U 盘，在无法进入系统的时候派上用场。步骤如下。

（1）打开桌面上"计算机"窗口。

（2）按下键盘上的 Alt 键，将"计算机"窗口中的菜单栏激活。然后选择"工具"→"文件夹选项"菜单命令。

（3）打开"文件夹选项"对话框，单击"查看"选项卡，在"高级设置"列表框中撤销选中"隐藏已知文件类型的扩展名"复选框，并单击选中"显示隐藏的文件、文件夹和驱动器"单选项，如图 3-71 所示。

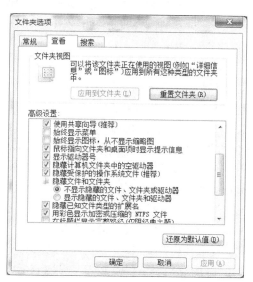

图 3-71　"文件夹选项"对话框

（4）设置完毕后，单击"确定"按钮，退出"文件夹选项"对话框，然后进入 C 盘找到 BOOT.INI、ntldr、NTDETECT.COM 3 个文件，将这些文件复制到已经制作好的 U 盘启动盘之中，这样 Windows 7 紧急启动盘就制作完成了。

习 题

一、选择题

1. 操作系统是一种（   ）。
    A. 通用软件   B. 系统软件   C. 应用软件   D. 软件包

2. 操作系统是对（   ）进行管理的软件。
    A. 软   B. 硬件   C. 计算机资源   D. 应用程序

3. 从用户观点看，操作系统是（   ）。
    A. 用户与计算机之间的接口
    B. 控制和管理计算机资源的软件
    C. 合理地组织计算机工作流程的软件
    D. 由若干层次的程序按一定的结构组成的有机体

4. 操作系统是现代计算机系统不可缺少组成部分，是为了提高计算机的（   ）和方便用户使用计算机而配备的一种系统软件。
    A. 速度   B. 利用率   C. 灵活性   D. 兼容性

5. （   ）操作系统允许在一台主机上同时连接多台终端，多个用户可以通过各自的终端同时交互地使用计算机。
    A. 网络   B. 分布式   C. 分时   D. 实时

6. （   ）操作系统允许用户把若干个作业提交给计算机系统。
    A. 单用户   B. 分布式   C. 批处理   D. 监督

7. 在（   ）操作系统控制下，计算机系统能及时处理由过程控制反馈的数据并作出响应。
    A. 实时   B. 分时   C. 分布式   D. 单用户

8. 在 Windows 中下列说法正确的是（   ）。
    A. 直接用鼠标拖到"回收站"的文件不能被恢复
    B. 可移动磁盘上的文件被删除后不能恢复
    C. 鼠标操作只能用左键，不能切换到右键
    D. 用户不可以改变窗口的大小和移动窗口

9. Windows 与 MS-DOS 的兼容性是指（   ）。
    A. Windows 的安装和运行不能脱离 DOS
    B. DOS 的安装和运行必须在 Windows 下
    C. Windows 和 DOS 可相互支持应用程序
    D. Windows 能够为基于 DOS 的应用程序提供支持

10. 在 Windows 操作中，若鼠标指针变成"I"形状，则表示（   ）。
    A. 当前系统正在访问磁盘   B. 可以改变窗口大小
    C. 可以改变窗口的位置   D. 鼠标光标所在位置可以从键盘输入文本

11. 双击桌面上的快捷方式图标，可以（　　）。
 A. 运行应用程序　　　　　　　　 B. 打开文件夹
 C. 运行应用程序或打开文档　　　 D. A、B、C 都对

12. 删除 Windows 桌面上某个应用程序的图标，意味着（　　）。
 A. 该应用程序连同其图标一起被删除　 B. 只删除了该应用程序，对应的图标被隐藏
 C. 只删除了图标，对应的应用程序被保留　 D. 该应用程序连同其图标一起被隐藏

13. Windows 的整个显示屏幕称为（　　）。
 A. 窗口　　　　 B. 操作台　　　　 C. 工作台　　　　 D. 桌面

14. 在 Windows 默认环境中，下列哪种方法不能运行应用程序（　　）。
 A. 用鼠标左键双击应用程序快捷方式
 B. 用鼠标左键双击应用程序图标
 C. 用鼠标右键单击应用程序图标，在弹出的系统快捷菜单中选"打开"命令
 D. 用鼠标右键单击应用程序图标，然后按 Enter 键

15. 在 Windows 中，能弹出对话框的操作是（　　）。
 A. 选择了带省略号的菜单项　　　　 B. 选择了带向右三角形箭头的菜单项
 C. 选择了颜色变灰的菜单项　　　　 D. 运行了与对话框对应的应用程序

16. 当一个应用程序窗口被最小化后，应用程序将（　　）。
 A. 被终止执行　　 B. 继续在前台执行　　 C. 被暂停执行　　 D. 被转入后台执行

17. 什么快捷键可实现关闭已打开的应用程序窗口（　　）。
 A. Alt+F1　　 B. Ctrl+Alt　　 C. Alt+F4　　 D. Ctrl+Shift

18. Windows 桌面上的图标可以用来表示（　　）。
 A. 最小化的窗口　　　　　　　　 B. 关闭的窗口
 C. 文件、文件夹或快捷方式　　　 D. 无意义

19. 下列关于 Windows 窗口的叙述中，错误的是（　　）。
 A. 窗口是应用程序运行后的工作区　 B. 同时打开的多个窗口可以重叠排列
 C. 窗口的位置和大小都可改变　　　 D. 窗口的位置可以移动，但大小不能改变

20. 在 Windows 中，为保护文件不被修改，可将它的属性设置为（　　）。
 A. 只读　　　　 B. 存档　　　　 C. 隐藏　　　　 D. 系统

21. 在 Windows 中，下列不能用在文件名中的字符是（　　）。
 A. ,　　　　　 B. ^　　　　　 C. ?　　　　　 D. +

22. 在 Windows 中，呈灰色显示的菜单意味着（　　）。
 A. 该菜单当前不能选用　　　　　 B. 选中该菜单后将弹出对话框
 C. 选中该菜单后将弹出下级子菜单　 D. 该菜单正在使用

23. 在 Windows 的"资源管理器"窗口中，若希望显示文件的名称、类型、大小等信息，则应该选择"查看"菜单中的（　　）。
 A. 列表　　　　 B. 详细信息　　　 C. 大图标　　　　 D. 小图标

24. Windows 中，欲选定当前文件夹中的全部文件和文件夹对象，可使用的组合键是（　　）。
 A. Ctrl+ V　　 B. Ctrl+A　　 C. Ctrl + X　　 D. Ctrl+D

25. 在 Windows 的"资源管理器"窗口中，为了改变隐藏文件的显示情况，应首先选用的菜单是（　　）。

A. 文件   B. 编辑   C. 查看   D. 帮助

26. Windows 中，如果选中名字前带有"√"记号的菜单选项，则（　　）。

     A. 弹出子菜单   B. 弹出对话框   C. "√"变为"×"   D. 名字前记号消失

27. 在 Windows 中，不能从（　　）启动应用程序。

     A. 资源管理器   B. 计算机   C. 开始菜单   D. 控制面板

28. 在 Windows 中剪贴板是程序和文件间用来传递信息的临时存储区，此存储区是（　　）。

     A. 回收站的一部分   B. 硬盘的一部分

     C. 内存的一部分   D. 软盘的一部分

29. Windows 中"磁盘碎片整理程序"的主要作用是（　　）。

     A. 修复损坏的磁盘   B. 缩小磁盘空间

     C. 提高文件访问速度   D. 扩大磁盘空间

30. 在 Windows 默认环境中，用于中英文输入方式切换的组合键是（　　）。

     A. Alt+空格   B. Shift+空格   C. Alt+Tab   D. Ctrl+空格

31. Windows 中，"回收站"实际上是（　　）。

     A. 内存中的一块区域   B. 硬盘上的文件夹

     C. 文档   D. 文件快捷方式

32. Windows 中，不能由用户指定的文件属性是（　　）。

     A. 系统   B. 只读   C. 隐藏   D. 存档

33. 在 Windows 中，下列关于"任务栏"的叙述，哪一种是错误的（　　）。

     A. 可以将任务栏设置为自动隐藏

     B. 任务栏可以移动

     C. 通过任务栏上的按钮，可实现窗口之间的切换

     D. 在任务栏上，只显示当前活动窗口名

34. 在 Windows 默认环境中，下列哪个组合键能将选定的文档放入剪贴板中（　　）。

     A. Ctrl+X   B. Ctrl+Z   C. Ctrl+V   D. Ctrl+A

35. 在 Windows 中，一般不使用下列哪一种来管理"打印机"（　　）。

     A. 资源管理器   B. 控制面板   C. 计算机   D. 附件

36. 在 Windows 中，若要将当前窗口存入剪贴板中，可以按（　　）。

     A. Alt + Print Screen 组合键   B. Ctrl + Print Screen 组合键

     C. Print Screen 组合键   D. Shift + Print Screen 组合键

37. 下列关于 Windows 对话框的叙述中，错误的是（　　）。

     A. 对话框是提供给用户与计算机对话的界面

     B. 对话框的位置可以移动，但大小不能改变

     C. 对话框的位置和大小都不能改变

     D. 对话框中可能会出现滚动条

38. 在 Windows 中，当一个窗口已经最大化后，下列叙述中错误的是（　　）。

     A. 该窗口可以被关闭   B. 该窗口可以移动

     C. 该窗口可以最小化   D. 该窗口可以还原

39. 在 Windows 中，可以由用户设置的文件属性为（　　）。

     A. 存档、系统和隐藏   B. 只读、系统和隐藏

C.　只读、存档和隐藏　　　　　　D.　系统、只读和存档

40.　屏幕保护的作用是（　　　）。

    A.　保护用户视力　　　　　　　　B.　节约电能

    C.　保护系统显示器　　　　　　　D.　保护整个计算机系统

二、填空题

1.　在 Windows 桌面上有一些图形，图形伴有文字说明，这些图形和文字称为（　　　）。

2.　在 Windows 的菜单中，如果一个菜单项的后面有…符号，则说明在用户选择这个菜单项后，会出现一个（　　　）。

3.　退出 Windows 不能简单地（　　　），否则，会造成数据丢失，或占用大量磁盘空间。所以退出 Windows 前，一定要选择"开始"菜单中的（　　　）项。

4.　在一般情况下，Windows 桌面的最下方是（　　　）。

5.　Windows 中，选定多个不相邻文件的操作是：单击第一个文件，然后按住（　　　）的同时，单击其他待选定的文件。

6.　Windows 中，若要删除选定的文件，可直接按（　　　）键。

7.　在中文 Windows 中，为了添加某个中文输入法，应选择（　　　）窗口中的"输入法"选项。

8.　若用户想将窗口内容剪切到某一文件或图像中，可在键盘上按（　　　）键，该窗口内容被复制到剪贴板中。用户在处理文件时，可利用"编辑"菜单中（　　　）项，将其粘到文件中，即可复制窗口内容。

9.　当用户打开多个窗口时，只有一个窗口被激活，它覆盖在其他窗口的上面，可用鼠标单击任务栏上的（　　　）来实现在多个窗口间的切换，也可用鼠标直接单击（　　　）。

10.　在 Windows 桌面上将鼠标指向（　　　），拖动边框到所需位置，即可调整窗口的尺寸。

11.　在 Windows 桌面上用鼠标右键单击图标，在快捷菜单中单击（　　　）即可删除图标。

12.　Windows 中提供了大部分开发工具和实用程序，可以在"开始"菜单中的（　　　）中找到。

13.　在 Windows 的"资源管理器"或"计算机"窗口中，若想改变文件或文件夹的显示方式，应选择窗口中的（　　　）菜单。

14.　在 Windows 中，管理文件或文件夹可以使用"计算机"或（　　　）。

15.　Windows 提供了软键盘功能，以方便用户输入各种特殊符号。要在屏幕上弹出软键盘，应先用鼠标的（　　　）单击软键盘按钮，然后在弹出的菜单中选择相应的软键盘。

16.　在 Windows 中被删除的文件或文件夹将存放在（　　　）中。

17.　要将整个桌面内容存入剪贴板，应按（　　　）键。

18.　当选文件夹后，欲改变其属性设置，可以用鼠标（　　　）键，然后在弹出的菜单选择"属性"命令。

19.　顺序连续选择多个文件时，先单击要选择的第一个文件名，然后在键盘上按住（　　　）键，移动鼠标单击要选择的最后一个文件名，则一组连续文件即被选定。

20.　间隔选择多个文件时，按住（　　　）键不放，单击每个要选择的文件名。

21.　间隔连续选择若干组文件时，先单击第一组的第一个文件名，然后在键盘上按住（　　　）键，单击该组最后一个文件名。确定一组后，先按住（　　　）键，单击另一组第一个文件名，再按住（　　　）键，单击此组的最后一个文件名。此种操作步骤反复进行，直至选择文件结束。

22.　若要取消单个已选定的文件，只需按住（　　　）键，并单击要取消的文件名即可。若要取消全部已选定的文件，只需单击非文件名的（　　　），或在键盘上敲（　　　）键即可。

23. 在资源管理器窗口（   ）菜单中，单击（   ）命令选项，可打开或关闭工具栏，该选项是以开关方式工作的，左边出现（   ）标记时，意味着处于打开状态。

24. 从资源管理器的左右窗口选定要查看的文件或文件夹，在（   ）菜单中单击（   ）命令，即可显示文件或文件夹的属性对话框。

25. Windows 支持长文件名，文件名长度最多可达（   ）个字符。

26. 在对话框中，用户可以输入、修改、选择和删除内容的区域为（   ）。

27. 在对话框中，用户可以选择，但不能修改的区域称为（   ）。

28. 在 Windows 菜单中，前面有√标记的项目表示（   ）；后面有▶标记的命令表示（   ）。

29. 在"资源管理器"窗口的工作区，可以按4种方式来列表文件，它们是（   ）、（   ）、（   ）、（   ）。

30. Windows 的查找功能可以按以下几个：时间信息、文档内容、（   ）、（   ）、（   ）。

三、操作题

1. Windows 基本操作题，不限制操作的方式

（1）将考生文件夹下本题题号文件夹下 WIN 文件夹中的文件 WORK 更名为 PLAY。

（2）在考生文件夹下本题题号文件夹下创建文件夹 GOOD，并设置属性为隐藏。

（3）在考生文件夹下本题题号文件夹下 WIN 文件夹中新建一个文件夹 BOOK。

（4）将考生文件夹下本题题号文件夹下 DAY 文件夹中的文件 WORK.DOC 移动到考生文件夹下本题题号文件夹下文件夹 MONTH 中，并重命名为 REST.DOC。

（5）将考生文件夹下本题题号文件夹下 STUDY 文件夹中的文件 SKY 设置为只读属性。

2. Windows 基本操作题，不限制操作的方式

（1）将考生文件夹下本题题号文件夹下 TEED 文件夹中的文件 WIFH.IDX 更名为 DOIT.FPT。

（2）将考生文件夹下本题题号文件夹下 PAND 文件夹中的文件 WEST.BMP 设置为存档和隐藏属性。

（3）将考生文件夹下本题题号文件夹下 GRAMS 文件夹中的文件夹 LBOE 删除。

（4）将考生文件夹下本题题号文件夹下 FISHIONH 文件夹中的文件 PRSEUD.DOC 复制到考生文件夹下本题题号文件夹下 MOISTURE 文件中。

（5）在考生文件夹下本题题号文件夹下 HAD 文件夹中新建一个文件夹 ESE。

3. Windows 基本操作题，不限制操作的方式

（1）将考生文件夹下本题题号文件夹下 HARE \ DOWN 文件夹中的文件 EFLFU.FMP 设置为存档和只读属性。

（2）将考生文件夹下本题题号文件夹下 WID \ DEIL 文件夹中的文件 ROCK.PAS 删除。

（3）在考生文件夹下本题题号文件夹下 HOTACHI 文件夹中建立一个新文件夹 DOWN。

（4）将考生文件夹下本题题号文件夹下 SHOP \ DOCTER 文件夹中的文件 IRISH 复制到考生文件夹下本题题号文件夹下文件夹下的 SWISS 文件夹中，并将文件夹更名为 SOUETH。

（5）将考生文件夹下本题题号文件夹下 MYTAXI 文件夹中的文件夹 HIPHI 移动到考生文件夹下本题题号文件夹下 COUNT 文件夹中。

4. Windows 基本操作题，不限制操作的方式

（1）将考生文件夹下本题题号文件夹下 FALE 文件夹中的 HARD 文件夹移动到考生文件夹下本题题号文件夹下 CREN 文件夹中，并改名为 LEMEWT。

（2）在考生文件夹下本题题号文件夹下 SELL 文件夹中创建文件夹 TCP，并设置属性为只读。

（3）将考生文件夹下本题题号文件夹下 ANSWER 文件夹中的 QUESTION.JPG 文件复制到考生文件夹下本题题号文件夹下 AT 文件夹中。

（4）将考生文件夹下本题题号文件夹下 FTP 文件夹中的 FISH.EXE 文件删除。

（5）为考生文件夹下本题题号文件夹下 WEEKED 文件夹中的 ART.EXE 文件建立名为 HI 的快捷方式。

5. Windows 基本操作题，不限制操作的方式

（1）将考生文件夹下本题题号文件夹下 SEED 文件夹的只读属性撤销，并设置成存档属性。

（2）将考生文件夹下本题题号文件夹下 CHALEE 文件夹移动到考生文件夹下本题题号文件夹下 BROWN 文件夹中，并改名为 TOMIC。

（3）将考生文件夹下本题题号文件夹下 FXP \ VUE 文件夹中的文件 JOIN.CDX 移动到考生文件夹下本题题号文件夹下 AUTUMN 文件夹中，并更名为 ENJOY.BPX。

（4）将考生文件夹下本题题号文件夹下 GATS \ IOS 文件夹中的文件 JEEN.BAK 删除。

（5）在考生文件夹下本题题号文件夹下 KEO 文件夹上建立一个名为 RUMPE 的文件夹。

第4章
计算机网络技术基础

21 世纪的重要特征就是数字化、网络化和信息化。网络现已成为信息社会的命脉和发展知识经济的重要基础。我们的生活已无处不在地感受到网络的存在和影响，本章主要介绍因特网概述、计算机网络的组成、计算机网络的协议与体系结构等内容。

4.1　因特网概述

计算机网络是计算机技术与通信技术发展的产物，并在社会的需求和用户的应用促进下发展起来的。

1946 年，世界上第 1 台电子计算机诞生。在以后的几年里，计算机只能支持单用户使用，计算机的所有资源也只能为单个用户占用，直至分时多用户操作系统出现。分时多用户操作系统支持多个用户利用多台终端共享单台计算机的资源。出于应用的需求，人们开始利用通信线路将远程终端连至主机，不受地域限制地使用计算机的资源。为了支持这种应用的要求，出现了一系列的通信设备，例如：调制解调器（Modem）用于将计算机处理的数字信号转换成模拟信号，以适应现成的电话模拟通信线路传输要求；集中器采用多路复用技术将多个终端通过一条或几条通信线路连至主机，以提高通信线路的利用率等。

1968 年，美国国防部高级研究计划局（ARPA)与麻省剑桥的 BBN 公司签订协议，进行计算机之间的远程互连研究，研究的成果就是著名的 ARPANET。ARPANET 的出现标志了世界上第一个计算机网络的诞生。

而真正促进计算机网络应用的还是在 20 世纪 70 年代的中期，大规模集成电路的应用，使得物美价廉的个人计算机诞生，从而使得一个企业或部门可以很容易地拥有一台或者多台计算机。由于个人计算机的资源和处理能力有限，用户希望共享资源的要求增加，促进了计算机网络的发展。

4.1.1　计算机网络的定义

虽然 20 世纪 70 年代初，自美国国防部资助研制的 ARPANET 投入运行以来，计算机网络已经历了二十几年的发展，也得到了人们高度重视，但对计算机网络的精确定义仍未出现。

从计算机与通信技术结合的广义出发，把计算机网络定义为："计算机技术与通信技术结合，实现远程信息处理或达到资源共享的系统"。按照这个定义，在 1970 年从资源共享的角度出发，把计算机网络定义为："以能够相互共享资源（硬件、软件和数据等）的方式连接起来，并各自具备独立功能计算机系统之集合"。从物理结构上看，又把计算机网络定义为："在协议的控制下，由若干计算机、终端设备、数据传输设备的通信系统控制处理机等组成的系统集合"。这一定义强调了计算机网络是在协议控制下实现计算机之间互连的。

在计算机网络发展过程的不同阶段中，人们对计算机网络提出了不同的定义。不同的定义反映着当时网络技术发展的水平，以及人们对网络的认识程度。那么，什么是计算机网络？随着近年来计算机网络技术的不断发展和完善，对计算机网络较为全面的描述如下：

计算机网络就是利用通信线路和设备，将分散在不同地点、并具有独立功能的多个计算机系统互连起来，按照网络协议，在功能完善的网络软件支持下，实现资源共享和信息交换的系统。

计算机连网的主要目的是资源共享，相互通信，提高可靠性，便于集中管理。

1. 共享硬件资源

一个网络能使用户共享多种硬件设备资源。最常见的有服务器资源、打印机和通信设备的共享。

（1）共享服务器资源。

最早的微机网络是共享服务器硬盘，这主要是因为早期硬盘十分昂贵。现在的网络仍基于共享服务器上两个或多个硬盘的概念，这样既可以降低成本，也方便管理和数据的备份。如果多个用户可以共享同一服务器的硬盘，每个用户工作站就可将所有的文件存放在服务器上，使数据备份变得简单，网络管理员只要有一台数据备份设备（如磁带机、可读写光盘机、移动大硬盘等），就可以在服务器上备份网上所有用户的数据。

（2）共享打印机资源。

连网使得打印机共享也变得简单。可以将一台打印机直接连到服务器或一台专门配置的打印报务工作站上甚至直接连在网络电缆上（要求打印机带网络接口，称为网络打印机）。实现打印机共享后，不一定为每一台机器都配置打印机，用户可以买一台高档的打印机，供网络用户共享。除打印机外，扫描仪、传真机和其他外设都可以连到网络上共享使用。

（3）访问其他系统上的资源。

如果单位有大型机或小型机，网络上微机用户可以对这些系统进行访问。有了网络后，网络上所有微机工作站与大系统的通信通过一台称为网关的机器就可以完成。

2. 共享软件资源

（1）共享软件包。

没有连网时，用户要在一台微机上使用某个软件，需要先进行安装。如果升级，则每台微机都要做一遍，非常麻烦。有了网络，购入这些软件的网络版本，则配置和升级既省时又能有效地避免出错。

（2）共享数据。

因为网络上所有用户都可以访问服务器硬盘，所以共享数据是一件非常容易的事。各个工作站可以同时操作服务器上的数据库，实现数据共享。

3. 通信应用

从通信角度看，计算机网络实际上是一种计算机通信系统。作为计算机通信系统，能实现下列重要应用。

（1）传输文件。

网络能快速地在机器间进行文件复制。

（2）使用电子邮件。

用户可以将网络作为邮局，向网络上其他计算机发送信件、报告、报表和办公文件等。虽然在办公室里使用电话非常方便，但网络中的电子邮件可以向不在办公室的人传送消息，而且提供了一个无纸化办公的环境。

4.1.2 计算机网络的发展

计算机网络的发展经历了从简单到复杂，从低级到高级的3个阶段。

1. 面向终端的计算机网络

以单个计算机为中心的远程联机系统，构成面向终端的计算机网络，如图4-1所示。用一台中央主机连接大量的地理上处于分散位置的终端，如20世纪50年代美国最著名的半自动防空系统SAGE。现在银行前台业务的网络系统仍然是使用该系统改进而来的。

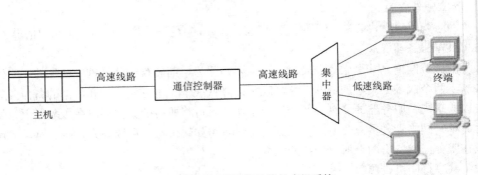

图 4-1 具有远程通信功能的多机系统

为了减轻中心计算机的负载，在通信线路和计算机之间设置了一个前端处理机（FEP），专门负责与终端之间的通信控制，使数据处理和通信控制分工。在终端机较集中的地区，采用了集中管理器（集中器或多路复用器，银行采用安装多用户卡的 UNIX 个人计算机代替），用低速线路把附近群集的终端连起来，通过 Modem 及高速线路与远程中心计算机的前端机相连。这样的远程联机系统利用了现成的电话网线，既提高了线路的利用率，又节约了远程线路的投资。

2. 计算机–计算机网络

20世纪60年代中期，出现了多台计算机互连的系统，开创了"计算机-计算机"通信时代，并存多个处理中心，实现资源共享。美国的 ARPA 网，IBM 的 SNA 网，DEC 的 DNA 网都是成功的典范。这个时期的网络产品是相对独立的，不同公司间的网络产品是不能互相连网的，连网只能在同一公司的同一产品间连网，各产品间没有统一标准。

3. 开放式标准化的网络

由于相对独立的网络产品难以实现互连，国际标准化组织（ISO，Intemation Standards Organization）于 1984 年颁布了一个称为"开放系统互连参考模型"的国际标准 ISO7498，简称 OSI/RM，即著名的 OSI 参考模型，从此网络产品有了一个统一标准，促进了企业的竞争，大大加速了计算机网络的发展。

4.1.3 计算机网络的分类

计算机网络的分类方法很多，可以从不同的角度对计算机网络进行分类。

1. 按网络覆盖范围分类

（1）局域网。

局域局，即 LAN，通常在地域上位于园区或者建筑物内部的有限范围内。局域网被广泛应用于连接企业或者机构内部办公室之间的电脑和打印机等办公设备，实现数据交换和设备共享，它是一种不通过电信线路的网络。

（2）城域网。

城域网，即 MAN，在地域分布上比 LAN 更广。城域网最初是指连接不同园区或者不同建筑之间的计算机网络。城域网不仅具备数据交换功能，还能够进行话音传输，甚至可以与当地的有线电视网络相连接，进行电视信号的广播。

（3）广域网。

广域网，即 WAN，用于连接同一国家、不同国家间甚至洲际间的局域网和城域网。广域网可以被视为一个纯粹的通信网络，发送端和接收端主机间的通信与公共电话网中通话方和受话方间的通信非常类似，WAN 的网络结构与公共电话网的结构也非常相似，而且两种网络很大程度上是运行在同样传输介质上的。广域网经常通过电话线传输数据，因此容易发生传输差错，传输速率相对较慢。

2．按网络操作系统分类

（1）对等网络。

对等网表示网络中各主机的地位完全相同。同等地位即网络中没有客户机和服务器的区别，网络中的每一台计算机既可充当工作站的角色，又可以充当服务器角色，它们分别管理着自己的用户信息，在不同的主机间相互访问时都要做身份认证。在 Windows 系列操作系统中，对等网又被称为工作组模式。这种网络的优点是连接和管理都较简单，通常情况下对等网所包括的主机不超过 10 台，其缺点是安全性差、效率低，只适用于安全性要求不高的小型网络。对等网的工作特点如图 4-2 所示。

（2）客户机/服务器网络。

在客户机/服务器网络中，主机之间的通信是依照请求/响应模式进行的。当客户机需要访问集中管理的数据资源或者请求特殊的网络服务时，首先向一台管理资源或者提供服务的网络发出请求，该服务器收到请求后，对客户端用户的身份和权限进行认证并做出适当响应。在"客户机/服务器"模式中，由一台服务器集中进行身份的认证和管理，该模式适用于安全性较高的大型网络。客户机/服务器网络工作特点如图 4-3 所示。

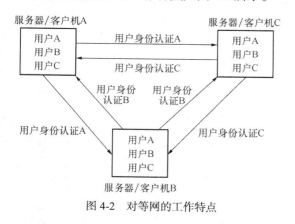

图 4-2　对等网的工作特点

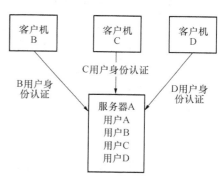

图 4-3　客户机/服务器网的工作特点

3．按网络传输方式分类

（1）点对点网络。

点对点模式是指网络连接中的数据接收端被动接收数据的传输模式，目标地址由发送端或中间网络设备确定。应用点对点传输技术的网络称为点对点网络。点对点网络中两点之间都有一条独立的连接，信息是逐点传输的。由于要保证网络中任意一对主机之间可以实现点对点的通信，所以，一个完备的点对点网络包含了所有主机对之间的独立连接。

（2）广播网络。

广播模式是指网络连接中的数据接收端主动接收数据的传输模式，目标地址由接收端进行确认。应用广播传输技术的网络称为广播网络。与点对点网络相反，广播网络中并不需要在任意一对主机间建立独立的连接，所有的信道都共享一个信道，网络中一点发送信息，网上其他的节点都能同时听到该消息。数据通过广播的方式从发送端发出，网络中所有主机发现共享信道上的数据后，都要主动对数据的目标地址进行检查以判断是否符合，如果地址一致就接收数据，否则就拒绝接收。

4. 按网络的逻辑功能分类

按网络的逻辑功能分类，计算机网络可分为资源子网和通信子网。资源子网和通信子网是一种逻辑上的划分，它们可能使用相同设备或不同的设备。如在广域网环境下，由电信部门组建的网络常被理解为通信子网，仅用于支持用户之间的数据传输；而用户部门之间的入网设备则被认为属于资源子网的范畴。在局域网环境下，网络设备同时提供数据传输和数据处理的能力，因此只能从功能上对其中的软硬件部分进行这种划分。

5. 按网络的拓扑结构分类

按网络的拓扑结构分类，计算机网络可分为总线型网络、环型网络、星型网络、树型网络和网状型网络等，如图4-4所示。

6. 按网络具体传输介质分类

按网络具体传输介质分类，计算机网络可分为双绞线网络、同轴电缆网络、光纤网络、微波网络和卫星网络等。有关网络传输介质的内容，将在下节中介绍。

7. 按网络的应用范围和管理性质分类

按网络的应用范围和管理性质分类，计算机网络可分为公用网和专用网。校园网、企业网等都属于专用网的范畴。校园网（Campus Network）主要用于校园内外师生们教学和科研用的信息交流与资源共享。大多数校园网是由多个局域网加上相应的交换和管理设备构成的。企业网（Enterprise Network）主要是指企业用来进行销售、生产过程控制及企业人事、财务管理、行政办公的各种局域网或广域网的组合。

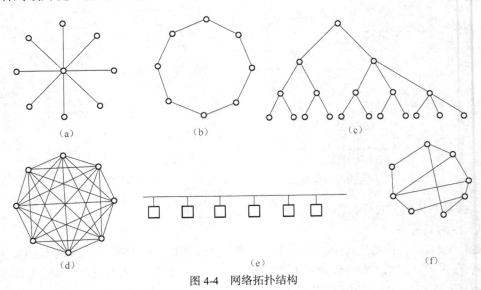

图4-4　网络拓扑结构

4.2　计算机网络的组成

一个典型的网络应包含以下 4 个部分。

服务器：为多个网络用户提供共享资源的设备。

客户机（工作站）：使用服务器上共享资源的计算机。

网络通信系统：连接客户机和服务器的设备。

网络操作系统：管理网络操作的系统软件。

4.2.1　计算机网络的硬件组成

1. 终端和服务器

（1）服务器。

安装了网络操作系统并提供共享资源的计算机称为服务器（Server），服务器又指对网络中某种服务进行集中管理和控制的网络主机。服务器在客户机/服务器（Client/Server）网络中扮演主导的角色。网络服务器比普通的计算机拥有更强的处理能力、更多的内存和硬盘空间。它可以是微机、小型机、大中型机。

网络服务器的运行效率和稳定性直接影响着整个网络的工作。根据分工的需要，网上可配置不同数量的服务器，有些服务器提供相同的服务，有些提供不同的服务。在小型网络中，一个服务器可能担当多种角色，所以，做服务器最好是专机专用。

网络中常见的服务器有如下几种。

① 域控制器。

在 Windows 2000/2003 的客户机/服务器网络中，处于管理和控制核心地位的服务器就是域控制器（DC，Domain Controller）。域控制器负责建立局域网内部的 DNS 服务器、DHCP 服务器、管理域用户和组、管理域和域之间的信任关系，并提供目录服务。通常 DC、DNS、DHCP 可共用一台计算机。

② 文件/打印服务器。

通常一个网络至少有一个文件服务器，网络操作系统及其实用程序和共享硬件资源都安装在文件服务器上。文件服务器是局域网中的第一个关于服务器的概念。文件服务器只为网络提供硬盘共享、文件共享、打印机共享等功能。在基于 Windows 2000/2003 操作系统中的客户机/服务器网络中，任何一台网络主机都可以充当文件服务器。文件服务器和打印服务器一般共用一台计算机。

③ 应用程序服务器。

应用程序服务器是实现客户机/服务器网络中的 CPU 资源共享，将原来客户端完成的部分数据处理任务交由服务器处理。应用程序服务器的典型例子就是数据库服务器，以客户端的需要进行数据查询和处理的应用程序为例，客户端将查询、排序等数据处理操作交由服务器上数据库引擎进行处理，从而减轻了客户端的负担。从网络整体角度考虑，专用的应用程序服务器细化了网络主机的分工，并极大地提高了网络的运行效率。一般应用程序服务器的硬件配置较高。

④ Web 服务器。

典型的 Web 服务器安装有 Web 服务器软件和各种服务器组件，服务器上运行页面的脚本和代码。当远程客户端的页面请求通过因特网发送到企业局域网后，Web 服务器调出客户请求的页面代码，并运行服务器端脚本，调用服务器端组件，打开并访问数据库服务器，形成页面后通过因特网返回远程客户端的浏览器。通常 Web 服务器由一台或多台计算机充当。

（2）客户机。

在网络中，客户机一般又称为工作站，是网络中请求其他计算机上的资源或服务的计算机。通常客户的硬件配置比服务器低。客户机可以是网络主机或者终端，也可以是无盘工作站。用户通过客户机向局域网请求服务和访问共享资源，并通过网络从服务器中获取数据及应用程序，使用客户的 CPU 和内存进行运算处理。客户机是相对于服务器的概念，客户机与服务器之间是相互依存的，而客户机之间是相对独立的。客户机由普通的 PC 加网卡即可构成，其上可运行具有连网功能的单机操作系统，如 Windows 7/XP/2003 等。

2. 网络传输介质

传输介质是网络中传输信息的物理通道，是不可缺少的物质基础。传输介质的性能对网络的通信、速度、距离、价格以及网络中的节点数和可靠性都有很大影响。因此必须根据网络的具体要求，选择适当的传输介质。常用的网络传输介质有很多种，可分为两大类：一类是有线传输介质，如双绞线、同轴电缆、光纤；另一类是无线传输介质，如微波和卫星信道等。

（1）双绞线

双绞线（TP，Twisted Pair）是最常用的一种传输介质，它是由两条具有绝缘保护层的铜线相互绞合而成。把两条铜导线按一定密度绞合在一起，可增强双绞线的抗电磁干扰能力。一对双绞线形成一条通信链路。在双绞线中可传输模拟信号和数字信号。其结构如图 4.5 所示。

图 4-5　双绞线

图 4-6　同轴电缆

（2）同轴电缆。

同轴电缆（Coaxial Cable）由一根内导体铜质芯线外加绝缘层、密集网状编织导电金属屏蔽层以及外包装保护塑料材料组成，其结构如图 4-6 所示。根据同轴电缆的带宽不同，它可以分为两类：基带同轴电缆和宽带同轴电缆。基带同轴电缆一般仅用于数字信号的传输。宽带同轴电缆可以使用频分多路复用方法，将一条宽带同轴电缆的频带划分成多条通信信道，使用各种调制方式，支持多路传输。宽带同轴电缆也可以只用于一条通信信道的高速数字通信，此时称之为单信道宽带。

（3）光纤。

光导纤维（Optical Fiber)简称光纤，是目前发展最为迅速、应用广泛的传输介质。它是一种能够传输光束的、细而柔软的通信媒介。光纤通常由石英玻璃拉成细丝，由纤芯和包层构成的双层通信圆柱体，其结构一般是由双层的同心圆柱体组成，中心部分为纤芯，常用的多模纤芯直径为 62pm，纤芯以外的部分为包层，一般直径为 125pm。光纤的纤芯用来传导光波，包层有较低的折射率，当光线从高折射率的介质射入低折射率的介质时，其折射角大于入射角。因此，如果折射角足够大，就会出现全反射，光线碰到包层时就会折射回纤芯，这个过程不断重复，光线就会沿着光纤传下去，光纤就是利用这一原理传输信息的。

（4）微波信道。

无线电数字微波通信系统在长途大容量的数据通信中占有及其重要的地位，其频率范围为300MHz～300GHz。微波通信常用于电缆（或光缆）铺设不便的特殊地理环境或作为地面传输系统的备份和补充，计算机网络中的无线通信主要是指微波通信。主要有两种方式：地面微波接力通信和卫星通信。

（5）卫星信道。

卫星通信就是利用位于 3 万 6 千公里高空的人造地球同步卫星作为太空无人值守的微波中继站的一种特殊形式的微波接力通信。卫星通信可以克服地面微波通信的距离限制，其最大特点就是通信距离远，且通信费用与通信距离无关。卫星通信的频带比微波接力通信更宽，通信容量更大，信号所受到的干扰较小，误码率也较小，通信比较稳定可靠。缺点是传播时延较长。

3. 网络通信系统

网络通信系统通常由网卡、交换机或集线器、路由器和 Modem 等组成。

（1）网卡。

网络接口卡简称为网卡，如图 4-7 所示。它是构成网络的基本部件。计算机通过添加网络接口卡，可将计算机与局域网中的通信介质相连，从而达到将计算机接入网络的目的。网卡的主要功能如下。

① 实现计算机与局域网传输介质之间的物理连接和电信号匹配，接收和执行计算机送来的各种控制命令，完成物理层功能。

② 按照使用的介质访问控制方法，实现共享网络的介质访问控制、信息帧的发送与接收、差错校验等数据链路层的基本功能。

③ 提供数据缓存能力，实现无盘工作站的复位和引导。

图 4-7　网卡　　　　图 4-8　集线器　　　　图 4-9　交换机　　　　图 4-10　路由器

（2）集线器。

集线器（如图 4-8 所示）（Hub）是中继器的一种，其区别仅在于集线器能够提供更多的端口服务，所以集线器又叫多口中继器。集线器的主要功能是对接收到的信号进行再生整形放大，以扩大网络的传输距离，同时把所有节点集中在以它为中心的节点上。它工作于 OSI 参考模型第二层，即数据链路层。集线器主要以优化网络布线结构，简化网络管理为目标而设计。然而随着网络技术的发展，集线器的缺点越来越突出，后来发展起来的一种技术更先进的数据交换设备——交换机逐渐取代了部分集线器的高端应用。

（3）交换机。

交换机工作在 OSI 参考模型的第二层。交换机与集线器的区别在于它能根据所要传递数据中包含的目的物理地址做出转发到相应端口的操作，而集线器根本不做任何决定，就直接向所有端口进行"广播"，如图 4-9 所示。

交换机的运行机制使得局域网的运行速度大大提高，由于只把数据交换到正确主机的连接端口，所以大大提高了局域网的数据传输效率，杜绝了由于"广播"效应而造成的数据传输效率低的现象。

（4）路由器。

路由器是局域网与广域网之间进行互连的关键设备，通常的路由器都具有负载平衡、阻止广播风暴、控制网络流量以及提高系统容错能力等功能。一般来说，路由器大都支持多协议，提供多种不同的物理接口，从而使不同厂家、不同规格的网络产品之间，以及不同协议之间可以进行非常有效的网络互连，如图 4-10 所示。

4.2.2　计算机网络的软件组成

1．服务器操作系统

网络操作系统（NOS，Network Operation System）主要运行在服务器上，它负责管理数据、用户、用户组、安全、应用程序以及其他网络功能。目前最流行的网络操作系统是 Microsoft 的 Windows 2000/2003 Server、Linux、UNIX、Novell 的 NetWare 等。

2．网络协议

网络互连的根本目标是隐藏各个物理网络实现细节，为用户提供通用的数据通信服务。为此，因特网上的用户必须使用相同的网络互连协议，相互之间才能通信。IP 是应用最广泛的网间互连协议，它屏蔽下层各种物理网络的差异，并与 TCP 一起把因特网上的各种物理网络统一为逻辑网络，实现因特网上任意两个站点之间的通信。尽管它不是国际标准，但由于它效率高、互操作性好、实现简单、比较适合于异构网络，因此被众多著名的网络供应商（如 IBM、Microsoft、Cisco 等）采用，成为事实上的标准。

4.3　计算机网络的协议与体系结构

4.3.1　网络协议与划分层次

计算机连网的目的是资源共享，因此网上各系统之间要不断进行数据交换，但不同的系统之间可能存在很大差异，它们可能使用完全不同的操作系统，或者采用不同标准的硬件设备等。为了使不同厂商、不同结构的系统能够顺利进行通信，通信双方必须遵守共同一致的规则和约定，如通信过程的同步方式、数据格式、编码方式等，否则通信是毫无意义的。

现实生活中处处都有规约存在。做生意要签合同，合作要签协议，寄信要遵守一定的规则：信封必须按照一定的格式书写（如收信人和发信人的地址、邮政编码必须按照一定的位置书写），否则，信件可能到不了目的地；同时，信件的内容也必须遵守一定的规则（如使用 中文书写），否则，收信人可能看不懂信件的内容。如此等等。

我们把计算机网络中为进行数据传输而建立的一系列规则、标准或约定称为网络协议（Protocol）。网络协议通常由语义、语法和定时关系 3 部分组成。语义定义做什么，语法定义怎么做，而定时关系定义何时做。

1．网络的层次概念

计算机网络是一个复杂系统，入网站点往往分散在不同的地点，设备由不同的厂家制造，各个厂家很可能各自定义了很不相同的通信规则，因而计算机网络上的通信相当复杂。如果用一个协议规定通信的全过程，该协议将会是一团乱麻。与其他复杂的计算机体系一样，计算机网络系统的设计也采用结构化方法，把计算机网络系统的功能分解为多个子模块，相应的协议也分为若干层，每层实现一个子功能。

为了更好地理解分层的意思，举一个现实生活中的例子来说明。

假定 A 是 X 公司的总裁，B 是 Y 公司总裁，A、B 想通过寄信的方式来商讨生意上的事情。他的做法可能是：A 把信写好后交给自己的秘书，然后秘书将信盖章，装入信封并投入信箱。此后，这封信就作为信件按邮局的发送顺序被发到了 Y 公司。在 Y 公司，B 的秘书检查、核对，标上接收日期送交 B 进行处理。

这件事至少可以分为三个层次。最高层为总裁层，A、B 了解他们所要商谈的事情；下面一层是秘书层，这一层不用了解商谈的内容，只负责装、拆信封编号，如果 A、B 所用语言不同，还要负责进行翻译；最低一层是邮局，邮局的人只负责将信件从发送地送到接收地，这一层完全不管信件的性质、所用语言，更不管信件的内容。

这种分层做法的好处是，每一层实现一种相对独立的功能，将复杂问题分解为若干较易处理的小问题。在我们的现实世界中，这种做法司空见惯，只不过叫分工合作罢了。计算机系统之间的通信与以上寄信过程虽然有很大差别，但其分层的含义却十分相似。

2．计算机网络采用层次化结构有如下的优越性

（1）各层之间相互独立。高层并不需要知道低层是如何实现的，而仅需要知道该层通过层间的接口所提供的服务。各层都可以采用最合适的技术来实现。

（2）灵活性好。当任何一层发生变化时，只要接口保持不变，则在这层以上或以下各层均不受影响。另外，当某层提供的服务不再需要时，甚至可将这层取消。

（3）易于实现和维护。整个系统已被分解为若干个易于处理的部分，这种结构使得一个庞大而又复杂系统的实现和维护变得容易控制。

（4）有利于网络标准化。因为每一层的功能和所提供的服务都已有了精确的说明，所以标准化得较为容易。

4.3.2　网络互连参考模型（OSI/RM）

1．OSI 参考模型的基本概念

随着网络的不断发展，人们越来越认识到网络技术在提高生产效率、节约成本方面的重要性。于是，各种机构开始接入 Internet，扩大网络规模。但是，由于很多网络使用不同的硬件和软件，没有统一的标准，结果造成不兼容，很难进行通信。

为了解决这些问题，人们迫切希望出台一个统一的国际网络标准。为此，国际标准化组织（International Standards Organization，ISO）和一些科研机构、大的网络公司做了大量的工作，提出了开放式系统互连参考模型（International Standards Organization/Open System Interconnect Reference Model， ISO/OSI RM)和 TCP/IP 体系结构。

开放式系统互连参考模型即有名的 OSI/ RM（Open System Interconnect Reference Model），它是两大国际组织 ISO（International Standards Organization）和前 CCITT 的共同努力下制定出来的。ISO 主要负责工业产品的标准化，小至螺栓、螺母的形状，大至计算机程序设计语言、通信协议

等极广范围的标准都属其工作范围。前 CCITT 则主要从事与电报、电话、数据通信有关的协议和标准化。

2. OSI 结构

OSI 是一个描述网络层次结构的模型，是严格遵循分层模式的典范。其标准保证了各种类型网络技术的兼容性和互操作性。OSI 说明了信息在网络中的传输过程，各层在网络中的功能和它们的架构。

OSI 描述了信息或数据通过网络是如何从一个系统的一个应用程序到达网络中另一系统的另一个应用程序的。当信息在一个 OSI 中逐层传送的时候，从高层到低层，它与人类语言的距离越来越远，最终变为计算机世界的数字（0 和 1）。

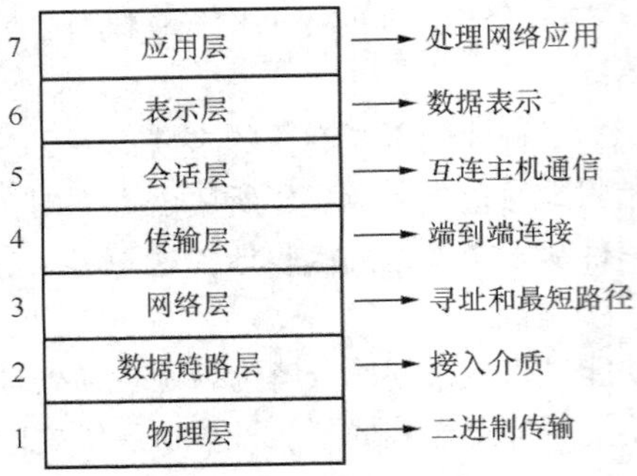

在 OSI 中，计算机之间传送信息的问题分为 7 个较小且更容易管理和解决的小问题。每一个小问题都由模型中的一层来解决。OSI 将这 7 层从低到高叫做物理层、数据链路层、网络层、传输层、会话层、表示层和应用层。图 4-11 所示为 OSI 的 7 层结构和每一层解决的主要问题。

OSI 并非指一个现实的网络，它仅仅规定了每一层的功能，为网络的设计规划出一张蓝图。各个网络设备或软件生产厂家都可以按照这张蓝图来设计和生产自己的网络设备或软件。尽管设计和生产出的网络产品的式样、外观各不相同，但它们应该具有相同的功能。

7	应用层	→ 处理网络应用
6	表示层	→ 数据表示
5	会话层	→ 互连主机通信
4	传输层	→ 端到端连接
3	网络层	→ 寻址和最短路径
2	数据链路层	→ 接入介质
1	物理层	→ 二进制传输

图 4-11　OSI 参考模型

3. OSI 7 层功能简介

（1）物理层（physical layer）。

物理层是 OSI 的最低一层，也是在同级层之间直接进行信息交换的唯一一层。物理层负责传输二进制位流，它的任务就是为上层（数据链路层）提供一个物理连接，以便在相邻节点之间无差错地传送二进制位流，至于哪几个比特代表什么意义，则不是物理层所要管的，物理层要考虑的是多大电压代表"1"，多大电压代表"0"，连接电缆的插头尺寸多大，有多少根脚管。

有一点应该注意的是，传送二进制位流的传输介质，如双绞线、同轴电缆以及光纤等并不属于物理层要考虑的问题。实际上传输介质并不在 OSI 的 7 个层次之内。

（2）数据链路层（data link layer）。

数据链路层负责在两个相邻节点之间，无差错地传送以"帧"为单位的数据。每一帧包括一定数量的数据和若干控制信息。

数据链路的任务首先要负责建立、维持和释放数据链路的连接。在传送数据时，如果接收节点发现数据有错，要通知发送方重发这一帧，直到这一帧正确无误地送到为止。

这样，数据链路层就把一条可能出错的链路，转变成让网络层看起来就像是一条不出错的理想链路。

（3）网络层（network layer）。

网络层的主要功能是为处在不同网络系统中的两个节点设备通信提供一条逻辑通路。其基本任务包括路由选择、拥塞控制与网络互连等功能。

（4）传输层（transport）。

传输层的主要任务是向用户提供可靠的端到端（end-to-end）服务，透明地传送报文。它向高层屏蔽了下层数据通信的细节，因而是计算机通信体系结构中最关键的一层。该层关心的主要问题包括建立、维护和中断虚电路，传输差错校验和恢复以及信息流量控制机制等。

（5）会话层（session layer）。

会话层负责通信的双方在正式开始传输前的沟通，目的在于建立传输时所遵循的规则，使传输更顺畅、有效率。沟通的议题包括：使用全双工模式还是半双工模式？如何发起传输？如何结束传输？如何设置传输参数？就像两国元首在见面会晤之前，总会先派人谈好议事规则，正式谈判时就根据这套规则进行一样。

（6）表示层（presentation）。

表示层处理两个应用实体之间进行数据交换的语法问题，解决数据交换中存在的数据格式不一致以及数据表示方法不同等问题。例如，IBM 系统的用户使用 EBCD 编码，而其他用户使用 ASCII 编码。表示层必须提供这两编码的转换服务。数据加密与解密、数据压缩与恢复等也是表示层提供的服务。

（7）应用层（application layer）。

应用层是 OSI 中最靠近用户的一层，它直接提供文件传输、电子邮件、网页浏览等服务给用户。在实际操作上，大多是化身为成套的应用程序，例如：Internet Explorer、Netscape、Outlook Express 等，而且有些功能强大的应用程序，甚至涵盖了会话层和表示层的功能，因此有人认为 OSI 上 3 层（5、6、7 层）的分界已经模糊，往往很难精确地将产品归类于哪一层。

4. TCP/IP 的体系结构

（1）TCP/IP 体系结构。

ISO/OSI 的提出在计算机网络发展史上具有里程碑的意义，得到广泛支持，以至于提到计算机网络就不能不提 ISO/OSI。但是，OSI 也有其缺点：定义过分繁杂、实现困难等。与此同时，TCP/IP 的提出和广泛使用，特别是因特网用户的快速增长，使 TCP/IP 体系结构日益显示出其重要性。

TCP/IP 是目前最流行的商业化网络协议，尽管它不是某一标准化组织提出的正式标准，但它已经被公认为目前的工业标准或"事实标准"。因特网之所以能迅速发展，就是因为 TCP/IP 能够适应和满足世界范围内数据通信的需要。TCP/IP 具有以下几个特点。

① 开放的协议标准，可以免费使用，并且独立于特定的计算机硬件与操作系统。

② 独立于特定的网络硬件，可以运行在局域网、广域网，以及因特网中，统一的网络地址分配方案，使得整个 TCP/IP 设备在网中都有唯一的地址。

③ 标准化的高层协议，可以提供多种可靠的用户服务。与 ISO/OSI 不同，TCP/IP 体系结构将网络划分为应用层（Application Layer）、传输层（Transport Layer）、互联层（Internet Layer）和网络接口层（Network Interface Layer）4 层。

TCP/IP 的分层体系结构与 ISO/OSI 有一定的对应关系。图 4-12 给出了这种对应关系。其中，TCP/IP 体系结构的应用层与 OSI 的应用层、表示层及会话层相对应；TCP/IP 的传输层与 OSI 的传输层相对应；TCP/IP 的互联层与 OSI 的网络层相对应；TCP/IP 的网络接口层与 OSI 的数据链路层及物理层相对应。

（2）协议。

网络互连的根本目标是隐藏各个物理网络实现细节，为用户提供通用的数据通信服务。为此，因特网上的用户必须使用相同的网络互连协议，相互之间才能通信。IP 是应用最广泛的网间互连协议，它屏蔽下层各种物理网络的差异，并与 TCP 一起把因特网上的各种物理网络统一为逻辑网络，实现因特网上任意两个站点之间的通信。尽管它不是国际标准，但由于它效率高、互操作性

OSI七层模型	TCP/IP协议
应用层	应用层（Application）
表示层	
会话层	
传输层	传输层（Transport）
网络层	网络层（Internet）
数据链路层	网络接口层（Network）
物理层	

图 4-12　OSI 和 TCP/IP 的对应关系

好、实现简单、比较适合于异构网络，因此被众多著名的网络供应商（如 IBM、Microsoft、Cisco等）采用，成为事实上的标准。

IP 互联网是一种面向非连接的互连网络，它隐藏了下层各种物理网络的差异，为用户提供通用的服务。IP 互联网具有如下特点。

① IP 互联网隐藏了低层物理网络细节，向上为用户提供通用的、一致的网络服务。因此，尽管从网络设计者角度看 IP 互联网是由不同的网络借助 IP 路由器互连而成的，但从用户的观点看，IP 互联网是一个单一的虚拟网络。

② IP 互联网不指定网络互连的拓扑结构，也不要求网络之间全互连。因此，IP 数据报从源主机至目的主机可能要经过若干中间网络。一个网络只要通过路由器与 IP 互联网中的任意一个网络相连，就具有访问整个互联网的能力。

③ IP 互联网能在物理网络之间转发数据，信息可以跨网传输。

④ IP 互联网中的所有计算机使用全局统一的地址描述法（IP 地址）。IP 互联网平等地对待互联网中的每一个网络，不管这个网络规模是大还是小，也不管这个网络的速度是快还是慢。

（3）IP 地址。

在介绍 IP 地址之前，首先看一看熟悉的电话网。每部连入电话网的电话机都有一个由电话局分配的电话号码，只要知道某台电话机的电话号码，便可以拨通该电话。如果加上所在城市的区号和所在国家（或地区）的代码，那么这部电话的号码就是全球唯一的。

连入 Internet 中的每台计算机也分配有一个全球唯一的号码，类似于电话号码，被称为 IP 地址。每一个连入因特网中的计算机都被分配了一个 IP 地址，这个 IP 地址在整个因特网中是唯一的。目前使用的 IP 地址有 IPV4 和 IPV6 两个版本。

IPV4 地址是一个 32 位的二进制数值（4 个字节），但为了方便理解和记忆，通常采用点分十进制标记法。即将 4 个字节的二进制数值转换成 4 个十进制数值来表示，数值中间用"."隔开，例如 10000000 00001010 00000010 00011110 可以表示为：128.10.2.30。

一般来说，连入 Internet 中的计算机，大多隶属于某个网络，可能是一个局域网，也可能是一个企业网。所以一个 IP 地址也由两部分组成：网络号和主机号。网络号用于识别一个网络，而主机号则用于识别网络中的计算机。

为了避免自己使用的 IP 地址与其他用户的 IP 地址发生冲突，所有的网络号都必须向 Inter NIC（Internet Network Information Center）组织申请，在给网络中的每一台主机分配唯一的主机号后，所有的主机就拥有了唯一的 IP 地址。

当然，如果使用的是局域网，不需要和其他网络通信就不需要向 Inter NIC 申请网络号，利用预留的私有 IP 地址分配给主机就可以进行局域网络内部通信。但要注意不要和局域网中的其他主机相同。

IP 地址可以分为 5 类，分别用 A、B、C、D、E 表示，但是主机只能使用前 3 类 IP 地址，这 5 类 IP 地址的分配方法如表 4-1 所示。

表 4-1　IP 地址的分配

类别	IP 地址的分配	IP 地址的范围
A	0+网络地址（7 bit）+主机地址（24 bit）	1.0.0.0～127.255.255.255
B	10+网络地址（14 bit）+主机地址（16 bit）	128.0.0.0～191.255.255.255
C	110+网络地址（21 bit）+主机地址（8 bit）	192.0.0.0～223.255.255.255
D	1110+广播地址（28 bit）	224.0.0.0～239.255.255.255
E	11110+保留地址（27 bit）	240.0.0.0～254.255.255.255

对于任意一个 IP 地址，根据最高 3 位，就可以确定 IP 地址的类型。A、B、C 三类地址是常用地址，D 类为多点组播地址，E 类保留。IP 地址的编码规定：主机号码全"0"地址表示本地网络，全"1"地址表示广播地址。因此，一般网络中分配给主机的地址不能为全"0"地址或全"1"地址。

① A 类 IP 地址：只有大型网络才需要使用 A 类 IP 地址，也只有大型网络才被允许使用 A 类 IP 地址。对 A 类 IP 地址而言，网络号虽然占用了 8bit，但是由于第一位必须为"0"，因此只可以使用 1～126 这 126 个数值，也就是只能提供 126 个 A 类型的网络。但是它的主机号占用其余的 24bit，可以提供 $2^{24}-2$ 共计 16 777 214 个主机号。由于 A 类型的 IP 地址支持的网络数很少，所以现在已经无法申请到这一类的网络号了。

② B 类 IP 地址：中型网络可以使用 B 类 IP 地址。B 类 IP 地址的网络号占用了两个字节单位长，第一个字节最高位 2 位为类标识 10；所以第一个字节取值范围为 128～191，全球共有 16 382 个 B 类网络，而每一个网络可以容纳 $2^{16}-2 = 65\ 534$ 个主机。

③ C 类 IP 地址：一般的小型网络使用的是 C 类 IP 地址。C 类 IP 地址网络号的第一个字节为 192～223，支持 2 097 152 个网络号，但是每一个网络最大只能容纳 $2^8-2 = 254$ 个主机。一个 C 类 IP 地址如果是 202.200.84.157，则其网络号是 202.200.84，主机号是 157。

现有的互联网是在 IPv4 协议的基础上运行。IPv6 是下一版本的互联网协议，它的提出最初是因为随着互联网的迅速发展，IPv4 定义的有限地址空间将被耗尽，地址空间的不足必将影响互联网的进一步发展。为了扩大地址空间，拟通过 IPv6 重新定义地址空间。IPv4 采用 32 位地址长度，只有大约 43 亿个地址，而 IPv6 采用 128 位地址长度，几乎可以不受限制地提供地址。按保守方法估算 IPv6 实际可分配的地址，整个地球每平方米面积上可分配 1000 多个地址。在 IPv6 的设计过程中除了一劳永逸地解决地址短缺问题以外，还考虑了在 IPv4 中解决不好的其他问题。IPv6 的主要优势体现在以下几方面：扩大地址空间、提高网络的整体吞吐量、改善服务质量(QoS)、安全性有更好的保证、支持即插即用和移动性、更好实现多播功能。

显然，IPv6 大大地扩大了地址空间，恢复了原来因地址受限而失去的端到端连接功能，为互联网的普及与深化发展提供了基本条件。当然，IPv6 并非十全十美、一劳永逸，不可能马上解决所有问题。IPv6 只能在发展中不断完善，IPV4 到 IPV6 过渡需要时间和成本，但从长远看，IPv6 有利于互联网的持续和长久发展。

（4）域名地址。

为方便记忆、维护和管理，网络上的计算机可以有一个直观的唯一标识名称，称为域名。其基本结构为：主机名.单位名.类型名.国家代码。例如，IP 地址为 202.117.24.24 的 Internet 域名是 lib. xatu.edu.cn，其中 lib 表示图书馆服务器（主机名），xatu 表示西安工业大学（单位名），edu 表示教育机构（类型名），cn 表示中国（国家代码）。在浏览器的地址栏中，也可以直接输入 IP 地址来打开网页。

国家或地区代码又称为顶级域名，由 ISO3166 规定，常见国家或地区顶级域名如表 4-2 所示。常见的域名类型如表 4-3 所示。

表 4-2　　　　　　　　　　　常见国家或地区顶级域名表

域　名	国家或地区	域　名	国家或地区	域　名	国家或地区
cn	中国	de	德国	nz	新西兰
kr	韩国	fr	法国	sg	新加坡
us	美国	ca	加拿大	it	意大利
au	澳大利亚	in	印度	jp	日本

表 4-3　　　　　　　　　　　域名类型表

域　名	类　型	域　名	类　型	域　名	类　型
com	商业	org	非盈利组织	net	网络机构
edu	教育	info	信息服务	mil	军事机构
gov	政府	int	国际机构	fir	公司企业

人们习惯记忆域名，但机器间只识别 IP 地址，所以必须进行域名转换，域名与 IP 地址之间是一一对应的，它们之间的转换工作称为名址解析，名址解析需要由专门的域名解析服务器来完成，整个过程自动进行。例如，上网时输入的 www.sohu.com 将由域名解析系统自动转换成搜狐网站的 Web 服务器 IP 地址：61.135.133.103。

大型的网络运营商一般都提供域名解析服务。域名解析实质上就是域名和 IP 地址的翻译，用户在进行网络设置时可以随意选择域名解析服务器。

4.4　计算机网络安全

4.4.1　网络安全概述

随着计算机网络的迅猛发展，网络安全已成为网络发展中的一个重要课题。由于网络传播信息快捷、隐蔽性强，在网络上难以识别用户的真实身份，网络犯罪、黑客攻击、有害信息传播等方面的问题日趋严重。从概念上来看，网络和安全是根本矛盾的。网络的设计目的是尽可能地实现一台计算机的开放性，而安全则要尽可能地实现一台计算机的封闭性。因此，在现实中，计算机网络的安全性，实际上是在二者中寻找到一个平衡点，一个可以让所有用户都可能接受的平衡点。从这个意义上讲，网络安全是一个无穷无尽的主题。在计算机网络领域，没有终极的安全方案。

网络安全包括 5 个基本要素：机密性、完整性、可用性、可控性与可审查性。

（1）机密性：确保信息不暴露给未授权的实体或进程。

（2）完整性：只有得到允许的人才能修改数据，并且能够判别出数据是否已被篡改。

（3）可用性：得到授权的实体在需要时可访问数据，即攻击者不能占用所有的资源而阻碍授权者的工作。

（4）可控性：可以控制授权范围内的信息流向及行为方式。

（5）可审查性：对出现的网络安全问题提供调查的依据和手段。

4.4.2　网络安全的评价标准

网络安全评价标准中比较流行的是美国国防部 1995 年制定的可信任计算机标准评价准则，各国根据自己的国情也制定了相关标准。

1．我国评价标准

1999 年 10 月经过国家质量技术监督局批准发布的《计算机信息系统安全保护等级划分准则》将计算机安全保护划分为以下 5 个级别。

第 1 级为用户自主保护级：它的安全保护机制使用户具备自主安全保护的能力，保护用户的信息免受非法的读写破坏。

第 2 级为系统审计保护级：除具备第一级所有的安全保护功能外，要求创建和维护访问的审计跟踪记录，使所有的用户对自己的行为的合法性负责。

第 3 级为安全标记保护级：除继承前一个级别的安全功能外，还要求以访问对象标记的安全级别限制访问者的访问权限，实现对访问对象的强制保护。

第 4 级为结构化保护级：在继承前面安全级别安全功能的基础上，将安全保护机制划分为关键部分和非关键部分，对关键部分直接控制访问者对访问对象的存取，从而加强系统的抗渗透能力。

第 5 级为访问验证保护级：这一个级别特别增设了访问验证功能，负责仲裁访问者对访问对象的所有访问活动。

我国是国际标准化组织的成员国，信息安全标准化工作在各方面的努力下正在积极开展之中。从 20 世纪 80 年代中期开始，我国自主制定和采用了一批相应的信息安全标准。但是，应该承认，标准的制定需要较为广泛的应用经验和较为深入的研究背景。这两方面的差距，使我国的信息安全标准化工作与国际已有的工作相比，覆盖的范围还不够大，宏观和微观的指导作用也有待进一步提高。

2．国际评价标准

根据美国国防部和国家标准局的《可信计算机系统评测标准》可将系统分成 4 类共 7 级。

D 级：级别最低，保护措施少，没有安全功能，属于这个级别的操作系统有 DOS 和 Windows 9x 等。

C 级：自定义保护级。安全特点是系统的对象可由系统的主题自定义访问权。

C1 级：自主安全保护级，能够实现对用户和数据的分离，进行自主存取控制数据保护，以用户组为单位。

C2 级：受控访问级，实现了更细粒度的自主访问控制，通过登录规程安全性相关事件以隔离资源。

能够达到 C2 级别的常见操作系统有如下几种：

■　UNIX/Linux 系统；

■　Novell 3.X 或者更高版本；

■ Windows NT，Windows 2000 和 Windows 2003。

B 级：强制式保护级。其安全特点在于由系统强制的安全保护。

B1 级：标记安全保护级。对系统的数据进行标记，并对标记的主体和客体实施强制存取控制。

B2 级：结构化安全保护级。建立形式化的安全策略模型，并对系统内的所有主体和客体实施自主访问和强制访问控制。

B3 级：安全域。能够满足访问监控器的要求，提供系统恢复过程。

A 级：可验证的保护。

A1 级：与 B3 级类似，但拥有正式的分析及数学方法。

4.4.3 网络安全立法

1. 网络安全立法概述

从来没有哪一种事物像网络一样，在短短几十年之内全方位冲击着我们的生活。人们的阅读、交流、娱乐乃至商业活动越来越多的在网上进行，世界被网络紧紧地连在了一起。可是，在我们惊叹因特网创造的一个又一个奇迹时，请不要忘了，网络世界也有黑暗的一面，那就是网络犯罪。为了有效打击日益增多的网络犯罪，制定相关的法律法规成为遏制网络犯罪的有力武器，为此世界各国都制定了相关的法律。

2. 我国关于网络安全的立法情况

目前网络安全方面的法规已经写入《中华人民共和国宪法》。网络安全方面的法规于 1982 年 8 月 23 日写入《中华人民共和国商标法》，于 1984 年 3 月 12 日写入《中华人民共和国专利法》，于 1988 年 9 月 5 日写入《中华人民共和国保守国家秘密法》，于 1993 年 9 月 2 日写入《中华人民共和国反不正当竞争法》。

为了加强对计算机犯罪的打击力度，在 1997 年对刑法进行重新修订时，加进了以下计算机犯罪的条款。

第二百八十五条 违反国家规定，侵入国家事务、国防建设、尖端科学技术领域的计算机信息系统的，处三年以下有期徒刑或者拘役。

第二百八十六条 违反国家规定，对计算机信息系统功能进行删除、修改、增加、干扰，造成计算机信息系统不能正常运行，后果严重的，处五年以下有期徒刑或者拘役，后果特别严重的，处五年以上有期徒刑。违反国家规定，对计算机信息系统中存储、处理或者传输的数据和应用程序进行删除、修改、增加的操作，后果严重的，依照前款的规定处罚。故意制作、传播计算机病毒等破坏性程序，影响计算机系统正常运行，后果严重的，依照第一款的规定处罚。

第二百八十七条 利用计算机实施金融诈骗、盗窃、贪污、挪用公款、窃取国家秘密或者其他犯罪的，依照本法有关规定定罪处罚。

计算机网络安全方面的法规，已经写入国家条例和管理办法。于 1991 年 6 月 4 日写入《计算机软件保护条例》，于 1994 年 2 月 18 日写入《中华人民共和国计算机信息系统安全保护条例》，于 1999 年 10 月 7 日写入《商用密码管理条例》，于 2000 年 9 月 20 日写入《互联网信息服务管理办法》，于 2000 年 9 月 25 日写入《中华人民共和国电信条例》。

3. 国际关于网络安全的立法情况

美国和日本是计算机网络安全比较完善的国家，一些发展中国家和第三世界国家的计算机网络安全方面的法规还不完善。

欧洲共同体是一个在欧洲范围内具有较强影响力的政府间组织。为在共同体内正常地进行信息市场运作，该组织在诸多问题上建立了一系列法律，具体包括：竞争（反托拉斯）法，产品责任、商标和广告规定法，知识产权保护法、保护软件、数据和多媒体产品及在线版权法，以及数据保护法、跨境电子贸易法、税收法、司法等。这些法律若与其成员国原有国家法律相矛盾，则必须以共同体的法律为准。

4.4.4　黑客攻击的主要手段

涉及网络安全的问题很多，但最主要的问题还是人为攻击，黑客就是最具有代表性的一类群体。黑客在世界各地四处出击，寻找机会袭击网络，几乎到了无孔不入的地步。有不少黑客袭击网络时并不是怀有恶意，他们多数情况下只是为了表现和证实自己在计算机方面的天分与才华，但也有一些黑客的网络袭击行为是有意地对网络进行破坏。

黑客（Hacker）指那些利用技术手段进入其权限以外计算机系统的人。在虚拟的网络世界里，活跃着这批特殊的人，他们是真正的程序员，有过人的才能和乐此不疲的创造欲。技术的进步给了他们充分表现自我的天地，同时也使计算机网络世界多了一份灾难，一般人们把他们称为黑客（Hacker）或骇客（Cracker），前者更多指的是具有反传统精神的程序员，后者更多指的是利用工具攻击别人的攻击者，具有明显贬义。但无论是黑客还是骇客，都是具备高超的计算机知识的人。

1. 口令入侵

所谓口令入侵是指使用某些合法用户的账号和口令登录到目的主机，然后再实施攻击。使用这种方法的前提是必须先得到该主机上的某个合法用户的账号，然后再进行合法用户口令的破译。

通常黑客会利用一些系统使用习惯性的账号的特点，采用字典穷举法（或称暴力法）来破解用户的密码。由于破译过程由计算机程序来自动完成，因而几分钟到几个小时之间就可以把拥有几十万条记录的字典里所有单词都尝试一遍。其实黑客能够得到并破解主机上的密码文件，一般都是利用系统管理员的失误。同时，由于为数不少的操作系统都存在安全漏洞、Bug 或一些其他设计缺陷，这些缺陷一旦被找出，黑客就可以长驱直入。例如，让 Windows 系统后门洞开的特洛伊木马程序（Trojan Horse）就是利用了 Windows 的基本设计缺陷。

采用中途截击的方法也是获取用户账户和密码的一条有效途径。因为很多协议没有采用加密或身份认证技术，如在 Telnet、FTP、HTTP、SMTP 等传输协议中，用户账户和密码信息都是以明文格式传输的，此时若攻击者利用数据包截取工具便可以很容易地收集到账户和密码。

2. 放置特洛伊木马程序

在古希腊人围攻特洛伊城期间，古希腊人佯装撤退并留下一只内部藏有士兵的巨大木马，特洛伊人大意中计，将木马拖入特洛伊城。夜晚木马中的希腊士兵出来与城外战士里应外合，攻破了特洛伊城，特洛伊木马的名称也就由此而来。在计算机领域里，有一类特殊的程序，黑客通过它来远程控制别人的计算机，这类程序就称为特洛伊木马程序。从严格的定义来讲，凡是非法驻留在目标计算机里，在目标计算机系统启动的时候自动运行，并在目标计算机上执行一些事先约定的操作，如窃取口令等，这类程序都可以称为特洛伊木马程序。

特洛伊木马程序一般分为服务器端（Server）和客户端（Client）。服务器端是攻击者传到目标机器上的部分，用来在目标机上监听等待客户端连接过来。客户端是用来控制目标机器的部分，放在攻击者的机器上。

特洛伊木马程序常被伪装成工具程序或游戏，一旦用户打开了带有特洛伊木马程序的邮件附件或从网上直接下载，或执行了这些程序之后，当用户连接到因特网上时，这个程序就会把用户的 IP 地址及被预先设定的端口通知黑客。黑客在收到这些资料后，再利用这个潜伏其中的程序，就可以肆意修改用户的计算机设定，复制文件，窥视用户整个硬盘内的资料等，从而达到控制用户计算机的目的。现在有许多这样的程序，国外的此类软件有 BackOriffice、Netbus 等，国内的此类软件有 Netspy、冰河、广外女生等。

3. DoS 攻击

DoS 是 Denial of Service 的简称，即拒绝服务，造成 DoS 的攻击行为被称为 DoS 攻击，其目的是使计算机或网络无法提供正常的服务。最常见的 DoS 攻击有计算机网络带宽攻击和连通性攻击。带宽攻击指以极大的通信量冲击网络，使得所有可用网络资源都被消耗殆尽，最后导致合法的用户请求无法通过。连通性攻击是指用大量的连接请求冲击计算机，使得所有可用的操作系统资源都被消耗殆尽，最终计算机无法再处理合法用户的请求。

分布式拒绝服务（DDoS，Distributed Dental of Service）攻击指借助于客户机/服务器技术，将多个计算机联合起来作为攻击平台，对一个或多个目标发动 DoS 攻击，从而成倍地提高拒绝服务攻击的威力。通常，攻击者使用一个偷窃账号将 DDoS 主控程序安装在一个计算机上，在一个设定的时间主控程序将与大量代理程序通信，代理程序已经被安装在因特网上的许多计算机上。代理程序收到指令时就发动攻击。利用客户机/服务器技术，主控程序能在几秒钟内激活成百上千次代理程序的运行。

4. 端口扫描

所谓端口扫描，就是利用 Socket 编程与目标主机的某些端口建立 TCP 连接、进行传输协议的验证等，从而侦知目标主机的扫描端口是否处于激活状态、主机提供了哪些服务、提供的服务中是否含有某些缺陷等。常用的扫描方式有：TCP connect 扫描、TCP SYN 扫描、 TCPFIN 扫描、IP 段扫描和 FTP 返回攻击等。

扫描器是一种自动检测远程或本地主机安全性弱点的程序，通过使用扫描器可以不留痕迹地发现远程服务器的各种 TCP 端口的分配及提供的服务和它们的软件版本。扫描器并不是一个直接的攻击网络漏洞的程序，它仅能发现目标主机的某些内在的弱点。

一个好的扫描器能对它得到的数据进行分析，帮助用户查找目标主机的漏洞。但它不会提供进入一个系统的详细步骤。扫描器应该有 3 项功能：发现一个主机或网络的能力；一旦发现一台主机，有发现什么服务正运行在这台主机上的能力；通过测试这些服务，发现漏洞的能力。

5. 网络监听

网络监听在网络安全上一直是一个比较敏感的话题。作为一种发展比较成熟的技术，监听在协助网络管理员监测网络传输数据，排除网络故障等方面具有不可替代的作用，因而一直备受网络管理员的青睐。然而，在另一方面网络监听也给以太网的安全带来了极大的隐患，许多的网络入侵往往都伴随着以太网内的网络监听行为，从而造成口令失窃、敏感数据被截获等连锁性安全事件。

网络监听是主机的一种工作模式，在这种模式下，主机可以接收到本网段在同一条物理通道上传输的所有信息，而不管这些信息的发送方和接收方是谁。此时若两台主机进行通信的信息没有加密，只要使用某些网络监听工具就可轻而易举地截取包括口令和账号在内的信息资料。Sniffer是一个著名的监听工具，它可以监听到网上传输的所有信息。

6. 欺骗攻击

欺骗攻击是攻击者创造一个易于误解的环境，以诱使受攻击者进入并且做出缺乏安全考虑的决策。欺骗攻击就像是一场虚拟游戏：攻击者在受攻击者的周围建立起一个错误但是令人信服的世界。如果该虚拟世界是真实的话，那么受攻击者所做的一切都是无可厚非的。但遗憾的是，在错误的世界中似乎是合理的活动可能会在现实的世界中导致灾难性的后果。常见的欺骗攻击如下。

（1）Web 欺骗。

Web 欺骗允许攻击者创造整个 WWW 世界的影像复制。通过影像 Web 的入口进入攻击者的 Web 服务器，经过攻击者机器的过滤作用，允许攻击者监控受攻击者的任何活动，包括账户和口令。攻击者也能以受攻击者的名义，将错误或者易于误解的数据发送到真正的 Web 服务器，以及以任何 Web 服务器的名义发送数据给受攻击者。

（2）ARP 欺骗。

通常源主机在发送一个 IP 包之前，它要到该转换表中寻找和 IP 包对应的 MAC 地址。此时，若入侵者强制目的主机 Down 掉（如发洪水包），同时把自己主机的 IP 地址改为合法目的主机的 IP 地址，然后他发一个 ping（icmp 0）给源主机，要求更新主机的 ARP 转换表，主机找到该 IP，然后在 ARP 表中加入新的 IP 与 MAC 对应关系。合法的目的主机失效了，入侵主机的 MAC 地址变成了合法的 MAC 地址。

（3）IP 欺骗。

IP 欺骗由若干步骤组成。首先，目标主机已经选定。其次，信任模式已被发现，并找到了一个被目标主机信任的主机。黑客为了进行 IP 欺骗，进行以下工作：

使得被信任的主机丧失工作能力，同时采样目标主机发出的 TCP 序列号，猜测出它的数据序列号。然后，伪装成被信任的主机，同时建立起与目标主机基于地址验证的应用连接。如果成功，黑客可以使用一种简单的命令放置一个系统后门，以进行非授权操作。

7. 电子邮件攻击

电子邮件攻击主要表现为向目标信箱发送电子邮件炸弹。所谓的邮件炸弹实质上就是发送地址不详且容量庞大的邮件垃圾。由于邮件信箱都是有限的，当庞大的邮件垃圾到达信箱的时候，就会把信箱挤爆。同时，由于它占用了大量的网络资源，常常导致网络塞车，它常发生在当某人或某公司的所作所为引起了某些黑客的不满时，黑客就会通过这种手段来发动进攻，以泄私愤。

4.4.5　网络安全控制技术

为了保护网络信息的安全可靠，除了运用法律和管理手段外，还需依靠技术方法来实现。网络安全控制技术目前有：防火墙技术、加密技术、用户识别技术、访问控制技术、网络反病毒技术、网络安全漏洞扫描技术、入侵检测技术等。

1. 防火墙技术

防火墙技术是近年来维护网络安全最重要的手段。从狭义上说防火墙是指安装了防火墙软件的主机或路由器系统；从广义上说防火墙还包括整个网络的安全策略和安全行为。加强防火墙的使用，可以经济、有效地保证网络安全。一般将防火墙内的网络称为"可信赖的网络"，而将外部的因特网称为"不可信赖的网络"。防火墙可用来解决内联网和外联网的安全问题。但防火墙也不是万能的，简单地购买一个商用的防火墙往往不能得到所需要的保护，但正确地使用防火墙则可将安全风险降低到可接受水平。

换句话说，防火墙的作用就好比一道安全门，通过这道"门"可以控制进出网络的所有数据的流通，另一方面它又要允许网络数据的流通。正是由于这种网络的管理机制及安全策略的不同，才使防火墙的规则制订呈现出不同的表现形式。归纳起来，有两种形式：第一种是除了非允许不可的都被禁止，第二种是除了非禁止不可的都被允许。其中第一种形式的特点是非常安全但可用性差，第二种形式的特点是易用但不够安全，所以目前大多数防火墙都在两者之间采取折中的方式制定规则。

2. 加密技术

加密技术是网络信息安全主动的、开放型的防范手段，对于敏感数据应采用加密处理，并且在数据传输时采用加密传输，目前加密技术主要有两大类：一类是基于对称密钥的加密算法，也称私钥算法；另一类是基于非对称密钥的加密算法，也称公钥算法。加密手段，一般分软件加密和硬件加密两种。软件加密成本低而且实用灵活，更换也方便，硬件加密效率高，本身安全性高。密钥管理包括密钥产生、分发、更换等，是数据保密的重要一环。

"密钥"是指一段用来加密解密的字符串。密钥字符串的长度将影响数据加密后的隐密性，如采用的字符串越长，数据加密后越不容易遭到破解，但会造成加密解密时系统的运算时间变长，也会耗费较多的系统资源。反之，采用较短的字符串来当密钥，加密后的数据被破解的机会增加，但它的优点是不影响系统效率，并且运算时间较短。一般而言，目前比较严的在线交易密钥大多采用 128 位（bit)字符串，这已经是相当安全的编码长度了，不过也有些公司采用较少位数（如 40 位）来做加密解密的密钥。

（1）对称加密法。

使用这种方法，客户端与服务器端所使用的密钥是一样的，就像我们用钥匙将房子上了锁，需要用同一把钥匙才能把锁打开，这种方法也称为私钥加密法。

（2）非对称加密法。

使用这种方法，客户端与服务器端所拥有的密钥是不一样的，客户端的密钥称为公钥，而服务端所拥有的则为私钥。公钥是用来加密用，可放置在公开场合，不限定任何人领取；经公钥加密的资料，只能由私钥解密，因此私钥通常由提供服务的服务商保管。此方法被称为公钥加密法。

3. 用户识别技术

用户识别和验证也是一种基本的安全技术。其核心是识别访问者是否属于系统的合法用户，目的是防止非法用户进入系统。目前一般采用基于对称密钥加密或公开密钥加密的方法，采用高强度的密码技术来进行身份认证。比较著名的有 Kerberos、PGP 等方法。

4. 访问控制技术

访问控制是控制不同用户对信息资源的访问权限。根据安全策略，对信息资源进行集中管理，对资源的控制粒度有粗粒度和细粒度两种，可控制到文件、Web 的 HTML 页面、图形、CCT、Java 应用。

5. 网络反病毒技术

计算机病毒从 1981 年首次被发现以来，在近 20 年的发展过程中，在数目和危害性上都在飞速发展。因此，计算机病毒问题越来越受到计算机用户和计算机反病毒专家的重视，并且开发出了许多防病毒的产品。

6. 漏洞扫描技术

漏洞检测和安全风险评估技术，可预知主体受攻击的可能性、具体地指证将要发生的行为和产生的后果。该技术的应用可以帮助分析资源被攻击的可能指数，了解支撑系统本身的脆弱性，评估所有存在的安全风险。网络漏洞扫描技术，主要包括网络模拟攻击、漏洞检测、报告服务进程、提取对象信息以及评测风险、提供安全建议和改进措施等功能，帮助用户控制可能发生的安全事件，最大可能地消除安全隐患。

7. 入侵检测技术

入侵行为主要是指对系统资源的非授权使用。它可以造成系统数据的丢失和破坏，可以造成系统拒绝合法用户的服务等危害。入侵者可以是一个手工发出命令的人，也可以是一个基于入侵脚本或程序的自动发布命令的计算机。入侵者分为两类：外部入侵者和允许访问系统资源但又有所限制的内部入侵者。内部入侵者又可分成：假扮成其他有权访问敏感数据用户的入侵者和能够关闭系统审计控制的入侵者。入侵检测是一种增强系统安全的有效技术。其目的就是检测出系统中违背系统安全性规则或者威胁到系统安全的活动。检测时，通过对系统中用户行为或系统行为的可疑程度进行评估，并根据评估结果来鉴别系统中行为的正常性，从而帮助系统管理员进行安全管理或对系统所受到的攻击采取相应的对策。

4.4.6　网络故障诊断与排除

1. 网络故障诊断与排除的基本概念

网络故障诊断是以网络原理、网络配置和网络运行的知识为基础，从故障现象出发，以网络诊断工具为手段获取诊断信息、确定网络故障点、查找问题的根源、排除故障、恢复网络正常运行的软件或者硬件。网络故障通常有以下几种可能。

物理层中物理设备相互连接失败或者硬件及线路本身的问题；数据链路层的网络设备的接口配置问题；网络层网络协议配置或操作错误；传输层的设备性能或通信拥塞问题；上三层或网络应用程序错误。

网络故障的诊断过程应该沿着 OSI 七层模型从物理层开始向上进行，首先检查物理连接，然后检查数据链路层，以此类推，设法确定通信失败的故障点，直到系统通信正常，网络诊断可以使用包括局域网或广域网分析仪在内的多种工具，路由器诊断命令、网络管理工具和其他故障诊断工具。一般情况下查看路由表是解决网络故障开始的好地方。ICMP 的 ping、trace 命令和 Cisco 的 show 命令、debug 命令是获取故障诊断有用信息的网络工具。通常使用一个或多个命令收集相应的信息，在给定情况下，确定使用什么命令获取所需的信息。网络故障往往以某种症状表现出来，对每一个症状使用特定的故障诊断工具和方法都能查找出一个或多个故障原因。

2. 网络故障的分类

根据网络故障的性质把网络故障分为物理故障与逻辑故障，也可以根据网络故障的对象把网络故障分为线路故障、路由故障和主机故障。

首先介绍按照网络故障不同性质而划分的物理故障与逻辑故障。

（1）物理故障。

物理故障指的是设备或线路损坏、插头松动、线路受到严重电磁干扰等情况。

（2）逻辑故障。

逻辑故障中最常见的情况就是配置错误，就是指因为网络设备的配置原因而导致的网络异常或故障。配置错误可能是路由器端口参数设定有误，或路由器路由配置错误以至于路由循环或找不到远端地址，或者是路由掩码设置错误等。

3. 网络故障根据故障的不同对象也可以划分为线路故障、路由故障和主机故障

（1）线路故障。

线路故障最常见的情况就是线路不通，诊断这种情况首先检查该线路上流量是否还存在，然

后用 ping 命令检查线路远端的路由器端口能否响应，用 traceroute 检查路由器配置是否正确，找出问题逐个解决。

（2）路由器故障。

线路故障中很多情况都涉及到路由器，因此也可以把一些线路故障归结为路由器故障。检测路由器故障，需要利用 MIB 变量浏览器，用它收集路由器的路由表、端口流量数据、计费数据、路由器 CPU 的温度、负载以及路由器的内存余量等数据，通常情况下网络管理系统有专门的管理进程不断地检测路由器的关键数据，并及时给出报警。

（3）主机故障。

主机故障常见的现象就是主机的配置不当。

4．网络故障的分层诊断技术

（1）物理层及其诊断：物理层是 OSI 分层结构体系中最基础的一层，它建立在通信媒体的基础上，实现系统和通信媒体的物理接口，为数据链路实体之间进行透明传输，为建立、保持和拆除计算机和网络之间的物理连接提供服务。物理层的故障主要表现在设备的物理连接方式是否恰当，连接电缆是否正确。确定路由器端口物理连接是否完好的最佳方法是使用 show interface 命令，检查每个端口的状态，解释屏幕输出信息，查看端口状态、协议建立状态和 EIA 状态。

（2）数据链路层及其诊断：数据链路层的主要任务是使网络层无需了解物理层的特征而获得可靠的传输。数据链路层为通过链路层的数据进行封装和拆封装、差错检测和一定的校正能力，并协调共享介质。查找和排除数据链路层的故障，需要查看路由器的配置。

网络层及其诊断：网络层提供建立、保持和释放网络层连接的手段，包括路由选择、流量控制、传输确认、中断、差错及故障恢复等。排除网络层故障的基本方法是沿着从源到目标的路径，查看路由器路由表，同时检查路由器接口的 IP 地址，如果路由没有在路由表中出现，应该通过检查来确定是否已经输入适当的静态路由、默认路由或者动态路由。然后手工配置一些丢失的路由，或者排除一些动态路由选择过程的故障。

（3）网络故障排除步骤。

在网络环境中，网卡是上网操作的第一道关口，若网卡出现设置冲突或硬件故障，上网过程中计算机会提示拒绝登录信息，上网操作只能成为一句空话。通过网络访问远程资源遇到问题时，一般按照以下 4 个方面进行纠错处理：检查一下计算机是否使用了与所连接网络相兼容的协议或帧类型；对连接的资源，您是否具有足够的访问权限；检查与网络相关的硬件或软件的问题（检查网线、网卡、HUB 等是否正常连接或安装）。

① 协议问题。

不同的网络使用不同的通信协议。例如，连接 Internet 时要使用 TCP/IP 协议。在 TCP/IP 网络上，应该检查计算机的 IP 地址、子网掩码、网关、DNS 服务器、WINS 服务器的地址设的是否正确。上述情况多见于通过局域网连接 Internet。

② 访问权限问题。

对等网是常使用的网络类型，Windows 98 提供了共享级安全保护和用户级安全保护两方法来限制对其系统的共享资源的访问。其中共享级安全保护是 Windows 98 的默认设置，包括了只读、完全控制、依赖于密码 3 种方式，也就是说，当通过网络访问共享资源时，掌握不同的密码，会拥有不同的权限，例如，有的密码只能给予读的权力，不能向共享文件夹添加任何新文件或者编辑修改里面的文件等；当具有完全控制的密码时，可以对这个共享文件夹里的资源进行任何操作。

不同的共享资源可能具有不同的控制密码，输错密码，造成访问资源失败，是最常见的原因之一；同时共享级安全保护又存在着潜在的安全隐患，任何人一旦获取该共享资源的密码就可以进行访问。使用用户级安全保护可解决上述问题，但 Windows 98 不能直接支持用户级安全保护，所以网络上必须有一台 Windows 2000 计算机来存储和管理用户账户数据库，同时负责验证访问 Windows 98 共享资源的用户的用户名和口令。这里要指出的是，共享级安全保护和用户级安全保护对共享资源有不同的访问配置。如果从共享级安全保护切换到用户级安全保护，就必须重新创建所有的共享，反之亦然。否则别人就无法访问这里的共享资源了。

③ 网络连接问题。

当使用了合适的网络协议并且对远程资源有足够的访问权限时，如果连接网络时还出现问题，请参考以下的几种情况：作为 Microsoft 网络用户连接网络时，在进入 Windows 98 前要正确地输入用户名和对应的密码，密码输入错误或按 Esc 键取消，虽然能够进入 Windows 98，但无法正确访问网络。作为 Windows 登录连接网络时，特别是指定了登录到 Windows 2000 域，也要正确输入用户名和密码，否则无法访问 Windows 2000 域的资源。

如果用户名与密码输入无误，在"网上邻居"还是看不到所需的资源，可能是由于网络一时传输拥挤阻塞所造成的，请耐心等一会儿，再刷新一下"网上邻居"，一般都能成功。如果还是不行，请重新启动计算机试一试。如果使用 TCP/IP 访问网络，可按照以下方法找到网络出错的地方：首先 ping 本机地址，如 ping 192.168.0.1，如果 ping 成功，表明网卡没有问题，接着依次 ping 默认网关、已知其他网段的地址、Internet 上某一已知站点的地址，哪一部分 ping 出错了，说明问题就在这里。

④ 检查网线、网卡、HUB 等是否正常连接或安装。

安装网卡必然要安装驱动程序才能保证网卡的正常工作。一般在购买网卡时，都会随卡附带网卡的驱动程序。但如果网卡驱动程序找不到了，而要重新设置系统时，可按如下方法安装或设置网卡。首先，让操作系统检测该网卡是否为即插即用的。这主要是针对硬件有 PnP 功能的操作系统而言，如 Windows 2003 等。这往往取决于网卡的种类，如果是支持 PnP 功能的网卡，网卡虽然没有驱动程序，操作系统也可检测出并安装相应的驱动。如果网卡并没有被操作系统检测出来，即不是支持 PnP 功能的，那么可以从操作系统自带的网卡驱动程序中选择一个和网卡兼容的驱动程序来安装和设置网卡。如果以上方法都不能正确设置网卡驱动程序，那么只得向网卡的销售商寻求帮助。因此最重要的解决方案是一定要保管好网卡驱动程序，以备不测。也可以根据网卡芯片和品牌去相关网站下载驱动程序。

4.4.7　TCP/IP 诊断命令

在网络出现故障的时候，我们可以利用 TCP/IP 协议的网络诊断工具，对网络的情况进行诊断。

1. Ping 命令

Ping 命令是网络中使用最频繁的工具，主要用于确定网络的连通性问题。Ping 程序使用 ICMP 协议来简单地发送一个网络包并请求应答，接收到请求的目标主机再使用 ICMP 发回所接收的数据，于是 Ping 程序便报告每个网络包发送和接收的往返时间，并报告无响应包的百分比。这些数据对确定网络是否正确连接，以及网络连接的状况十分有用。

Ping 程序是 Windows 操作系统集成的 TCP/IP 应用程序之一，可以直接在"运行"对话框中执行。

命令格式：

```
Ping [-t] [-a] [-n count] [-l length] [-f] [-I ttl] [-v tos] [-r count] [-s count] [[-j
```

```
counter-list]|[-k computer-list][-w timeout]destination-list
```
　　常用参数如下。
　　-t：Ping 指定的计算机直到中断，中断按键 Ctrl+C。
　　-a：将地址解析为计算机名。
　　-n count：发送 count 指定的 ECHO 数据包数。默认值为 4。
　　-1 length：发送包含由 length 指定的数据量的 ECHO 数据包。默认为 32bit，最大 65527bit。
　　-s count：指定 count 指定的跃点数的时间戳。
　　-w timeout：指定超时间隔，单位为 ms。
　　destination-list：指定要 Ping 的远程计算机。

　　出错信息通常分为以下 4 种情况。

　　unknown host（不知名主机）。这种出错信息的意思是，该远程主机的名字不能被命名服务器转换成 IP 地址。故障原因可能是命名服务器有故障、其名字不正确或者网络管理员的系统与远程主机之间的通信线路有故障。

　　Network unreachable（网络不能到达）。这是本地系统没有到达远程系统的路由，可用 netstat -rn 检查路由表来确定路由配置情况。

　　Noanswer（无响应），远程系统没有响应。这种故障说明本地系统有一条到达远程主机的路由，但却接收不到它发给该远程主机的任何分组报文。故障原因可能是远程主机没有工作、本地/远程主机网络配置不正确、本地/远程的路由器没有工作、通信线路有故障或者远程主机存在路由选择问题。

　　timed out（超时）。与远程主机的链接超时，数据包全部丢失。故障原因可能是到路由器的连接问题、路由器不能通过或者远程主机已经关机。

　　（1）Ping 本机地址或 127.0.0.1。

　　• 该计算机是否正确安装了网卡。如果测试不成功，应当在控制面板的"系统"属性中查看网卡前方是否有一个黄色的"！"。如果有，删除该网卡，并重新正确安装。如果没有，继续向下检查。

　　• 该计算机是否正确安装了 TCP/IP 协议。如果测试不成功，应当在控制面板的"网络"属性中查看是否安装了 TCP/IP 协议。如果没有安装，安装 TCP/IP 协议并正确配置后，重新启动计算机并再次测试。如果已经安装，继续向下检查。

　　• 该计算机是否正确配置了 IP 地址和子网掩码。如果测试不成功，应当在控制面板的"网络"属性中查看 IP 地址和子网掩码是否设置正确。如果设置不正确，重新设置后，重新启动计算机并再次测试。

　　（2）Ping 互联网中远程主机的地址。

　　• 确认网关的设置是否正确。如果测试不成功，应当在控制面板的"网络"属性中查看默认网关设置是否正确。如果设置不正确，重新设置后，重新启动计算机并再次测试。如果设置正确，继续向下检查。

　　• 确认域名服务器设置是否正常。如果使用域名测试不成功，应当在控制面板的"网络"属性中查看域名服务器（DNS)设置是否正确。如果设置正确，继续向下检查。

　　• 确认路由器的配置是否正确。如果该计算机被加入禁止出站访问的 IP 控制列表中，那么，该用户将无法访问 Internet。

　　• 确认 Internet 连接是否正常。如果到任何一个主机的连接都超时，或丢包率都非常高，则应当与 ISP 共同检查 Internet 连接，包括线路、Modem 和路由器设置等诸多方面。

下面的例子将检测本机到 IP 地址为 192.168.0.1 的计算机的连通性。

操作方法：单击"开始"→"运行"，在弹出对话框中输入"cmd"并按回车键，如图 4.13 所示，在命令提示符下输入命令：ping 192.168.0.1，如图 4-14 所示。

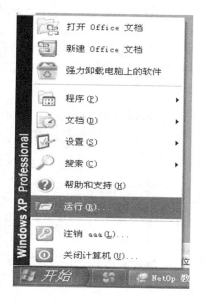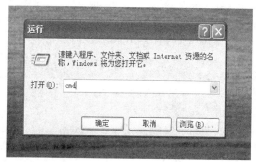

图 4-13　ping 命令演示

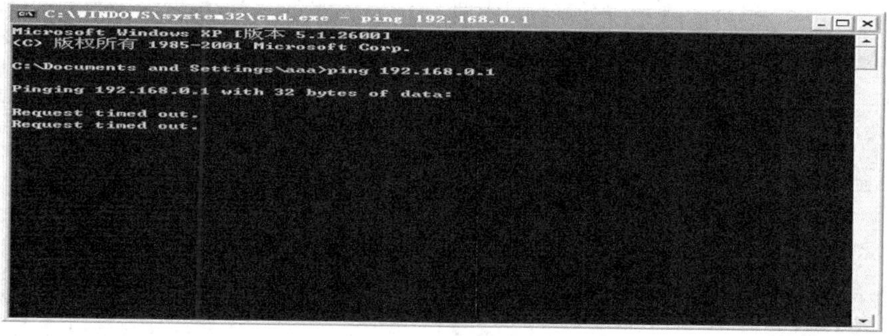

图 4-14　ping 命令结果

从结果中可知本机与 IP 地址为 192.168.0.1 的计算机未进行连接。

下面的例子检测本机到吉林工商学院的连接，如图 4-15 所示。

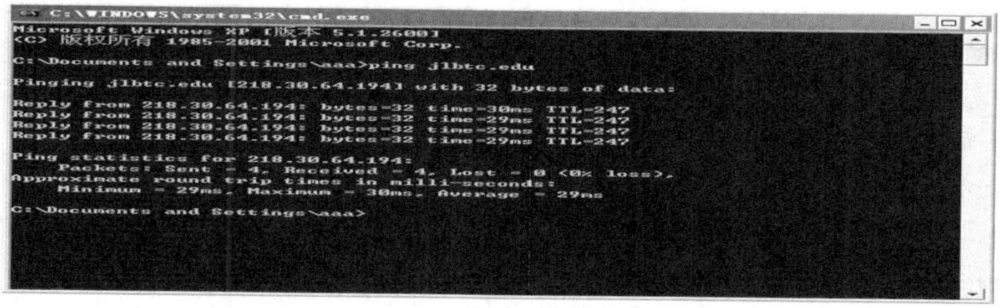

图 4-15　ping 吉林工商学院域名

从结果中可知本机与吉林工商学院服务器建立了连接。

2．ARP

ARP（Address Reverse Protocol，地址解析协议）用于显示或修改使用的以太网 IP 或令牌环物理地址翻译表。利用 arp 命令能够查看本地计算机或另一台计算机的 ARP 高速缓存中的当前内容；可以用人工方式输入静态的网卡物理 IP 地址对，也可使用这种方式为默认网关和本地服务器等常用主机进行这项操作，有助于减少网络上的信息量。

按照默认设置，ARP 高速缓存中的项目是动态的，每当发送一个指定地点的数据报且高速缓存中不存在当前项目时，ARP 便会自动添加该项目。一旦高速缓存的项目被输入，它们就已经开始走向失效状态。常用命令选项如下：

```
Arp -a[-n [if_addr]]-d inet_addr-s inet_addr，其中各参数意义如下。
-a：通过询问 TCP/IP 显示当前 ARP 项。如果指定了 inet_addr，则只显示指定计算机的 IP 和物理地址。
-n：显示由 if_addr 指定的网络界面 ARP 项。
-d：删除由 inet_addr 指定的项。
-s：在 ARP 缓存中添加项，将 IP 地址 inet_addr 和物理地址 ether addr 关联。
例如用 ARP 命令查询看本地 ARP 地址表。
Arp -a    显示本机 ARP 地址表
例如用 ARP 命令增加 ARP 记录。
Arp -s 192.168.0.3   00-e0-4c-00-ec-09    手工增加一条 arp 记录
```

3．IPConfig

IPConfig 命令用于显示主机 TCP/IP 协议的配置信息，具体信息包括：网络适配器的物理地址、主机的 IP 地址、子网掩码以及默认网关等，还可以查看主机的相关信息，如主机名、DNS 服务器、结点类型等，其中网络适配器的物理地址在检测网络错误时非常有用。这些信息一般用来检验人工配置的 TCP/IP 设置是否正确，如果计算机所在的局域网使用了动态主机配置协议（DHCP），这个程序所显示的信息更加实用，它允许用户决定由 DHCP 配置的值。IPConfig 的常用选项如下。

IPConfig/all：当使用 all 选项时，IPConfig 能为 DNS 和 WINS 服务器显示它已配置且所要使用的附加信息（如 IP 地址等），并且显示内置于本地网卡中的物理地址（MAC），如果 IP 地址是从 DHCP 服务器租用的，IPConfig 将显示 DHCP 服务器的 IP 地址和租用地址预计失效的日期。IPConfig/renew：更新 DHCP 配置参数。该选项只在运行 DHCP 客户端服务的系统上可用。IPConfig/release：发布当前的 DHCP 配置。该选项禁用本地系统上的 TCP/IP，并只在 DHCP 客户端上可用。要指定适配器名称，可键入使用不带参数的 IPConfig 命令显示的适配器名称。

如果没有参数，那么 IPConfig 实用程序将向用户提供所有当前的 TCP/IP 配置值包括 IP 地址和子网掩码。

下面举一个 ipconfig/all 查看本机网络配置的例子。

操作方法：单击"开始"→"运行"命令，在弹出对话框中输入"cmd"并按回车键，在命令提示符下输入命令：ipconfig/all，如图 4-16 所示。

4．netstat

netstat 用于显示与 IP、TCP、UDP 和 ICMP 协议相关的统计数据，一般用于检验本机各端口的网络连接情况，只有在安装了 TCP/IP 协议后才可以使用，命令的格式如下：netstat[-a][-e] [-n][-s][-p protocol01][-r][interval]，其中各参数意义如下：

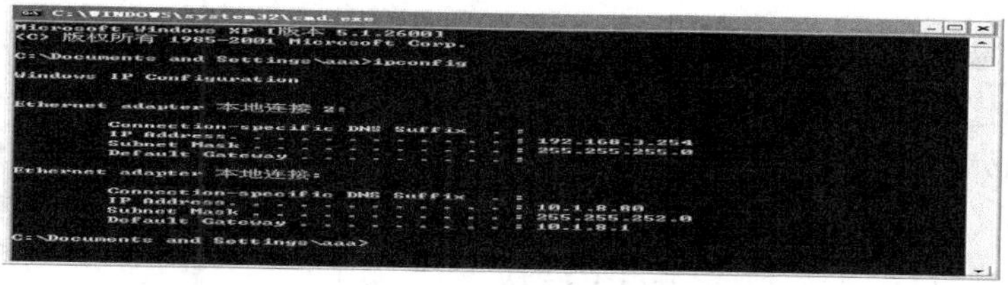

图 4-16　本机的地址解析

-a：显示所有连接和侦听端口，服务器连接通常不显示。

-e：显示以太网统计，该参数可以与-s 选项结合使用。

-n：以数字格式显示地址和端口号（而不是尝试查找名称）。

-s：显示每个协议的统计。默认情况下，显示 TCP、UDP、ICMP 和 IP 的统计。

-p protocol：显示由 protocol 指定的协议的连接；protocol 可以是 tcp 或 udp。如果与-s 选项一同使用显示每个协议的统计，protocol 可以是 tcp、udp 或 lcrnp。

-r：显示路由表的内容。interval 重新显示所选的统计，在每次显示之间暂停 interval 秒。按 Ctrl+B 组合键停止重新显示统计。如果省略该参数，netstat 将打印一次当前的配置信息。

5. Tracert

如果有连通性问题，可以使用 Tracert 命令来检查到达的目标 IP 地址的路径并记录结果。Tracert 命令显示用于将数据包从计算机传递到目标位置的一组 IP 路由器，以及每个跃点所需的时间。如果数据包不能传递到目标，Tracert 命令将显示成功转发数据包的最后一个路由器。Tracert 命令跟踪 TCP/IP 数据包从该计算机到其他远程计算机所采用的路径。

Tracert 命令使用 ICMP 响应请求并答复消息（和 ping 命令类似），产生关于经过的每个路由器及每个跃点的往返时间（rtt）的命令行报告输出。

下面的例子是用 Tracert 命令查看从本机到 www.qq.com 网站所经过的网络路径。操作方法：单击"开始"→"运行"命令，在对话框中输入"cmd"并按回车键，在命令提示符下输入命令：tracert www.qq.com，如图 4-17 所示。

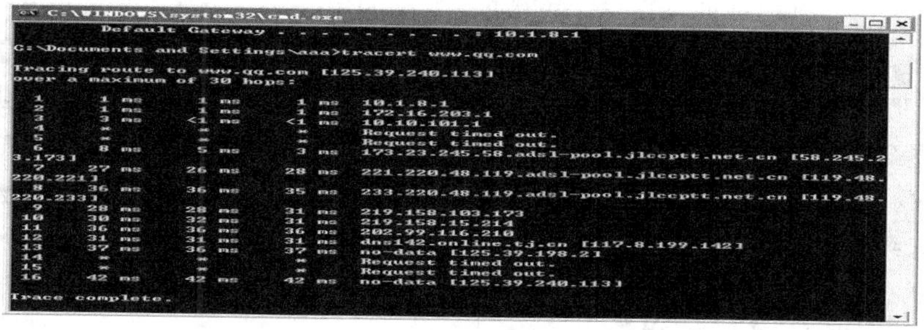

图 4-17　Tracert 命令

4.5　物联网

4.5.1　物联网的起源和定义

物联网的英文名称为 The Internet of Things。关于物联网概念的由来，当前有两种说法。较早的一种说法是：物联网是 1999 年由美国麻省理工大学提出的，主要指采用射频识别（RFID）技术用于物流网络化管理。

另一种国内外普遍公认的说法是："物联网"最早由 MIT Auto-ID 中心 Ashton 教授于 1999 年在研究射频标签（RFID）技术时提出。2003 年美国《技术评论》提出传感网络技术将是未来改变人们生活的十大技术之首，从此物联网逐渐走进了人们的视野。

最早的物联网定义很简单，即：把所有物品通过射频识别和条码等信息传感设备与互联网连接起来，实现智能化识别和管理。在早期的概念中，物联网实质上等于 RFID 技术加互联网。RFID 标签可谓是早期物联网最为关键的技术与产品环节，当时认为物联网最大规模、最有前景的应用就是在零售和物流领域，利用 RFID 技术，通过计算机互联网实现物品（商品）的自动识别和信息的互联与共享。

但是，随着技术的发展和应用的扩展，物联网的内涵已经发生了较大的变化。在 2005 年突尼斯举行的信息社会世界峰会上，国际电信联盟发布的《互联网系列报告：物联网》中，强调了物联网是对互联网和移动网络的进一步拓展，强调采用无线传感器、RFID、智能技术和纳米技术等连接物理世界。指出无所不在的物联网通信时代即将来临。这才正式提出了物联网的概念。

根据国际电信联盟的报告，物联网意味着世界上所有的物体，从轮胎到牙刷，从房屋到纸巾都可以通过互联网主动进行"交流"。如果说原来我们所说的信息化主要指的是人类行为的话，那么物联网时代的信息化，则将人和物都包括进去了，地球上的人与人、人与物、物与物的沟通与管理，全部将纳入物联网的世界里。

因此，现在的物联网概念和应用领域已超出了原有的范围。最新的物联网概念应该具备三个特征：一是全面感知。即利用 RFID、传感器、二维码等随时随地获取物体的信息；二是可靠传递。通过各种电信网络与互联网的融合，将物体的信息实时准确地传递出去；三是智能处理。利用云计算、模糊识别等各种智能计算技术，对感知的海量数据和信息进行分析和处理，对物体实施智能化的控制和管理。

这里的物联网，指的是将各种信息传感设备，如射频识别（RFID）装置、红外感应器、全球定位系统、激光扫描器等种种装置与互联网结合起来而形成的一个巨大网络。

2009 年 9 月，在北京举办的物联网与企业环境中欧研讨会上，欧盟委员会信息和社会媒体司 RFID 部门负责人 Lorent Ferderix 博士给出了欧盟对物联网全新的定义。他说，物联网是一个动态的全球网络基础设施，它具有基于标准和互操作通信协议的自组织能力，其中物理的和虚拟的"物"具有身份标识、物理属性、虚拟的特性和智能的接口，并与信息网络无缝整合。物联网将与云服务、互联网一道构成未来的互联网。

4.5.2 物联网的发展

1. 中国已将物联网作为战略性新兴产业重点推进

中国早在 2006 年国务院发布的《国家中长期科学和技术发展规划纲要（2006～2020 年）》中关于"重要领域及其优先主题"、"重大专项"和"前沿技术"部分均已经涉及物联网的内容。2009 年 11 月 3 日温家宝总理在向首都科技界发表题为"让科技引领中国可持续发展"的讲话时明确指出"要着力突破传感网、物联网关键技术，及早部署后 IP 时代相关技术研发，使信息网络产业成为推动产业升级、迈向信息社会的'发动机'"。

2010 年 10 月 10 日，《国务院关于加快培育和发展战略性新兴产业的决定》出台，物联网作为新一代信息技术里面的重要一项被列入，成为国家首批加快培育的七个战略性新兴产业，列入国家发展战略。其后，推进物联网应用，已列入"十二五"规划。这对推进中国物联网的发展，将具有里程碑的意义。

当前，在中国掀起了快速发展物联网的热潮。无锡、北京、上海、江苏、福建、成都等地，相继制定了物联网发展规划和物联网产业园。物联网理论研发、标签生产、系统集成、云服务等完整的产业链正在形成，一大批物联网产业园和物联网产业集聚基地已经逐步发展和完善起来，正在显现出资源集聚效应和规模增值效应。

2. 物联网具有了一定的产业发展基础

中国对物联网的研究起步较早。1999 年，中科院就启动了研究项目。目前，已拥有从材料、技术、器件、系统到网络的完整产业链，并较早启动了物联网标准研究。当前，中国与德国、美国、韩国一起，成为物联网国际标准制定的主导国之一。2003 年成功举办了"RFID 商业应用发展策略论坛"，2006 年 6 月，中国发布了《中国 RFID 技术政策白皮书》。2011 年，商务部已经发布了物联网电子标签的标准。已初步拥有年产量超过 20 亿支、5 000 多个品种的传感器产业，已经突破了 RFID 很多关键性的技术。

目前，在广东、江苏、上海、重庆等地，RFID 技术已广泛应用于公共交通管控、高速公路收费、动植物电子标识、食品、药品、邮件实时状态跟踪管理以及物流、供应链管理等领域，及各类电子证照与重要商品防伪、各类 IC 卡应用上。也开拓了广阔的市场空间，奠定了中国 RFID 产业与应用的基础。虽然在 RFID 产业的芯片研发方面，中国起步较晚，但是经过近些年的发展，目前中国在物联网技术研发、制造、工艺设计、系统集成与应用等整合产业链条上已经初具规模。

香港的八通达卡，是当今最成功的非接触式多功能智能卡。其应用范围有停车场、便利商店、快餐店、电影院、自动贩卖机、游泳池、住宅、保安系统及校园通系统等。根据工信部相关报道，2005 年中国 RFID 市场规模已经达到 36.9 亿元，到 2008 年 RFID 相关产值已经增加到 80 亿元左右。

当前，中国 RFID 应用的解决方案已经陆续出现，这为 RFID 在中国的应用推广，特别是在物流、安全保障、防伪识别等非制造领域奠定了坚实的基础。近年来，中国已经将 RFID 技术应用于铁路车号识别、身份证和票证管理、动物标识、特种设备与危险品管理、公共交通以及生产过程管理等多个领域，取得了一批成功应用案例，培养了一批研发和实施人才，涌现了一批骨干企业。

RFID 制造厂商远望谷自 1993 年起就致力于 RFID 技术和产品研发，借助中国铁路车号自动识别系统，开创了国内 RFID 产品规模化应用的先河。目前已经拥有 50 多项 RFID 专利技术、5 大系列 60 多种具有自主知识产权的 RFID 产品，从 2003 年到 2006 年三年间先后获得来自深圳创新投、上海仕博和上海联创三轮融资，并于 2007 年成功上市。

2010 年 3 月，远望谷公司与西班牙巴塞罗那的 Miles Technologies 公司签订了一个经销合约，其 RFID 产品开始进入法国、葡萄牙、西班牙、意大利、希腊、土耳其和其他一些东欧和北欧的国家和市场，并推出了无源珠宝的新标签。这款珠宝标签符合 EPC Gen 2 和 ISO 18000-6C 标准，提供长达 1.2 米的读取距离，拥有 96 位的 EPC 编码和一个 32 位的标签标识符（TID），工作频段调整为 860～915MHz。

成立于 2005 年的深圳鼎识科技识别有限公司致力于车辆识别、溯源识别、身份识别、生产识别、资产识别五大行业，不仅向客户提供识别硬件产品、识别软件产品及识别信息增值服务，还建立了包括射频识别（RFID）、二维码识别、多光谱光学影像获取与处理、识别数据采集中间件、基于 J2EE 三层架构与智能客户端的识别信息管理软件的核心技术链。已申请专利 37 件，获专利证书 22 件，计算机软件著作权登记证书 20 件。

3. 物联网标准制定工作已取得明显进展

中国是制定物联网国际标准的主导国之一。在国家重大科技专项、国家自然科学基金和"863"计划的支持下，为推进国内新一代宽带无线通信、高性能计算与大规模并行处理技术、光子和微电子器件与集成系统技术、传感网技术、物联网体系架构及其演进技术的研发，中国已经先后建立了传感技术国家重点实验室、传感器网络实验室、传感器产业基地等一批专业研究机构和产业化基地，开展了一批具有示范意义的重大应用项目研发。

早在 1999 年，中科院上海微系统所和国内有关高校即开始相关工作的研究，并呼吁成立国际物联网标准特别工作组，负责相关国际标准的编写。目前国内在器件设计和制造、短距离无线通信技术、网络架构、软件信息处理系统配套、系统设备制造、网络运营等物联网主要环节已具备一定的产业化能力，并在第二代身份证、奥运门票、世博门票、货物通关等领域开展了实际应用。

2010 年 3 月 25 日，国家传感器网络标准工作组得到 JTC1 WG7 秘书处的通知，中国于 2009 年 9 月向 ISO/IEC JTC1 提交了关于传感网信息处理服务和接口的国际标准提案，通过了 JTC1 成员国的 NP 投票。自此，由中国提交的一项标准正式立项。

4. 中国电子标签生产能力和专有技术将走在世界前列

物联网具有广泛的应用前景。但从当前世界发展的态势看，影响其广泛应用的关键是价格因素。由于物联网标签的使用量很大，电子标签的价格一高，就会挤占产品或服务的利润增值空间。因此，这已成为制约世界物联网发展的一大瓶颈。

为此，世界各国都在探寻 RFID 的降价之路。不久前在美国举行的无线射频标识会议上，与会的大约 1 000 名企业高管认为："RFID 可能是一种颠覆性的技术，但它尚未发挥出它的巨大影响"。国外更普遍认为："RFID 目前处于 10 年前电子商务所处的阶段，该市场要想繁荣起来尚需一些时间"，"电子标签如果能降低到 0.05 美分，市场就会呈爆炸式增长"。

在中外物联网界市场资源开发的争夺战中，中国的民营企业家黄光伟强势出手。他依托上海市浦东新区的地缘优势，初期投资 1.2 亿元，不仅建造了建筑面积约 30000 平方米的现代办公设施和 9 栋大型生产楼。还建造了具有不同风格、不同用途的全球最大的 RFID 技术应用展示厅，为物联网产品客户提供新奇、多彩的体验营销环境。这不仅显示了中国民营企业家的气魄和胆识，更彰显了他独特的营销理念。

4.5.3 物联网的应用

物联网的应用其实不仅仅是一个概念而已，它已经在很多领域有运用，只是并没有形成大规模运用。常见的运用案例有如下。

（1）物联网传感器产品已率先在上海浦东国际机场防入侵系统中得到应用。机场防入侵系统铺设了 3 万多个传感节点，覆盖了地面、栅栏和低空探测，可以防止人员的翻越、偷渡、恐怖袭击等攻击性入侵。而就在不久之前，上海世博会也与无锡传感网中心签下订单，购买防入侵微纳传感网 1500 万元产品。

（2）ZigBee 路灯控制系统点亮济南园博园。ZigBee 无线路灯照明节能环保技术的应用是此次园博园中的一大亮点。园区所有的功能性照明都采用了 ZigBee 无线技术达成的无线路灯控制。

（3）智能交通系统（ITS）是利用现代信息技术为核心，利用先进的通信、计算机、自动控制、传感器技术，实现对交通的实时控制与指挥管理。交通信息采集被认为是 ITS 的关键子系统，是发展 ITS 的基础，成为交通智能化的前提。无论是交通控制还是交通违章管理系统，都涉及交通动态信息的采集，交通动态信息采集也就成为交通智能化的首要任务。

（4）与门禁系统的结合一个完整的门禁系统由读卡器、控制器、电锁、出门开关、门磁、电源、处理中心这 8 个模块组成，无线物联网门禁将门点的设备简化到了极致：一把电池供电的锁具。除了门上面要开孔装锁外，门的四周不需要设备任何辅助设备。整个系统简洁明了，大幅缩短施工工期，也能降低后期维护的本钱。无线物联网门禁系统的安全与可靠首要体现在以下两个方面：无线数据通信的安全性和传输数据的安稳性。

与云计算的结合物联网的智能处理依靠先进的信息处理技术，如云计算、模式识别等技术，云计算可以从两个方面促进物联网和智慧地球的实现：首先，云计算是实现物联网的核心；其次，云计算促进物联网和互联网的智能融合。

与移动互联结合物联网的应用在与移动互联相结合后，发挥了巨大的作用。智能家居使得物联网的应用更加生活化，具有网络远程控制、摇控器控制、触摸开关控制、自动报警和自动定时等功能，普通电工即可安装，变更扩展和维护非常容易，开关面板颜色多样，图案个性，给每一个家庭带来不一样的生活体验。

与指挥中心的结合物联网在指挥中心已得到很好的应用，网连网智能控制系统可以指挥中心的大屏幕、窗帘、灯光、摄像头、DVD、电视机、电视机顶盒、电视电话会议；也可以调度马路上的摄像头图像到指挥中心，同时也可以控制摄像头的转动。网连网智能控制系统还可以通过 3G 网络进行控制，可以多个指挥中心分级控制，也可以连网控制。还可以显示机房温度湿度，可以远程控制需要控制的各种设备开关电源。

物联网助力食品溯源，肉类源头追溯系统从 2003 年开始，中国已开始将先进的 RFID 射频识别技术运用于现代化的动物养殖加工企业，开发出了 RFID 实时生产监控管理系统。该系统能够实时监控生产的全过程，自动、实时、准确的采集主要生产工序与卫生检验、检疫等关键环节的有关数据，较好的满足质量监管要求，对于过去市场上常出现的肉质问题得到了妥善的解决。此外，政府监管部门可以通过该系统有效的监控产品质量安全，及时追踪、追溯问题产品的源头及流向，规范肉食品企业的生产操作过 程，从而有效的提高肉食品的质量安全。

习　题

一、选择题

1. 距离大于 50KM，范围覆盖整个城市、国家甚至整个世界的网络为（　　　）。
   A. 局域网　　　　B. 城域网　　　　C. 广域网　　　　D. 以上都不是
2. （　　　）是指通信双方必须共同遵守的通信规则约定与协议。
   A. 网络体统软件　　B. 网络应用软件　　C. 网络协议　　　D. 以上都不是
3. 根据计算机网络覆盖地理范围的大小，网络可以分为局域网、城域网和（　　　）。
   A. WAN　　　　　B. LAN　　　　　C. INTERNET　　D. 互联网
4. 交换机工作在 OSI 哪一层（　　　）。
   A. 物理层　　　　B. 数据链路层　　　C. 网络层　　　　D. 应用层
5. 路由器的主要功能是（　　　）。
   A. 放大信号，补偿信号衰减　　　　　B. 完成数据帧的转发

   C．选择数据包的最佳传送路径   D．防止病毒入侵

6．计算机利用电话线路连接 INTERNET 网络时，必备设备是（ ）。

  A．集线器   B．调制解调器   C．路由器   D．网络适配器

7．要想计算机连接到网络中，必须为计算机安装（ ）。

  A．集线器   B．调制解调器   C．路由器   D．网络适配器

8．（ ）是指网路数据交换而制定的规则、约定与标准。

  A．接口   B．层次   C．体系结构   D．通信协议

9．当前因特网 IP 版本是（ ）。

  A．IPv3   B．IPv4   C．IPv5   D．IPv6

10．路由器工作在 OSI 哪一层（ ）。

  A．物理层   B．数据链路层   C．网络层   D．应用层

11．网络适配器简称（ ）。

  A．集线器   B．网卡   C．路由器   D．网络调配器

12．判断下面哪一句话是正确的（ ）。

  A．Internet 中的一台主机只能有一个 IP 地址

  B．一个合法的 IP 地址在一个时刻只能分配给一台主机

  C．Internet 中的一台主机只能有一个主机名

  D．IP 地址与主机名是一一对应的

13．下面哪一个是有效的 IP 地址（ ）。

  A．202.280.130.45 B．130.192.290.45 C．192.202.130.45 D．280.192.33.45

14．Intermet 的基本结构与技术起源于（ ）。

  A．DECnet   B．ARPANET   C．NOVELL   D．UNIX

15．以下哪项不是网络操作系统提供的服务（ ）。

  A．文件服务   B．打印服务   C．通信服务   D．办公自动化服务

16．下面的 IP 地址中哪一个是 B 类地址（ ）。

  A．10.10.10.1 B．191.168.0.1 C．192.168.0.1 D．202.113.0.1

17．从用户角度看，因特网是一个（ ）。

  A．广域网   B．远程网

  C．综合业务服务网   D．信息资源网

18．计算机网络拓扑通过网络中结点与通信线路之间的几何关系来表示（ ）。

  A．网络层次   B．协议关系   C．体系结构   D．网络结构

19．在计算机网络中，一方面连接局域网中的计算机，另一方面连接局域网中的传输介质的部件是（ ）。

  A．双绞线   B．网卡   C．终结器   D．路由器

20．在下列传输介质中，（ ）错误率最低？

  A．同轴电缆   B．光缆   C．微波   D．双绞线

21．IPv4 地址由（ ）位二进制数值组成。

  A．16 位   B．8 位   C．32 位   D．64 位

22．对于 IP 地址为 202.93.120.6 的主机来说，其网络号为（ ）。

  A．202.93.120 B．202.93.120.6 C．202.93.120.0 D．6

23. 下列对于网络哪一种陈述是真实的（　　　）。
    A. 对应于系统上的每一个网络接口都有一个 IP 地址
    B. IP 地址中有 16 位描述网络
    C. 位于美国的 NIC 提供具唯一性的 32 位 IP 地址
    D. 以上陈述都正确

24. 下列不属于网络技术发展趋势的是（　　　）。
    A. 速度越来越高
    B. 从资源共享网到面向中断的网发展
    C. 各种通信控制规程逐渐符合国际标准
    D. 从单一的数据通信网向综合业务数字通信网发展

25. 下列 E-mail 地址合法的是（　　　）。
    A. shjkbk@online.sh.cn
    B. shjkbk.online.sh.cn
    C. online.sh.cn@shjkbk
    D. online.sh.cn

26. IPv4 地址中，前三个字节为（　　　）。
    A. 主机号　　　　B. 主机名　　　　C. 网络名称　　　　D. 网络号

27. 根据组织模式划分因特网，军事部门域名为（　　　）。
    A. Com　　　　B. Edu　　　　C. Int　　　　D. Mil

28. 根据组织模式划分因特网，教育部门域名为（　　　）。
    A. Com　　　　B. Edu　　　　C. Int　　　　D. Mil

29. 在 OSI 的七层参考模型中，工作在第二层上的网间连接设备是（　　　）。
    A. 集线器　　　　B. 路由器　　　　C. 交换机　　　　D. 网关

30. 下列域名地址合法的是（　　　）。
    A. www.jlbtC. edu.cn
    B. jlbtC. cn.edu
    C. cn.deu.jlbtc
    D. cn.jlbtC. edu

二、填空题

1. Internet 的前身是（　　　）。

2. 按照计算机网络中计算机所处的地位分类可将网络分为对等网和（　　　）两种模式。

3. 计算机网络主要由计算机系统、（　　　）、（　　　）、网络软件 4 部分组成，这 4 个部分通常被称为计算机网络的四大要素。

4. 按地理分布范围为标准，计算机网络可分为（　　　）、（　　　）和（　　　）3 种，Internet 属于（　　　）。

5. 计算机连网的目的是（　　　）。

6. 在 internet 中，按（　　　）地址进行寻址。

7. IP 地址是网际层中识别主机的（　　　）地址。

8. IP 地址 192.168.22.76/24 所在网络的网络地址是（　　　），直接广播地址是（　　　）。

9. 按照 ISO 体系的分层，网络互连有分为（　　　）、（　　　）、（　　　）、（　　　）四个层次。

10. IP 地址是 Internet 主机的一种数字型标识，它由（　　　）和（　　　）组成

11. 工作在数据链路层的主要设备有（　　　）和（　　　）。

12. 工作在网络层的主要设备有（　　　）。

13. 计算机网络就是利用（　　　）和设备，将分散在不同地点、并具有独立功能的多个计算机

系统互连起来，按照（　　　　），在功能完善的网络软件支持下，实现（　　　　）和（　　　　）的系统。

14. 一个网络能使用户共享多种硬件设备资源。最常见的有（　　　　）、（　　　　）和通信设备的共享。

15. 按网络的拓扑结构分类，计算机网络可分为（　　　　）、环型网络、（　　　　）、树型网络和网状型网络等。

16. 网络通信系统通常由（　　　　）、交换机或集线器、（　　　　）和 Modem 等组成。

17. OSI 将这 7 层从低到高叫做（　　　　）、数据链路层、（　　　　）、传输层、（　　　　）、表示层和应用层。

18. 有线传输介质包括：（　　　　）、同轴电缆、光纤。

19. 因特网上的用户必须使用相同的（　　　　），相互之间才能通信。

20. IPV4 地址是一个（　　　　）位的二进制数值。

21. 域名系统中，edu 表示（　　　　）。

22. 域名系统中，cn 表示（　　　　）。

23. 网络安全包括 5 个基本要素：机密性、（　　　　）、可用性、可控性与可审查性。

24. （　　　　）指那些利用技术手段进入其权限以外计算机系统的人。

25. 欺骗攻击包括 Web 欺骗、（　　　　）、arp 欺骗。

26. 网络安全控制技术目前有：防火墙技术、（　　　　）、用户识别技术、访问控制技术、网络反病毒技术、网络安全漏洞扫描技术、入侵检测技术等。

27. 按网络故障的性质把网络故障分为（　　　　）与逻辑故障。

28. 根据网络故障的对象把网络故障分为（　　　　）、路由故障和主机故障。

29. 物联网应该具备三个特征：一是全面感知；二是可靠传递；三是（　　　　）。

30. （　　　　）将与云服务、互联网一道构成未来的互联网。

三、简述题

1. 什么是计算机网络？
2. 计算机网络的发展经历了哪几个阶段？
3. 讨论并阐述计算机网络给人们带来的好处和弊端。
4. 计算机网络可以从几方面分类？分为哪几类？
5. 网络安全的基本要素是什么？
6. 黑客攻击的主要手段有哪些？
7. 网络安全控制技术主要有哪些？
8. 什么是物联网？
9. 物联网的应用有哪些？
10. 网络故障的分类？
11. 如何判断并解决基本的网络故障？
12. 概述计算机网络的组成？

第5章
数据库技术基础

数据库技术是信息社会的重要基础技术之一，是计算机科学领域中发展最为迅速的一个分支。随着计算机在数据处理领域中应用的不断深入，人们开始研究在计算机系统中如何准确地表示数据，如何有效地组织与存储数据，以及如何高效地获取和处理数据，于是出现了数据库技术。数据库中的数据具有结构化、最小冗余、较高的独立性等特点，尤其是关系数据库，概念简单、使用方便，并建立在一定的数学理论基础上，这使得数据库产品从 20 世纪 70 年代初一进入市场就受到广大用户的欢迎。数据库管理已经从一种专门的计算机应用逐步发展为现代信息环境中的一个核心部分，事务处理系统、管理信息系统、办公自动化系统、决策支持系统等都是使用了数据库技术的计算机应用系统。

本章将介绍数据库的基本概念、数据模型、关系代数等基础知识。

5.1 数据库系统概述

"数据库"一词起源于 20 世纪 60 年代，当时美国为了战争的需要，把各种情报收集在一起并存储在计算机里，称为 Database（记作 DB）。

早期的计算机主要用于科学计算，当计算机应用于生产管理、商业财贸、情报检索等领域时，它面对的是数量惊人的各类数据，为了有效地管理和利用这些数据，就产生了计算机的数据管理技术。在数据处理领域中，有两个最基本的概念——数据和信息。

数据是一种物理符号序列，用来记录事物的情况。数据不仅仅指数字，文字、图形、图像、声音等都是数据。

信息是经过加工的数据。所有的信息都是数据，而只有经过提炼和抽象之后具有价值的数据才能成为信息。经过加工所得到的信息仍然以数据的形式出现，此时的数据是信息的载体，是人们认识信息的一种媒介。

数据处理是指如何对各种类型的数据进行分类、组织、编码、存储、检索和维护的过程，其目的是从大量原始的数据中抽取出对人类有价值的信息，以作为行动和决策的依据。数据处理经过了手工处理、机械处理、电子数据处理 3 个阶段。今天，用计算机进行数据处理方法的研究已成为计算机技术中的主要课题之一，数据库技术已成为社会信息化时代不可缺少的方法和工具。

5.1.1 数据、数据库、数据库管理系统

在系统地学习数据库之前，首先介绍一些数据库最常用的概念。

1. 数据（Data）

数据实际上就是描述事物的符号记录。计算机中的数据一般分为两部分，一部分与程序仅有短时间的交互关系，随着程序的结束而消亡，它们称为临时性（Transient）数据，这类数据一般存放于计算机内存中；而另一部分数据则对系统起着长期持久的作用，它们称为持久性（Persistent）数据。数据库系统中处理的就是这种持久性数据。

软件中的数据库是有一定结构的。首先，数据有型（Type）与值（Value）之分，数据的型给出了数据表示的类型，如整型、实型、字符型等；而数据的值给出了符合给定型的值，如整型值15。随着应用需求的扩大，数据的型也有了进一步的扩大，它包括将多种相关数据以一定结构方式组合构成特定的数据框架，这样的数据框架称为数据结构（Data Structure），数据库中在特定条件下称之为数据模式（Data Schema）。

2. 数据库（Database，简称 DB）

数据库是数据的集合，它具有统一的结构形式并存放于统一的存储介质内，是多种应用数据的集成，并可被各个应用程序共享。数据库存放数据是按数据所提供的数据模式存放的，它能构造复杂的数据结构以建立数据间的内在联系与复杂联系，从而构成数据的全局结构模式。

3. 数据库管理系统（Database Management System，简称 DBMS）

数据库管理系统是数据库的机构，它是一种系统软件，位于用户和操作系统之间的一层数据管理软件。数据库管理系统是数据库系统的核心，它主要有如下几方面的具体功能。

（1）数据定义功能：DBMS 提供数据定义语言（Data Definition Language，简称 DDL），用户通过它可以方便地对数据库中的数据对象进行定义。

（2）数据操纵功能：DBMS 还提供数据操纵语言（Data Manipulation Language，简称 DML），用户可以使用 DML 操纵数据实现对数据库的基本操作，如查询、插入、删除和修改等。此外，它自身还具有做简单算术运算及统计的能力，而且还可以与某些过程性语言结合，使其具有强大的过程性操作能力。

（3）数据库的运行管理：数据库在建立、运行和维护时由数据库管理系统统一管理、统一控制，以保证数据的安全性、完整性、多用户对数据的并发使用及发生故障后的系统恢复。

（4）数据库的建立和维护功能：它包括数据库初始数据的输入、转换功能，数据库的转储、恢复功能，数据库的重组织功能和性能监视、分析功能等。这些功能通常是由一些实用程序完成的。

4. 数据库管理员（Database Administrator，简称 DBA）

数据库的规划、设计、维护、监视等只靠数据库管理系统是远远不够的，需要有专人完成，称他们为数据库管理员。其主要工作如下。

（1）数据库设计。DBA 的主要任务之一是做数据库设计，具体的说是进行数据模式的设计。由于数据库具有集成性与共享性，因此需要有专门人员（即 DBA）对多个应用的数据需求作全面的规划、设计与集成。

（2）数据库维护。DBA 必须对数据库中数据的安全性、完整性、并发控制、系统恢复、数据定期转存等进行实施与维护。

（3）改善系统性能，提高系统效率。DBA 必须随时监视数据库运行状态，不断调整内部结构，使系统保持最佳状态与最高效率。当效率下降时，DBA 需采取适当的措施，如进行数据库的重组、重构等。

5. 数据库系统（Database System，简称 DBS）

数据库系统是指在计算机系统中引入数据库的系统。数据库系统由如下几部分组成：数据库

（数据）、数据库管理系统（软件）、数据库管理员（人员）、系统平台之一——硬件平台（硬件）、系统平台之二——软件平台（软件）。这 5 个部分构成了一个以数据库为核心的完整的运行实体，称为数据库系统。

（1）硬件平台包括计算机和网络两部分。

计算机：它是系统中硬件的基础平台，目前常用的有微型机、小型机、中型机、大型机及巨型机。

网络：过去数据库系统一般建立在单机上，但是近几年来它较多的建立在网络上，从目前形势看，数据库系统今后将以建立在网络上为主，而其结构形式又以客户/服务器（C/S）方式与浏览器/服务器（B/S）方式为主。

（2）软件平台包括操作系统、数据库开发工具和接口软件三部分。

操作系统：它是系统的基础软件平台，目前常用的有各种 UNIX（包括 LINUX）与 Windows 两种。

数据库系统开发工具：为开发数据库应用程序所提供的工具，它包括过程性程序设计语言，如 C、C++等，也包括可视化开发工具 VB、PB、Delphi 等，它还包括近期与 Internet 有关的 HTML 及 XML 等以及一些专用开发工具。

接口软件：在网络环境下数据库系统中数据库与应用程序，数据库与网络间存在着多种接口，它们需要用接口软件进行联接，否则数据库系统整体就无法运作，这些接口软件包括 ODBC、JDBC、OLEDB、CORBA、COM、DCOM 等。

6. 数据库应用系统（Database Application System，简称 DBAS）

利用数据库系统进行应用开发可构成一个数据库应用系统，数据库应用系统是数据库系统再加上应用软件及应用界面这三者组成的，具体包括：数据库、数据库管理系统、数据库管理员、硬件平台、软件平台、应用软件、应用界面。其中应用软件是由数据库系统所提供的数据库管理系统（软件）及数据库系统开发工具所书写而成，而应用界面大多由相关的可视化工具开发而成。

数据库应用系统的 7 个部分以一定的逻辑层次结构方式组成一个有机的整体。如果不计数据库管理员（人员），并将应用软件与应用界面归为应用系统，则数据库应用系统的结构如图 5-1 所示。

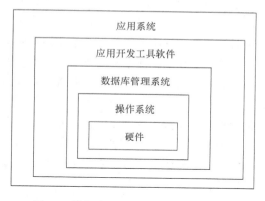

图 5-1　数据库系统的软硬件层次结构图

5.1.2　数据库技术的产生与发展

随着计算机数据处理技术的发展，数据管理技术先后经历了 3 个发展阶段，即人工管理阶段、文件系统阶段和数据库系统阶段。

1. 人工管理阶段

20 世纪 50 年代中期以前，计算机的软硬件均不完善。硬件存储设备只有纸带、卡片、磁带，没有磁盘等直接存取的存储设备，软件方面还没有操作系统，数据处理方式是批处理，当时的计算机主要用于科学计算。这个阶段还没有软件系统对数据进行管理，程序员在程序中不仅要规定数据的逻辑结构，而且要设计物理结构，包括存储结构、存取方法、输入方式等。当数据的逻辑结构或物理结构发生变化后，用户程序就必须重新编制。数据的组织是面向应用的，即一组数据对应一个应用程序，不同的计算程序之间数据不共享，当多个应用程序涉及某些相同的数据时，由于必须各自定义，无法互相利用、互相参照，因此不但程序与程序之间有大量的冗余数据，而且应用程序之间数据一致性维护工作很难进行。

2．文件系统阶段

20世纪50年代后期到60年代中期，由于计算机大容量存储设备（如磁盘、磁鼓）的出现，推动了软件技术的发展，而操作系统的出现标志着数据管理步入一个新的阶段。数据以文件为单位存储在外存中，且由操作系统统一管理，操作系统为用户使用文件提供了友好的界面。这一阶段的主要特点是操作系统中已经有了专门管理数据的软件（操作系统中的文件管理模块），文件的逻辑结构和物理结构脱钩，程序和数据分离，使数据与程序有了一定的独立性。用户的程序和数据可分别存放在外存储器中，各个应用程序可以共享一组数据，实现了以文件为单位的共享。

但是，数据的组织仍然是面向程序的，所以存在着大量的数据冗余，而且数据的逻辑结构不能方便地修改和扩充。数据逻辑结构的每一小点改变，都会影响到应用程序。由于文件之间相互独立，因此它们不能反映现实世界中事物之间的联系。

3．数据库系统阶段

20世纪60年代后期以来，计算机应用规模越来越大，数据量急剧增长。这时硬件已有大容量硬盘，硬件价格下降；软件价格则上升，为编制和维护系统软件及应用程序所需的成本相对增加，在各个应用领域一旦改变数据结构都要修改应用程序，代价高昂；在处理方式上，联机实时处理要求更多，并开始提出和考虑分布处理。文件系统管理数据已经不能满足应用的需求，于是为了解决多用户、多应用共享数据的要求，使数据为尽可能多的应用服务，数据库技术应运而生，出现了统一管理数据的专门软件——数据库管理系统。数据模型是数据库系统的核心和基础，各种数据库管理系统软件都是给予某种数据模型。在这一阶段中，数据库中的数据不再是面向某个应用或某个程序，而是面向整个企业（组织）或整个应用的，处理的数据量急剧增长。

数据库技术的主要目的是有效地管理和存取大量的数据资源，包括：提高数据的共享性，使多个用户能够同时访问数据库中的数据；减小数据的冗余度，以提高数据的一致性和完整性；提供数据与应用程序的独立性，从而减少应用程序的开发和维护代价。

数据库系统的出现使信息系统进入从以加工数据的程序为中心转向以共享的数据库为中心的阶段。这样既便于数据的集中管理，又有利于应用程序的研制和维护，提高了数据的利用率和相容性，提高了决策的可靠性。

近年来，由于网络和多媒体技术的飞速发展，使得数据库在功能、性能等方面得到了进一步的改善。数据库技术由集中式向分布式方向发展，数据库应用系统的开发及运行方式也从原来的主机/终端结构发展为客户/服务器结构，并进一步发展到当前的三层结构。数据库中的数据也从原来的数值数据、字符数据发展为语音、图像、图形等多种数据类型。数据库所支持的数据模型也从原来的单一数据模型发展为多种数据模型共存（如关系数据模型、面向对象数据模型共存于同一系统）。总之，数据库技术向开放式、分布式、智能化、网络化和多媒体化等方向发展。

5.1.3　数据库系统的基本特点

数据库技术是在文件系统基础上产生发展的，两者都以数据文件的形式组织数据，但由于数据库系统在文件系统之上加入了DBMS对数据进行管理，从而使得数据库系统具有以下特点。

1．数据结构化

在文件系统中，相互独立的文件记录内部是有结构的，但记录之间没有联系。数据库系统实现整体数据的结构化，是数据库的主要特征之一，也是数据库系统与文件系统的本质区别。

在数据库系统中，数据不再针对某一应用，而是面向组织，具有整体的结构化。不仅数据是结构化的，而且存取数据的方式也很灵活，可以存取数据库中的某一个数据项、一组数据项、一个记录或一组记录，而在文件系统中，数据的最小存取单位是记录，不能精细到数据项。

2. 数据的共享性高，冗余度低，易扩充

数据库系统从整体角度看待和描述数据，数据不再面向某个应用而是面向整个系统，因此数据可以被多个用户、多个应用共享使用。数据共享不但可以减少数据冗余，节约存储空间，还能够避免数据之间的不相容性与不一致性。所谓数据的不一致性是指同一数据不同复制的值不一样。人工管理和文件管理由于数据被重复存储，当不使用相同的应用和修改不同的复制时就很容易造成数据的不一致性。

由于数据面向整个系统，是有结构的数据，不仅可以被多个应用共享使用，而且容易增加新的应用，这使得数据库系统弹性大，易于扩充，可以适应各种用户的要求。可以取整体数据的各种子集用于不同的应用系统，当应用需求改变或增加时，只要重新选取不同的子集或加上一部分数据便可以满足新的需求。

3. 数据独立性高

数据独立性包括数据的物理独立性和逻辑独立性。物理独立性是指用户的应用程序与存储在磁盘上的数据库中的数据是相互独立的。也就是说，数据在数据库中的存储是由 DBMS 管理的，用户程序不需要了解，应用程序要处理的只是数据的逻辑结构。这样当数据的物理存储改变时，应用程序不用改变。逻辑独立性是指用户的应用程序与数据库的逻辑结构是相互独立的，也就是说，数据的逻辑结构改变时，用户程序也可以不变。数据独立性是由 DBMS 的二级映像功能来保证的。

4. 数据由 DBMS 统一管理和控制

数据库的共享是并发的共享，即多个用户可以同时存取数据库中的数据，甚至可以同时存取数据库中同一数据。为此，DBMS 还提供以下几方面的数据控制功能。

（1）数据安全性保护：数据的安全性是指保护数据以防止不合法使用造成的数据泄密和破坏，使每个用户只能按规定，对某些数据以某些方式进行使用和处理。

（2）数据完整性检查：数据的完整性指数据的正确性、有效性和相容性。完整性检查将数据控制在有效的范围内，或保证数据之间满足一定的关系。

（3）并发控制：当多个用户的并发进程同时存取、修改数据库时，可能会发生相互干扰而得到错误的结果或使得数据库的完整性遭到破坏，因此必须对多用户的并发操作加以控制和协调。

（4）数据库恢复：计算机系统的硬件故障、软件故障、操作员的失误以及故意的破坏也会影响数据库中数据的正确性，甚至造成数据库部分或全部数据的丢失。DBMS 必须具有将数据库从错误状态恢复到某一已知的正确状态的功能，这就是数据库的恢复功能。

综上所述，数据库是长期存储在计算机内有组织的大量的共享的数据集合。它可以供各种用户共享，具有最小冗余度和较高的数据独立性。DBMS 在数据库建立、运行和维护时对数据库进行统一控制，以保证数据的完整性、安全性，并在多用户同时使用数据库时进行并发控制，在发生故障后对系统进行恢复。

5.1.4　数据库系统结构

数据库系统的结构可以有多种不同的层次或表达。通常，从数据库管理系统的角度看，数据库系统通常采用三级模式结构：外模式、模式和内模式。数据库系统的三级模式是对数据的 3 个抽象级别，它把数据的具体组织留给 DBMS 管理，使用户能逻辑地、抽象地处理数据，而不必关心数据在计算机中的表示和存储。为了实现这三个层次上的联系和转换，数据库系统在这三级模式中提供了两层映像：外模式/模式的映像和模式/内模式的映像。

1. 数据库系统的三级模式结构

数据库系统的三级模式结构是指数据库系统是由外模式、模式和内模式三级构成的，这是数据库系统的体系结构或总结构，如图 5-2 所示。

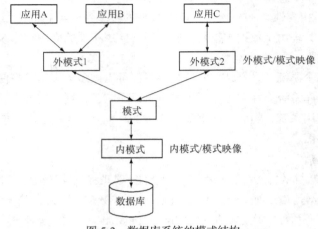

图 5-2　数据库系统的模式结构

（1）模式（Schema）。模式也称逻辑模式，是对数据库中全体数据的逻辑结构和特征的描述，通常以某一种数据模型为基础，并用 DBMS 提供模式数据定义语言 DDL 来描述逻辑模式，即严格地定义数据的名称、特征、相互关系和约束等。

模式实际上是数据库数据在逻辑级上的视图，一个数据库只有一个模式。它是数据库系统模式结构的中间层，既不涉及数据的物理存储细节和硬件环境，也与具体的应用程序和所使用的应用开发工具无关。数据库模式统一综合地考虑了所有用户的需求，并将这些需求有机地结合成一个逻辑整体。定义模式时不仅要定义数据的逻辑结构，例如数据记录由哪些数据项组成、数据项的名字、类型、取值范围等，而且要定义数据之间的联系，定义与数据有关的安全性、完整性要求等内容。

（2）外模式（External Schema）。外模式也称子模式（Subschema）或用户模式，它是数据库用户能够看见和使用的局部数据的逻辑结构和特征的描述，是数据库用户的数据视图，是与某一应用有关的数据逻辑表示。

外模式通常是模式的子集。一个数据库可以有多个外模式，应用程序都是和外模式打交道。外模式是保证数据库安全性的一个有力措施，每个用户只能看见和访问所对应的外模式中的数据，数据库中的其余数据是不可见的。

（3）内模式（Internal Schema）。内模式也称存储模式（Storage Schema），一个数据库只有一个内模式。它是数据物理结构和存储方式的描述，是数据库内部的表示方法。例如，记录的存储方式是顺序存储、按照树结构存储还是按 hash 方法存储；索引按照什么方式组织；数据是否压缩存储、是否加密；数据的存储记录结构有何规定等。

2. 数据库的两层映像功能与数据独立性

数据库管理系统的两层映像保证了数据库系统中的数据能够具有较高的逻辑独立性和物理独立性。

（1）外模式/模式映像。用于定义外模式和模式之间的对应关系，一个模式可以与多个外模式对应联系。这一映像使得当对模式进行修改时（例如增加新的关系、新的属性、改变属性的数据类型等），只要修改外模式/模式映象，而外模式则尽可能保持不变，即模式的改变不影响外模式和应用程序，从而达到了数据的逻辑独立性。

（2）模式/内模式映像。把全局逻辑结构描述与物理结构描述联系起来，一个模式只有一个内模式。这种映像保证了数据与程序之间的物理独立性，当数据库的存储结构改变即修改内模式时，只要相应改变模式/内模式映像，而模式尽量保持不变，对外模式和应用程序的影响则更小，从而实现了数据的物理独立性。

5.2　数据模型

模型，特别是具体模型，人们并不陌生，一张地图、一组建筑设计沙盘、一架精致的飞机模型都是具体的模型，一眼望去，就会使人联想到真实的事物。模型是对现实世界特征的模拟和抽象。数据模型（Data Model）也是一种模型，它是现实世界数据特征的抽象。现有的数据库系统均是基于某种数据模型的。因此，了解数据模型的基本概念是学习数据库的基础。

5.2.1　数据模型及其三要素

数据库中的数据模型可以将复杂的现实世界要求反映到计算机数据库中的物理世界，这种反映是一个逐步转化的过程。

1. 模型层次

不同的数据模型是提供给我们模型化数据和信息的不同工具。根据模型应用的不同目的，可以将模型分为两类或者说是两个层次：它们是概念数据模型（conceptual data model）、逻辑数据模型（logic data model）。

概念数据模型简称为概念模型，它是一种面向客观世界、面向用户的模型。它与具体的数据库管理系统无关，与具体的计算机平台无关。概念模型着重于对客观世界复杂事物结构的描述及它们之间内在联系的刻画。概念模型是整个数据模型的基础。目前，较为有名的概念模型有 E-R 模型、扩充的 E-R 模型、面向对象模型及谓词模型等。

逻辑数据模型又称数据模型，它是一种面向数据库系统的模型，该模型着重于在数据库系统一级的实现。概念模型只有在转换成数据模型后才能在数据库中得以表示。目前，逻辑数据模型也有很多种，较为成熟并先后被人们大量使用过的有：层次模型、网状模型、关系模型、面向对象模型等。

2. 数据模型的三要素

数据是现实世界符号的抽象，而数据模型则是数据特征的抽象，它从抽象层次上描述了系统的静态特征、动态行为和约束条件，为数据库系统的信息表示与操作提供了一个抽象的框架。数据模型所描述的内容有 3 个部分，它们是数据结构、数据操作与数据的完整性约束。

（1）数据结构。数据模型中的数据结构主要描述数据的类型、内容、性质以及数据间的联系等。例如在学校中我们要管理学生的基本情况，这些基本情况说明了每一个学生的特性，构成在数据库中存储的框架，即对象类型。学生在选课时，一个学生可以选多门课程，一门课程可以被多个学生选修，这类对象之间存在着数据关联，这种数据关联也要存储在数据库中。

数据库系统是按数据结构的类型来组织数据的，数据结构是数据模型的基础，数据操作与约束均建立在数据结构上。不同数据结构有不同的操作与约束，因此数据库系统通常按照数据结构的类型来命名数据模型。如层次结构、网状结构和关系结构的模型分别命名为层次模型、网状模型和关系模型。由于采用的数据结构类型不同，通常把数据库分为层次数据库、网状数据库、关系数据库和面向对象数据库等。

（2）数据操作。数据操作是指对数据库中各种对象的实例允许执行操作的集合，数据模型中的数据操作主要描述在相应数据结构上的操作类型与操作方式。例如插入、删除、修改、检索、更新等操作，数据模型要定义这些操作的确切含义、操作符号、操作规则以及实现操作的语言等。

（3）数据的约束条件。数据的约束条件是一组完整性规则的集合，数据模型中的数据约束主要描述数据结构内数据间的语法、语义联系，它们之间的制约与依存关系，以及数据动态的变化规则，保证了数据的正确、有效与相容。

数据模型应该反映和规定本数据模型必须遵守的、基本的、通用的完整性约束条件。例如，在关系模型中，任何关系必须满足实体完整性和参照完整性两个条件。

此外，数据模型还应该提供定义完整性约束条件的机制，以反映具体应用所涉及的数据必须遵守的特定的语义约束条件。例如，在学校数据库中规定本科生入学年龄不能超过 30 岁，学生累计成绩不得有三门以上不及格等。

数据模型是数据库技术的关键，它的三个方面内容完整地描述了一个数据模型。

5.2.2　概念模型及其表示方式

概念模型是面向现实世界的，它的出发点是有效和自然地模拟现实世界，给出数据的概念化结构。它应真实、充分地反映现实世界中事物和事物之间的联系，具有丰富的语义表达能力，能表达用户的各种需求，包括描述现实世界中各种对象及其复杂的联系、用户对数据对象的处理要求和手段。它是现实世界到信息世界的第一层抽象，是数据库设计人员进行数据库设计的有力工具，也是数据库设计人员和用户之间进行交流的语言。

因此，概念模型一方面应该具有较强的语义表达能力，能够方便、直接地表达应用中的各种语义知识；另一方面，它还应该简单清晰，使用户易于理解。概念模型应很容易向各种数据模型转换，易于从概念模式导出到 DBMS 中成为有关的逻辑模式。概念模型不是某个 DBMS 支持的数据模型，而是概念级的模型。

1. 概念模型中的基本概念

（1）实体（Entity）。现实世界中的事物可以抽象称为实体，实体是概念世界中的基本单位，它们是客观存在的且又能相互区别的事物。例如，一个学生、一个老师、一门课等。

（2）属性（Attribute）。现实世界中事物均有一些特性，这些特性可以用属性来表示。属性刻画了实体的特征。一个实体往往可以有若干个属性。例如，学生实体可以由学号、姓名、性别、出生日期等属性组成。

（3）码（Key）。唯一标识实体的属性称为码。例如学生的学号就是学生实体的码。

（4）域（Domain）。属性的取值范围称为该属性的域。例如性别的域为（男，女）。

（5）实体型（Entity Type）。具有相同属性的实体必然具有共同的特征和性质。用实体名及其属性名集合来抽象和刻画同类实体，称为实体型。例如学生（学号，姓名，性别，入学成绩）就是一个实体型。

（6）实体集（Entity Set）。同型实体的集合称为实体集。例如全体学生就是一个实体集。

（7）联系（Relationship）。现实世界中事物间的关联称为联系。在概念世界中联系反映了实体集间一定关系，如工人与设备之间的操作关系，上、下级间的领导关系，生产者与消费者之间的供求关系。两个实体型之间的联系可分为三类，如图 5-3 所示。

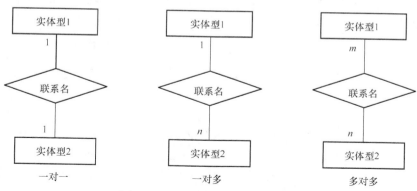

图 5-3　两个实体型之间的 3 种联系

一对一（one to one）的联系，简记为 1：1。这种函数关系是常见的函数关系之一，如学校与校长间的联系，一个学校与一个校长间相互一一对应。

一对多（one to many）或多对一（many to one）联系，简记为 1：M（1：m）或 M：1（m：1）。这两种函数关系实际上是一种函数关系，如学生与其宿舍房间的联系是多对一的联系，即多个学生对应一个房间。反之，则为一对多联系。

多对多（many to many）联系，简记为 M：N 或 m：n。这是一种较为复杂的函数关系，如教师与学生的教与学的联系是多对多的，因为一个教师可以教授多个学生，而一个学生又可以受教于多个教师。

2. 概念模型的表示方法

长期以来被广泛使用的模型是 E-R 模型（Entity-Relation Model）（或实体联系模型），它于 1976 年由 Peter Chen 首先提出。该模型将现实世界的要求转化成实体、联系、属性等几个基本概念，以及它们之间的两种基本联接关系，并且可以用一种图非常直观地表示出来。这种图称为 E-R 图（Entity-Relationship Diagram）。在 E-R 图中我们分别用下面不同的几何图形表示 E-R 模型中的 3 个概念与两个关系。

（1）实体集表示法。在 E-R 图中用矩形表示实体集，在矩形内写上该实体集的名字。如实体集学生（student）、课程（course）可用图 5-4 表示。

（2）属性表示法。在 E-R 图中用椭圆形表示属性，在椭圆形内写上该属性的名称。如学生有属性：学号（S#）、姓名（Sn）及年龄（Sa），它们可以用图 5-5 表示。

student	course

图 5-4　实体集表示法

（3）联系表示法。在 E-R 图中用菱形表示联系，在菱形内写上联系名。如学生与课程间的联系 SC 可用图 5-6 表示。

图 5-5　属性表示法　　　　　　　　　　　　图 5-6　联系表示法

3个基本概念分别用3种几何图形表示，它们之间的联接关系也可用图形表示。

（4）实体集（联系）与属性间的关系。属性依附于实体集，因此，它们之间有联接关系。在E-R图中这种关系可用联接这两个图形间的无向线段表示。如实体集 student 有属性 S#（学号）、Sn（学生姓名）及 Sa（学生年龄）；实体集 course 有属性 C#（课程号）、Cn（课程名）及 P#（预修课号），此时它们可用图 5-7 表示。

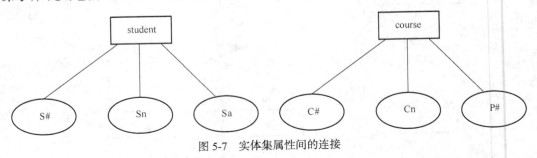

图 5-7　实体集属性间的连接

属性也依附于联系，它们之间也有关系，因此也可用无向线段表示。如联系 SC 可与学生的课程成绩属性 G 建立联接并可用图 5-8 表示。

图 5-8　联系与属性间的连接

（5）实体集与联系间的联系关系。在 E-R 图中实体集与联系间的联接关系可用两个无向线段表示。如实体集 student 与联系 SC 间有联接关系，实体集 course 与联系 SC 间也有联接关系，因此它们之间可用无向线段相联，构成如图 5-9 所示的图。

图 5-9　实体集与联系的连接关系

有时为了进一步刻画实体间的函数关系，还可在线段边上注明其对应函数关系，如 1:1、1:n、n:m 等，student 与 course 间有多对多联系，此时还可用图 5-10 所示的形式表示。

图 5-10　实体集间的联系

例如，我们用 E-R 图表示某学校学生选课情况的概念模型，如图 5-11 所示。

学生选课涉及的实体及其属性有：

学生（学号、姓名、年龄、性别、系别、出生日期）

课程（课程代号、授课教师、学时数、开课时间）

一个学生可以选修多门课程，一门课程也可以被多个学生选修，因此，学生和课程之间是多对多的的联系。

在概念上，E-R 模型中的实体、属性与联系是 3 个有明显区别的不同概念。但是在分析客

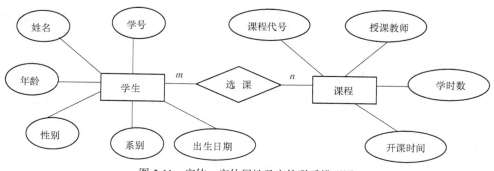

图 5-11 实体、实体属性及实体联系模型图

观世界的具体事物时，对某个具体数据对象，究竟它是实体还是属性或联系，则是相对的，所做的分析设计与实际应用的背景以及设计人员的理解有关。这是工程实践中构造 E-R 模型的难点之一。

5.2.3 常用数据模型

目前最常用的数据模型有层次模型（Hierarchical Model）、网状模型（Network Model）、关系模型（Relational Model）和面向对象数据模型（Object Oriented Model）。

1. 层次模型

层次模型是数据处理中发展较早的一种数据模型，它用树形结构来表示各类实体以及实体间的联系。层次模型的主要特征是将数据组成一个有向树，树的结点是记录类型，记录之间的联系用结点之间的连线（有向边）表示，根节点只有一个，根以外的其他结点有且只有一个父结点，如图 5-12 所示。

图 5-13 是一个教师学生层次数据库。该层次数据库有 5 个记录型。记录型系是根结点，由系编号、

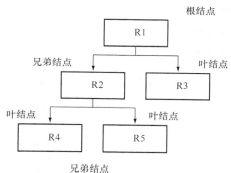

图 5-12 层次模型示例

系名、办公地点三个字段组成。它有两个子女结点教研室和班级。记录型教研室是系的子女结点，同时又是教师的双亲结点，它由教研室编号、教研室名两个字段组成。记录型教师由职工号、姓名、研究方向 3 个字段组成。记录型班级由班级编号、班级名称组成。记录型学生由学号、姓名、性别 3 个字段组成。学生与教师是叶结点。由系到教研室、由教研室到教师、由系到班级等均是一对多的联系。

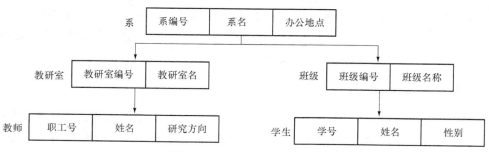

图 5-13 教师学生数据库模型

支持层次数据模型的 DBMS 称为层次数据库管理系统,在这种系统中建立的数据库是层次数据库。层次数据模型不能直接表示出多对多的关系。

2. 网状模型

在现实世界中事物之间的联系更多的是非层次关系的,网状结构可以更直接地去描述现实世界。用网状结构表示实体之间联系的数据模型称网状模型,它反映着现实世界中实体间更为复杂的联系。与层次模型相区别,网状模型的主要特征为:允许一个以上的结点无双亲结点;一个结点可以有多于一个的双亲结点,如图 5-14 所示。

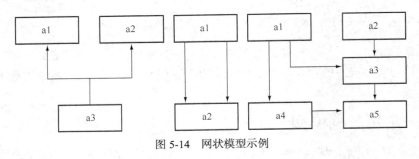

图 5-14　网状模型示例

下面我们以学生选课为例,一个学生可以选修若干门课程,某一课程可以被多个学生选修,因此学生与课程之间是多对多联系。为此引进一个学生选课的联结记录,它由 3 个数据项组成,即学号、课程号、成绩,表示某个学生选修某一门课程及其成绩。这样,学生选课数据库包括学生、课程和选课,图 5-15 为学生选课数据库的网状数据库模式。

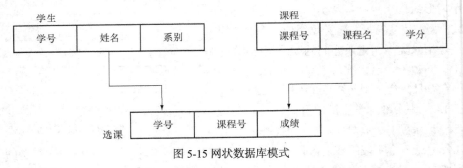

图 5-15 网状数据库模式

支持网状数据模型的 DBMS 称为网状数据库管理系统,在这种系统中建立的数据库是网状数据库。

3. 关系模型

用二维表格结构表示实体及实体之间联系的数据模型称为关系模型。关系模型有严格的数学基础,是以数学的集合论——关系代数为理论基础的,抽象级别比较高,简单清晰而且便于理解和使用。支持关系数据模型的 DBMS 称为关系数据库管理系统,在这种系统中建立的数据库是关系数据库。下一节将详细介绍关系模型及其数学背景。

5.2.4　关系模型

关系模型的用户界面非常简单,一个关系的逻辑结构就是一张二维表。这种用二维表的形式表示实体和实体间联系的数据模型称为关系数据模型。关系模型由关系数据结构、关系操作集合及关系完整性约束三部分组成。

1．关系数据结构

关系模型与以往的模型不同，它建立在严格的数学概念的基础上。关系模型采用二维表来表示，它由行和列组成。现以学生表（见表 5-1）为例，介绍关系模型中的一些术语。

表 5-1　　　　　　　　　　　　　　　学生表

学号	姓名	性别	年龄
2001001	张浩然	男	18
2001002	李一明	女	19
2001003	王伟	男	18
2001004	赵坚强	男	20

- 关系（Relation）：一个关系对应一张二维表，表名即为关系名。例如，学生表。
- 元组（Tuple）：表中的一行即为一个元组。
- 属性（Attribute）：表中的一列即为一个属性，给每一个属性起一个名称即属性名，表中对应四个属性（学号，姓名，性别，年龄）。
- 域（Domain）：属性的取值范围。例如，性别的域是（男，女）。
- 分量（Element）：元组中的一个属性值。
- 主码（Primary Key）：表中的某个属性组，它可以唯一确定一个元组。例如，学生表中的学号。
- 关系模式（Relation Model）：对关系的描述。一般表示为：

关系名（属性 1，属性 2，…，属性 n）

例如，学生表的关系模式可表示为：学生（学号，姓名，性别，年龄）

二维表一般满足下面 7 个性质。

① 元组个数有限性：二维表中元组个数是有限的。

② 元组的唯一性：二维表中元组均不相同。

③ 元组的次序无关性：二维表中元组的次序可以任意交换。

④ 元组分量的原子性：二维表中元组的分量是不可分割的基本数据项。

⑤ 属性名唯一性：二维表中属性名各不相同。

⑥ 属性的次序无关性：二维表中属性与次序无关，可任意交换。

⑦ 分量值域的同一性：二维表属性的分量具有与该属性相同的值域。

2．关系操作

关系模型的数据操作即是建立在关系上的数据操作，一般有查询、增加、删除及修改 4 种操作。

（1）数据查询。用户可以查询关系数据库中的数据，它包括一个关系内的查询以及多个关系间的查询。

① 对一个关系内查询的基本单位是元组分量，其基本过程是先定位后操作。所谓定位包括纵向定位与横向定位两部分，纵向定位即是指定关系中的一些属性（称列指定），横向定位即是选择满足某些逻辑条件的元组（称行选择）。通过纵向与横向定位后一个关系中的元组分量即可确定了。在定位后即可进行查询操作，就是将定位的数据从关系数据库中取出并放至指定内存。

② 对多个关系间的数据查询则可分为三步：第一步，将多个关系合并成一个关系；第二步，对合并后的一个关系作定位；第三步，操作。其中第二步与第三步为对一个关系的查询。对多个

关系的合并可分解成两个关系的逐步合并，如有三个关系 R_1、R_2 与 R_3，合并过程是先将 R_1 与 R_2 合并成 R_4，然后再将 R_4 与 R_3 合并成最终结果 R_5。

因此，对关系数据库的查询可以分解成一个关系内的属性指定、一个关系内的元组选择、两个关系的合并三个基本定位操作以及一个查询操作。

（2）数据删除。数据删除的基本单位是一个关系内的元组，它的功能是将指定关系内的指定元组删除。该操作分为定位与操作两部分，其中定位部分只需要横向定位而无需纵向定位，定位后即执行删除操作。因此数据删除可以分解为一个关系内的元组选择与关系中有元组删除两个基本操作。

（3）数据插入。

数据插入仅对一个关系而言，在指定关系中插入一个或多个元组。在数据插入中不需定位，仅需做关系中元组插入操作，因此数据插入只有一个基本操作。

（4）数据修改。

数据修改是在一个关系中修改指定的元组与属性。数据修改不是一个基本操作，它可以分解为删除修改的元组与插入修改后的元组两个基本的操作。

3. 关系中的数据约束

关系模型允许定义 3 类数据约束，它们是实体完整性约束、参照完整性约束以及用户定义的完整性约束，其中前两种完整性约束由关系数据库系统自动支持。对于用户定义的完整性约束，则由关系数据库系统提供完整性约束语言，用户利用该语言写出约束条件，运行时由系统自动检查。

（1）实体完整性约束（Entity Integrity Constraint）。

该约束是要求关系的主键中属性值不能为空值，这是数据库完整性的最基本要求，因为主键是唯一决定元组的，如为空值则其唯一性就成为不可能的了。例如在学生表中学号是唯一标识每一个元组的属性，学号就是主键，它的值不能为空值。

（2）参照完整性约束（Reference Integrity Constraint）。

该约束要求关系之间相关联的基本约束，它不允许关系引用不存在的元组：即在关系中的外键要么是所关联关系中实际存在的元组，要么就为空值。例如学生实体和专业实体可以用下面的关系表示，其中主码用下划线标识：

学生（学号，姓名，性别，专业号，年龄）

专业（专业号，专业名）

这两个关系之间存在着属性的引用，即学生关系引用了专业关系的主码"专业号"。显然，学生关系中的"专业号"属性只能取下面两类值：

- 空值：表示尚未给该学生分配专业。
- 非空值：这时该值必须是专业关系中某个元组的"专业号"值，表示该学生不可能分配到一个不存在的专业中。即被参照关系"专业"中一定存在一个元组，它的主码值等于该参照关系"学生"中的外码值。

（3）用户定义的完整性约束（User-defined Integrity Constraint）。实体完整性约束和参照完整性约束是关系数据库所必须遵守的规则，在任何一个关系数据库管理系统（RDBMS）中均由系统自动支持。除此之外，不同的关系数据库系统根据其应用环境的不同，往往还需要一些特殊的约束条件，用户定义的完整性就是针对某一具体关系数据库的约束条件。它反映了具体应用中数据的语义要求。例如某个属性必须取唯一值、某些属性值之间应满足一定的函数关系、某个属性的取值范围在 $0 \sim 100$ 等。

5.3　关系代数

关系数据库系统的特点之一是它建立在数学理论的基础之上，有很多数学理论可以表示关系模型的数据操作，其中最为著名的是关系代数（Relational Algebra）与关系演算（Relational Calculus）。数学上已经证明两者在功能上是等价的。下面将介绍关于关系数据库的理论——关系代数。

关系代数的运算对象是关系，运算结果亦为关系。关系代数用到的运算符包括 4 类：集合运算符、专门的关系运算符、算数比较符和逻辑运算符。

关系代数的运算按运算符的不同可分为传统的集合运算和专门的关系运算两类。

5.3.1　传统的集合运算

传统的集合运算是二目运算，包括并、差、交、广义笛卡儿积 4 种运算。

设关系 R 和关系 S 具有相同的目（即两个关系都有 n 个属性），且相应的属性取自同一个域，则可以定义并、差、交运算。

进行集合的并、差、交运算时，关系 R 和关系 S 的属性（相同的目）一定要相同，否则无法计算，广义笛卡儿积运算无此要求。

1.　并（Union）

关系 R 与关系 S 的并记作：

$$R \cup S = \{t \mid t \in R \lor t \in S\}$$

其结果为 n 目关系，由属于 R 或属于 S 的元组组成。

2.　差（Difference）

关系 R 与关系 S 的差记作：

$$R - S = \{t \mid t \in R \land t \notin S\}$$

其结果为 n 目关系，由属于 R 而不属于 S 的元组组成。

3.　交（Intersection）

关系 R 与关系 S 的交记作：

$$R \mathbin{I} S = \{t \mid t \in R \land t \in S\}$$

其结果为 n 目关系，由既属于 R 又属于 S 的元组组成。

表 5-2 给出了两个关系 R 与 S 及它们运算后得到的结果。

表 5-2　　　　　　　　　　　　　　　　　关系 R、S 及 $R \cup S$、$R \cap S$、$R - S$

学号	姓名	专业
1	刘萍	会计
4	王鹏	信息
7	张芳	体育

（a）R

学号	姓名	专业
2	李玉	英语
4	王鹏	信息
7	张芳	体育

（b）S

学号	姓名	专业
1	刘萍	会计
2	李玉	英语
4	王鹏	信息
7	张芳	体育

（c）R∪S

学号	姓名	专业
4	王鹏	信息
7	张芳	体育

（d）R∩S

学号	姓名	专业
1	刘萍	会计

（e）R−S

4. 广义笛卡儿积（Extended Cartesian Product）

两个分别为 n 目和 m 目的关系 R 和 S 的广义笛卡儿积是一个 $(m+n)$ 列的元组的集合。元组的前 n 列是关系 R 的一个元组，后 m 列是关系 S 的一个元组。若 R 有 k_1 个元组，S 有 k_2 个元组，则关系 R 和关系 S 的广义笛卡儿积就有 $k_1 \times k_2$ 个元组。记作：

$$R \times S = \{\widehat{t_r t_s} \mid t_r \in R \wedge t_s \in S\}$$

表 5-3 给出了两个关系 R 与 S 及它们广义笛卡儿积。

表 5-3　　　　　　　　关系 R、S 及 $R \times S$

借书证号	姓名	专业
022369	李玉	英语
001258	王鹏	信息
045514	张芳	体育

（a）R

书号	书名	出版社
11589	《ASP 教程》	高等教育
21463	《公共关系》	人民邮电
54221	《标准日语》	清华大学

（b）S

借书证号	姓名	专业	书号	书名	出版社
022369	李玉	英语	11589	《ASP 教程》	高等教育
022369	李玉	英语	21463	《公共关系》	人民邮电
022369	李玉	英语	54221	《标准日语》	清华大学
001258	王鹏	信息	11589	《ASP 教程》	高等教育
001258	王鹏	信息	21463	《公共关系》	人民邮电
001258	王鹏	信息	54221	《标准日语》	清华大学
045514	张芳	体育	11589	《ASP 教程》	高等教育
045514	张芳	体育	21463	《公共关系》	人民邮电
045514	张芳	体育	54221	《标准日语》	清华大学

（c）R×S

5.3.2　专门的关系运算

传统的集合运算并、差、交和笛卡儿积，它们是在关系的水平方向上进行运算，即只对元组进行运算。常用的专门的关系运算有选择、投影、连接 3 种，它们是在关系的水平和垂直两个方向进行运算，即对元组和属性都可以进行运算。

1. 选择（Selection）

选择运算也是一个一元运算，关系 R 通过选择运算（由该运算给出所选择的逻辑条件）后仍为一个关系。运算所得到的关系是由 R 中那些满足逻辑条件的元组所组成。选择运算是从行的角度进行的运算，即水平方向抽取满足条件的元组。

例如，设有一个学生表（Student）如表 5-4（a）所示，则查询信息系（IS）的全体同学如表 5-4（b）所示，查询年龄小于 18 岁的学生如表 5-4（c）所示。

表 5-4

Student

Sno	Sname	Ssex	Sdept	Sage
2001001	张浩然	男	CS	16
2001002	李一明	女	IS	19
2001003	王伟	男	MA	18
2001004	赵坚强	男	IS	17

（a）

Sno	Sname	Ssex	Sdept	Sage
2001002	李一明	女	IS	19
2001004	赵坚强	男	IS	17

（b）

Sno	Sname	Ssex	Sdept	Sage
2001001	张浩然	男	CS	16
2001004	赵坚强	男	IS	17

（c）

Sname	Sdept
张浩然	CS
李一明	IS
王伟	MA
赵坚强	IS

（d）

2. 投影（Projection）

关系 R 上的投影是从 R 中选择出若干属性列组成新的关系。投影操作是从列的角度进行的运算。例如，查询学生表中（Student）学生的姓名和所在系两个属性上的投影如表 5-4（d）所示。

3. 连接（Join）

连接是从两个关系的笛卡儿积中选取属性间满足一定条件的元组。首先取 R 和 S 上度数相等且可比的属性组 A 和 B，连接运算从 R 和 S 的广义笛卡儿积 $R \times S$ 中选取（R 关系）在 A 属性组上的值与（S 关系）在 B 属性组上值满足比较关系的元组。连接运算中有两种最为重要也最为常用的连接，一种是等值连接，另一种是自然连接。

等值连接（Equi Join）：是从关系 R 与 S 的广义笛卡儿积中选取 A，B 属性值相等的那些元组。

自然连接（Natural Join）：是一种特殊的等值连接。它要求两个关系中进行比较的分量必须是相同的属性组，并在结果中去掉重复的属性列。一般的连接操作是从行的角度进行运算。但自然连接还需要取消重复列，所以是同时从行和列的角度进行运算。

例如，以表 5-5（a）、（b）所示的学生表和借书表为例，其对应的等值连接、自然连接的结果分别如表 5-5（c）、（d）所示。

表 5-5　　　　　　　　　　　　　　学生表和借书表及其连接运算结果

借书证号	姓名	专业
022369	李玉	英语
045514	张芳	体育

（a）学生

借书证号	书号	书名	出版社
022369	11589	《ASP 教程》	高等教育
022369	21463	《公共关系》	人民邮电
045514	36612	《数据库》	电子工业

（b）借书

学生.借书证号	姓名	专业	借书.借书证号	书号	书名	出版社
022369	李玉	英语	022369	11589	《ASP 教程》	高等教育
022369	李玉	英语	022369	21463	《公共关系》	人民邮电
045514	张芳	体育	045514	36612	《数据库》	电子工业

（c）　　学生∞借书
学生.借书证号=借书.借书证号

姓名	专业	借书证号	书号	书名	出版社
李玉	英语	022369	11589	《ASP 教程》	高等教育
李玉	英语	022369	21463	《公共关系》	人民邮电
张芳	体育	045514	36612	《数据库》	电子工业

（d）学生∞借书

习　题

一、选择题

1.（　　　）实际上就是描述事物的符号记录。

　　A. 信息　　　　　　　B. 数据处理　　　　　C. 数据　　　　　　D. 数据库

2. 数据库系统不包括（　　　）。

　　A. 数据库　　　　　　B. 数据库管理系统　　C. 数据库管理员　　D. 数据库应用系统

3. 下述关于数据库系统的叙述中正确的是（　　　）。

　　A. 数据库系统减少了数据冗余

　　B. 数据库系统避免了一切冗余

　　C. 数据库系统中数据的一致性是指数据类型一致

　　D. 数据库系统比文件系统能管理更多的数据

4. 数据库系统的核心是（　　　）。

　　A. 数据库　　　　　　B. 数据库管理系统　　C. 数据模型　　　　D. 软件工具

5. 用树形结构来表示实体之间联系的模型称为（　　　）。

　　A. 关系模型　　　　　B. 层次模型　　　　　C. 网状模型　　　　D. 数据模型

6. 关系表中的每一横行称为一个（　　　）。

　　A. 元组　　　　　　B. 字段　　　　　　C. 属性　　　　　D. 码

7. （　　　）是数据物理结构和存储方式的描述。

　　A. 内模式　　　　　B. 外模式　　　　　C. 模式　　　D. 两层映像

8. 同型实体的集合称为（　　　）。

　　A. 实体型　　　　　B. 实体集　　　　　C. 联系　　　　　D. 域

9. 下面关于二维表性质描述错误的是（　　　）。

　　A. 二维表中元组个数是有限的　　　　　B. 二维表中元组的次序可以任意交换

　　C. 二维表中属性名各不相同　　　　　　D. 二维表中属性不可任意交换次序

10. （　　　）要求关系的主键中属性值不能为空值。

　　A. 实体完整性约束　　　　　　　　　　B. 参照完整性约束

　　C. 用户定义的完整性约束　　　　　　　D. 关系模型

11. 传统的集合运算不包括包括（　　　）。

　　A. 并　　　　　　　B. 差　　　　　　　C. 交　　　　　D. 查询

12. 关系数据库管理系统能实现的专门关系运算包括（　　　）。

　　A. 排序，索引，统计　　　　　　　　　B. 选择，投影，连接

　　C. 关联，更新，排序　　　　　　　　　D. 显示，打印，制表

13. 在关系数据库中，用来表示实体之间联系的是（　　　）。

　　A. 树结构　　　　　B. 网结构　　　　　C. 线性表　　　D. 二维表

14. 数据库设计包括两个方面的设计内容，它们是（　　　）。

　　A. 概念设计和逻辑设计　　　　　　　　B. 模式设计和内模式设计

　　C. 内模式设计和物理设计　　　　　　　D. 结构特性设计和行为特性设计

15. 将 E-R 图转换到关系模式时，实体与联系都可以表示成（　　　）。

　　A. 属性　　　　　　B. 关系　　　　　　C. 键　　　　　D. 域

16. 数据库中存储的是（　　　）。

　　A. 数据　　　　　　　　　　　　　　　B. 数据模型

　　C. 数据以及数据之间的联系　　　　　　D. 信息

17. 数据库中，数据的物理独立性是指（　　　）。

　　A. 数据库与数据库管理系统的相互独立

　　B. 用户程序与 DBMS 的相互独立

　　C. 用户的应用程序与存储在磁盘上数据库中的数据是相互独立的

　　D. 应用程序与数据库中数据的逻辑结构相互独立

18. 数据库的特点之一是数据的共享，严格地讲，这里的数据共享是指（　　　）。

　　A. 同一个应用中的多个程序共享一个数据集合

　　B. 多个用户、同一种语言共享数据

　　C. 多个用户共享一个数据文件

　　D. 多种应用、多种语言、多个用户相互覆盖地使用数据集合

19. 数据库（DB）、数据库系统（DBS）和数据库管理系统（DBMS）三者之间的关系（　　　）。

　　A. DBS 包括 DB 和 DBMS　　　　　　　B. DBMS 包括 DB 和 DBS

　　C. DB 包括 DBS 和 DBMS　　　　　　　D. DBS 就是 DB，也就是 DBMS

20. 在数据库中，产生数据不一致的根本原因是（　　　　）。

  A. 数据存储量太大   B. 没有严格保护数据

  C. 未对数据进行完整性控制   D. 数据冗余

21. 数据库管理系统（DBMS）是（　　　　）。

  A. 数学软件   B. 应用软件   C. 计算机辅助设计 D. 系统软件

22. 数据库系统的特点是（　　　　）、数据独立、减少数据冗余、避免数据不一致和加强了数据保护。

  A. 数据共享   B. 数据存储   C. 数据应用   D. 数据保密

23. 数据库管理系统能实现对数据库中数据的查询、插入、修改和删除等操作，这种功能称为（　　　　）。

  A. 数据定义功能   B. 数据管理功能   C. 数据操纵功能   D. 数据控制功能

24. 以下不是常用概念模型有（　　　　）。

  A. E-R 模型   B. 扩充的 E-R 模型件   C. 面向对象模型   D. 数据模型

25. 据库的三级模式结构中，描述数据库中全体数据的全局逻辑结构和特征的是（　　　　）。

  A. 外模式   B. 内模式   C. 存储模式   D. 模式

26. 数据库系统的数据独立性是指（　　　　）。

  A. 不会因为数据的变化而影响应用程序

  B. 不会因为系统数据存储结构与数据逻辑结构的变化而影响应用程序

  C. 不会因为存储策略的变化而影响存储结构

  D. 不会因为某些存储结构的变化而影响其他的存储结构

27. 层次型、网状型和关系型数据库划分原则是（　　　　）。

  A. 记录长度   B. 文件的大小   C. 联系的复杂程度   D. 数据之间的联系

28. 以下哪种运算属于一元运算（　　　　）。

  A. 并   B. 差   C. 交   D. 选择

29. 层次模型不能直接表示（　　　　）。

  A. $1:1$ 关系   B. $1:m$ 关系   C. $m:n$ 关系   D. $1:1$ 和 $1:m$ 关系

30. 数据库的概念模型独立于（　　　　）。

  A. 具体的机器和 DBMS   B. E-R 图

  C. 信息世界   D. 现实世界

二、填空题

1. （　　　　）是经过加工的数据。

2. （　　　　）是指如何对各种类型的数据进行分类、组织、编码、存储、检索和维护的过程。

3. 计算机中的数据一般分为两部分，（　　　　）和（　　　　）。

4. 数据的（　　　　）给出了数据表示的类型，而数据的（　　　　）给出了符合给定型的值。

5. 数据管理技术先后经历了 3 个发展阶段，即（　　　　）、（　　　　）和（　　　　）。

6. 数据库管理系统简称（　　　　）。

7. 数据库管理系统主要有（　　　　）、（　　　　）、（　　　　）和（　　　　）几方面的具体功能。

8 硬件平台包括（　　　　）和（　　　　）两部分。

9 软件平台包括（　　　　）、（　　　　）和（　　　　）三部分。

10. DBMS 还提供（　　　　）、（　　　　）、（　　　　）和（　　　　）几方面的数据控制功能。

11. 模式实际上是数据库数据在（　　　）级上的视图，一个数据库只有（　　　）模式。

12. 外模式通常是（　　　）的子集，一个数据库可以有（　　　）个外模式。

13. 连接运算中有两种最为重要也最为常用的连接，一种是（　　　），另一种是（　　　）。

14. 数据库系统通常采用三级模式是（　　　）、（　　　）、（　　　）。

15. 数据库系统在三级模式中提供了两层映像是（　　　）、（　　　）。

16. 实体型之间的联系可分为三类，分别是（　　　）、（　　　）、（　　　）。

17. 一个项目具有一个项目主管，一个项目主管可管理多个项目，则实体"项目主管"与实体"项目"的联系属于（　　　）的联系。

18. 模型分为两类或者说是两个层次，它们是（　　　）、（　　　）。

19. （　　　）是一种面向客观世界、面向用户的模型。

20. 逻辑数据模型又称（　　　），它是一种面向数据库系统的模型，该模型着重于在数据库系统一级的实现。

21. 数据模型的三要素有（　　　）、（　　　）、（　　　）。

22. （　　　）是对数据系统的静态特性的描述，（　　　）是对数据库系统的动态特性的描述。

23. （　　　）是概念世界中的基本单位，他们是客观存在的且又能相互区别的事物。

24. 唯一标识实体的属性称为（　　　），属性的取值范围称为该属性的（　　　）。

25. 目前最常用的数据模型有（　　　）、（　　　）、（　　　）。

26. 在关系模型中，把数据看成一个二维表，每一个二维表称为一个（　　　）。

27. 一个关系模式的定义格式为（　　　）。

28. 关系模型的数据操纵即是建立在关系上的数据操纵，一般有（　　　）、（　　　）、（　　　）和（　　　）四种操作。

29. 关系模型的完整性规则是对关系的某种约束条件，包括实体完整性，（　　　）和自定义完整性。

30. 关系代数的运算对象是（　　　），运算结果亦为（　　　）。

三、简述题

1. 数据库技术的发展阶段。

2. 数据库系统由几部分组成。

3. 数据库系统的基本特点。

4. 数据库系统中的数据如何实现逻辑独立性。

5. 数据库系统中的数据如何实现物理独立性。

6. 数据模型的三要素具体内容。

7. 常用的数据模型有哪些及其特点？

8. 二维表的 7 个性质。

9. 关系中的数据约束。

10. 假设教学管理规定：

① 一个学生可选修多门课，一门课有若干学生选修；②一个教师可讲授多门课，一门课只有一个教师讲授；③一个学生选修一门课，仅有一个成绩。学生的属性有学号、学生姓名；教师的属性有教师编号，教师姓名；课程的属性有课程号、课程名。画出 E-R 图。

第6章
数据结构基础

早期的计算机多用于进行数值计算，数值计算的特点是数据元素间的关系简单，但计算复杂。随着计算机应用范围的扩展，计算机被更多地用于非数值处理，如管理、控制等领域，非数值处理的特点是数据元素间的关系复杂，而计算相对简单。

数据元素间的结构关系有多种基本形式。为了有效地让计算机解决具有各种结构关系的实际问题，我们必须研究这些具有结构关系的数据在计算机内部的存储方法以及在计算机中处理这种具有结构关系数据所需进行的操作和操作的实现方法。这就是数据结构要讨论的问题。

本章主要介绍数据结构的基本概念，以及常用的几种数据结构（如线性表、栈、队列、树、二叉树等）的设计，同时介绍与数据结构有关的两种十分常用的算法（查找和排序）的基本设计方法。

6.1　数据结构的相关概念

数据（Data）：是对客观事物的符号表示，在计算机科学中是指所有能输入到计算机中并被计算机程序处理的符号的总称。数据是计算机程序加工处理的对象，可以是数值数据，如整数、实数和复数等；也可以是非数值数据，如字符、文字、图形、图像和声音等。

数据项（Data Item）：也可称为字段、域、属性等。数据项是数据的不可分割的最小单位。

数据元素（Data Element）：是数据的基本单位，在计算机程序中通常作为一个整体来处理。有些情况下，数据元素也称为元素、结点、顶点、记录等。有时，一个数据元素可由若干数据项（Data Item）组成。

数据对象（Data Object）：是性质相同的数据元素的集合，是数据的一个子集。例如，整数的数据对象是集合$\{0, \pm 1, \pm 2, \cdots\}$，字母符号的数据对象是集合$\{A, B, \cdots, Z\}$。

数据结构（Data Structure）：是指相互之间存在着一种或多种关系的数据元素的集合。数据元素不是孤立存在的，而是在它们之间存在着某种关系。根据数据元素之间关系的不同，通常分为4类基本结构，如图6-1所示。

（1）集合结构：结构中的数据元素之间除了"同属于一个集合"的关系外，别无其他关系。

（2）线性结构：结构中的数据元素存在着一对一的关系。

（3）树形结构：结构中的数据元素存在着一对多的关系。

（4）图状结构或网状结构：结构中的数据元素存在着多对多的关系。

一般情况，把树形结构和图状结构统称为非线性结构。

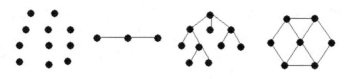

（a）集合结构　（b）线性结构　（c）树形结构　（d）图状结构

图 6-1　4 类基本数据结构的示意图

数据结构是一个二元组，数据结构的定义形式为：

$$\text{Data Structure} = (D, S)$$

其中，D 是数据元素的有限集，S 是 D 上关系的有限集。

【例 6-1】 在计算机科学中，复数是一种数据结构，复数可取如下定义：

$$\text{Complex} = (C, R)$$

其中，C 是含两个实数的集合 {c1，c2}；R={P}，而 P 是定义在集合 C 上的一种关系 {<c1，c2>}，其中有序偶 <c1，c2> 表示 c1 是复数的实部，c2 是复数的虚部。

数据的逻辑结构：数据结构的二元组定义方式是对数据对象的一种数学描述。结构定义中的"关系"描述的就是数据元素之间的逻辑关系。这种数据元素之间的逻辑关系又称为数据的逻辑结构。

数据的物理结构：又称存储结构，是数据结构在计算机中的表示（又称映像）。即数据结构在计算机中的实现方法，包括数据结构中元素的表示及元素之间关系的表示。数据的存储结构可采用顺序存储结构和链式存储结构。

顺序存储结构是借助元素在存储器中的相对位置来表示数据元素之间的关系，通常借助于程序设计语言中的数组来实现。

链式存储结构是对逻辑上相邻的数据元素不要求其存储位置相邻，元素间的逻辑关系通过附设的指针（Pointer）来表示。通常借助于程序设计语言中的指针类型来实现。

数据的运算：是定义在数据的逻辑结构上对数据的各种运算。数据的各种逻辑结构有相应的各种运算，每种逻辑结构都有一个运算的集合。下面列举几种常用的运算。

（1）检索：在数据结构中查找满足一定条件的结点。

（2）插入：向数据结构中增加新的结点。

（3）删除：从数据结构中去掉指定的结点。

（4）更新：改变数据结构中指定结点的一个或多个域的值。

数据结构的研究内容：数据的逻辑结构、数据的物理结构、对数据的运算（或算法）。通常，算法的设计取决于数据的逻辑结构，算法的实现取决于数据的物理结构。

6.2　线性表

线性表是最简单、最常用的一种数据结构。

线性表（Linear List）是具有相同数据类型的 n（$n \geq 0$）个数据元素组成的有限序列，记作：

$$(a_1, a_2 \ldots a_{i-1}, a_i, a_{i+1} \ldots a_n)$$

其中，n 为线性表的表长，$n=0$ 时，称为空表。

线性表中相邻元素之间存在着顺序关系。将 a_{i-1} 称为 a_i 的直接前趋，a_{i+1} 称为 a_i 的直接后继。就是说，对于 a_i，当 $i=2\cdots n$ 时，有且仅有一个直接前趋 a_{i-1}；当 $i=1$，$2\cdots n-1$ 时，有且仅有一个直接后继 a_{i+1}。而 a_1 是线性表的第一个元素无前趋，a_n 是线性表的最后一个元素无后继。

例如，26 个英文字母的字母表：（A，B，C，…，Z）

线性表的基本运算包括表的建立、求表长、读取元素、按值查找、插入、删除。

6.2.1　顺序表

线性表的顺序存储结构称为顺序表，是指在内存中使用一组地址连续的存储单元依次存放线性表的各个数据元素。因为内存中的地址空间是线性的，所以在线性表顺序存储结构中，物理上的相邻实现了数据元素之间的逻辑相邻关系，如图 6-2 所示。设 a_1 的存储地址为 b，每个元素占 L 个存储单元。

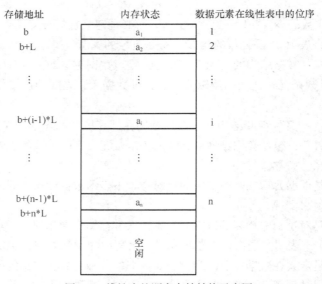

图 6-2　线性表的顺序存储结构示意图

由图可见，a_i 的地址为 b+(i-1)*L。这就是说，只要知道顺序表的首地址和每个数据元素所占存储单元的个数就可以求出第 i 个数据元素的存储地址，因此，顺序表具有按数据元素的序号随机存取的特点。

1．顺序表的插入运算

首先，举一个例子来说明如何在顺序存储结构的线性表中插入一个新元素。

【例 6-2】 图 6-3（a）为一个长度为 8 的线性表顺序存储在长度为 10 的存储空间中。现在要求在第 2 个元素（即 18）之前插入一个新元素 87。其插入过程如下：

首先从最后一个元素开始直到第 2 个元素，将其中的每一个元素均依次往后移动一个位置，然后将新元素 87 插入到第 2 个位置。

插入一个新元素后，线性表的长度变成了 9，如图 6-3（b）所示。

如果还要在线性表的第 9 个元素之前插入一个新元素 14，则采用类似的方法:将第 9 个元素往后移动一个位置，然后将新元素插入到第 9 个位置。插入后，线性表的长度变成了 10，如图 6-3（C）所示。

现在，为线性表开辟的存储空间已经满了，不能再插入新的元素了。如果再要插入，则会造成称为"上溢"的错误。

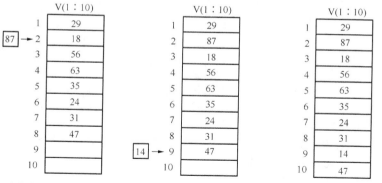

（a）长度为8的线性表　　（b）插入元素87后的线性表　　（c）插入元素14后的线性表

图 6-3　线性表在顺序存储结构下的插入

一般来说，设长度为 n 的线性表为

$$(a_1,a_2,\cdots,a_i,\cdots,a_n)$$

现要在线性表的第 i 个元素 a_i 之前插入一个新元素 b，插入后得到长度为 $n+1$ 的线性表为

$$(a'_1,\ a'_2,\ \cdots,a'_j,\ a'_{j+1},\ \cdots,\ a'_n,\ a'_{n-1})$$

则插入前后的两线性表中的元素满足如下关系：

$$a_j' = \begin{cases} a_j & 1\leqslant j \leqslant i\text{-}1 \\ b & j=i \\ a_{j-1} & i+1\leqslant j \leqslant n+1 \end{cases}$$

在一般情况下，要在第 $i(1\leqslant i\leqslant n)$ 个元素之前插入一个新元素时，首先要从最后一个（即第 n 个）元素开始，直到第 i 个元素之间共 n-i+1 个元素依次向后移动一个位置，移动结束后，第 i 个位置就被空出，然后将新元素插入到第 i 项。插入结束后，线性表的长度就增加了 1。

显然，在线性表采用顺序存储结构时，如果插入运算在线性表的末尾进行，即在第 n 个元素之后（可以认为是在第 $n+1$ 个元素之前）插入新元素，则只要在表的末尾增加一个元素即可，不需要移动表中的元素；如果要在线性表的第 1 个元素之前插入一个新元素，则需要移动表中的所有元素。在一般情况下，如果插入运算在第 $i(1\leqslant i\leqslant n)$ 个元素之前进行，则原来第 i 个元素之后（包括第 i 个元素）的所有元素都必须移动。在平均情况下，要在线性表中插入一个新的元素，需要移动表中一半的元素。因此，在线性表顺序存储的情况下，要插入一个新元素，其效率是很低的，特别是在线性表比较大的情况下更为突出，由于数据元素的移动而消耗较多的处理时间。

2. 顺序表的删除运算

先举一个例子来说明如何在顺序存储结构的线性表中删除一个元素。

【例 6-3】 图 6-4（a）为一个长度为 8 的线性表顺序存储在长度为 10 的存储空间中。现在要求删除线性表中的第 1 个元素（即删除元素 29）。其删除过程如下。

从第 2 个元素开始直到最后一个元素，将其中的每一个元素均依次往前移动一个位置。此时，线性表的长度变成了 7，如图 6-4（b）所示。

如果再要删除线性表中的第 6 个元素，则采用类似的方法：将第 7 个元素往前移动一个位置。此时，线性表的长度变成了 6，如图 6-4（c）所示。

	V(1：10)
1	29
2	18
3	56
4	63
5	35
6	24
7	31
8	47
9	
10	

	V(1：10)
1	18
2	56
3	63
4	35
5	24
6	31
7	47
8	
9	
10	

	V(1：10)
1	18
2	56
3	63
4	35
5	24
6	47
7	
8	
9	
10	

（a）长度为8的线性表　　（b）删除元素29后的线性表　　（c）删除元素31后的线性表

图 6-4　线性表在顺序存储结构下的删除

一般来说，设长度为 n 的线性表为

$$(a_1,a_2,\cdots,a_i,\cdots,a_n)$$

现要删除第 i 个元素，删除后得到长度为 n-1 的线性表为：

$$(a'_1,\ a'_2,\ \cdots,\ a'_j,\ \cdots,\ a'_{n-1})$$

则删除前后的两线性表中的元素满足如下关系：

$$a'_i \begin{cases} a_i & 1 \leqslant j \leqslant i\text{-}1 \\ a_{j+1} & i \leqslant j \leqslant n\text{-}1 \end{cases}$$

在一般情况下，要删除第 i（$1 \leqslant i \leqslant n$）个元素时，则要从第 i+1 个元素开始，直到第 n 个元素之间共 n-i 个元素依次向前移动一个位置。删除结束后，线性表的长度就减小了 1。

显然，在线性表采用顺序存储结构时，如果删除运算在线性表的末尾进行，即删除第 n 个元素，则不需要移动表中的元素：如果要删除线性表中的第 1 个元素，则需要移动表中的所有元素。在一般情况下，如果要删除第 i（$1 \leqslant i \leqslant n$）个元素，则原来第 i 个元素之后的所有元素都必须依次往前移动一个位置。在平均情况下，要在线性表中删除一个元素，需要移动表中一半的元素。因此，在线性表顺序存储的情况下，要删除一个元素，其效率也是很低的，特别是在线性表比较大的情况下更为突出，由于数据元素的移动而消耗较多的处理时间。

由线性表在顺序存储结构下的插入与删除运算可以看出，线性表的顺序存储结构对于小线性表或者其中元素不常变动的线性表来说是合适的，因为顺序存储的结构比较简单。但这种顺序存储的方式对于元素经常需要变动的大线性表就不太合适了，因为插入与删除的效率比较低。

6.2.2　链表

线性表的链式存储结构称为线性链表，是用一组任意的存储单元存储线性表的数据元素。因此，为了表示每个数据元素 a_i 与其直接后继元素 a_{i+1} 之间的逻辑关系，对数据元素 a_i 来说，除了存储其本身的信息之外，还需存储一个指示其直接后继的信息（即直接后继的存储位置）。这两部分信息组成数据元素 a_i 的存储映像，称为结点（node）。结点由一个数据域和一个指针域两部分组成。数据域用来保存数据元素本身，指针域用来保存其直接后继结点的存储地址。

1. 单链表

结点只有一个指针域的链表称为单链表，单链表的最后一个结点无后继结点，其指针域为空（记为 NULL 或 ∧）。另外，还需要设置头指针 head，指向线性链表的第一个结点，如图 6-5 所示。

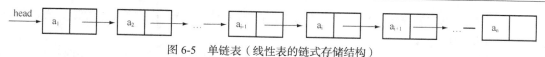

图 6-5　单链表（线性表的链式存储结构）

（1）线性链表的插入。

线性链表的插入是指在链式存储结构下的线性表中插入一个新元素。

为了要在线性链表中插入一个新元素，首先要给该元素分配一个新结点，以便用于存储该元素的值。然后将存放新元素值的结点链接到线性链表中指定的位置。

假设线性链表如图 6-6（a）所示。现在要在线性链表中包含元素 x 的结点之前插入一个新元素 b。其插入过程如下。

① 取得一个新结点，设该结点号为 p，并置结点 p 的数据域为插入的元素值 b。如图 6-6（a）所示。

② 在线性链表中寻找包含元素 x 的前一个结点，设该点的存储序号为 q。线性链表如图 6-6（b）所示。

③ 最后将结点 p 插入到结点 q 之后，为了实现这一步，只要改变以下两个结点的指针域内容：

- 使结点 p 指向包含元素 x 的结点（即结点 q 的后继结点）。
- 使结点 q 的指针内容改为指向结点 p。

这一步的结果如图 6-6（c）所示。此时插入就完成。

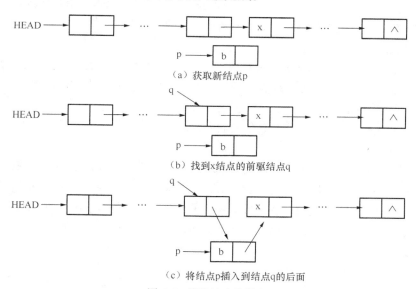

（a）获取新结点p

（b）找到x结点的前驱结点q

（c）将结点p插入到结点q的后面

图 6-6　线性链表的插入

由线性链表的插入过程可以看出，由于插入的新结点取自于可利用栈，因此，只要可利用栈不空，在线性链表插入时，总能取到存储插入元素的新结点，不会发生"上溢"的情况。而且，由于可利用栈是公用的，多个线性链表可以共享它，从而很方便地实现了存储空间的动态分配。另外，线性链表在插入过程中不发生数据元素移动的现象，只需改变有关结点的指针即可，从而提高了插入的效率。

（2）线性链表的删除。

线性链表的删除是指在链式存储结构下的线性表中，删除包含指定元素的结点。

为了在线性表中删除包含指定元素的结点，首先要在线性链表中找到这个结点，然后将该结点从链表中删除后释放。

假设线性链表如图6-7（a）所示。现在要在线性链表中删除包含元素 x 的结点，其删除过程如下。

① 在线性链表中寻找包含元素 x 的前一个结点，设该结点序号为 q。

② 将结点 q 后的结点 p 从线性链表中删除，即让结点 q 的指针指向包含元素 x 的结点 p 的指针指向的结点。

经过上述两步后，线性链表如图6-7（b）所示。

③ 将删除的结点释放。

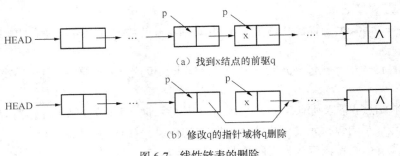

（a）找到x结点的前驱q

（b）修改q的指针域将q删除

图 6-7　线性链表的删除

从线性链表的删除过程可以看出，在线性链表中删除一个元素后，不需要移动表的数据元素，只需改变被删除元素所在结点的前一个结点的指针域即可 。

2．循环链表

循环链表是另一种形式的链式存储结构。它的特点是表中最后一个结点的指针域指向头结点，整个链表形成一个环。因此，从表中任一结点出发均可找到表中其他结点。从而解决了单链表的头指针不能移动的问题。

循环链表的插入、删除操作和单链表的插入、删除操作基本一致。

3．双向链表

无论是单链表还是双向链表，在查找一个结点的直接后继上都是十分方便的，但在查找结点的直接前驱必须从头结点开始，时间复杂度很高。如果在结点上增加一个指针域，用来存储结点的直接前驱的地址，这样查找前驱就变得很容易了，这种结构的链表我们称之为双向链表。

双向链表的插入、删除操作与单链表略有不同，如图6-8和图6-9所示。

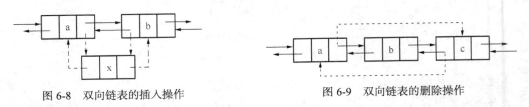

图 6-8　双向链表的插入操作　　　　图 6-9　双向链表的删除操作

6.3　栈和队列

栈和队列是两种重要的线性结构。

从数据结构角度看，栈和队列也是线性表，其特殊性在于栈和队列的基本操作是线性表操作的子集，它们是操作受限的线性表，因此，也可以称为特殊的线性表。

6.3.1 栈（Stack）

1. 栈的概念

栈是限定仅在表尾进行插入或删除操作的线性表。

对栈来说，可以进行插入或删除操作的表尾端称为栈顶（Top），相应地，表头端称为栈底（Bottom）。不含任何元素的栈称为空栈。

假设栈 $S=(a_1, a_2 \cdots a_n)$，则称 a_1 为栈底元素，a_n 为栈顶元素。栈中元素按 $a_1, a_2 \cdots a_n$ 的次序进栈，在任何时候，出栈的元素都是栈顶元素。换句话说，栈的修改是按后进先出的原则进行的，因此，栈又称为后进先出（Last In First Out）的线性表（简称 LIFO 表），如图 6-10 所示。

由于栈中元素只能在栈顶一端逐个出入，所以，能够根据出栈序列推导元素的大致入栈顺序。由此得出一个结论，那就是栈具有记忆功能。

往栈中插入一个元素称为入栈运算，从栈中删除一个元素（即删除栈顶元素）称为退栈运算。栈顶指针 TOP 动态反映了栈中元素的变化情况。

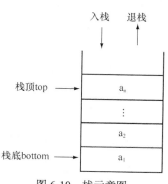

图 6-10　栈示意图

栈这种数据结构在日常生活中也是常见的。例如，子弹夹是一种栈的结构，最后压入的子弹总是最先被弹出，而最先压入的子弹最后才能被弹出。又如，在用一端为封闭，另一端为开口的容器装物品时，也是遵循"先进后出"或"后进先出"原则的。

2. 栈的顺序存储及其运算

与一般的线性表一样，在程序设计语言中，用一维数组 S（1：m）作为栈的顺序存储空间，其中，m 为栈的最大容量。通常，栈底指针指向栈空间的低地址一端（即数组的起始地址这一端）。图 6-11（a）是容量为 10 的栈顺序存储空间，栈中已有 6 个元素；图 6-11（b）与图 6-11（c）分别为入栈与退栈后的状态。

在栈的顺序存储空间 S（1：m）中，S(bottom)通常为栈底元素（在栈非空的情况下），S（top）为栈顶元素。top=0，表示栈空；top=m，表示栈满。

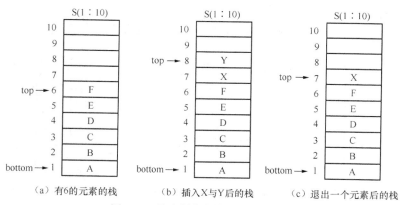

　（a）有6的元素的栈　　（b）插入X与Y后的栈　　（c）退出一个元素后的栈

图 6-11　栈在顺序存储结构下的运算

栈的基本运算有3种：入栈、退栈与读栈顶元素。下面，分别介绍在顺序存储结构下的这3种运算。

（1）入栈运算。

入栈运算是指在栈顶位置插入一个新元素。这个运算有两个基本操作：首先将栈顶指针进一（即 TOP 加1），然后将新元素插入到栈顶指针指向的位置。

当栈顶指针已经指向存储空间的最后一个位置时，说明栈空间已满，不可能再进行入栈操作。这种情况称为"上溢"错误。

（2）退栈运算。

退栈运算是指取出栈顶元素并赋给一个指定的变量。这个运算有两个基本操作：首先将栈顶元素（栈顶指针指向的元素）赋给一个指定的变量，然后将栈顶指针退一（即 TOP 减1）。

当栈顶指针为0时，说明栈空，不可能进行退栈操作，这种情况称为栈"下溢"错误。

（3）读栈顶元素。

读栈顶元素是指将栈顶元素赋给一个指定的变量。必须注意，这个运算不删除栈顶元素，只是将它的值赋给一个变量。因此，在这个运算中，栈顶指针不会改变。

当栈顶指针为0时，说明栈空，读不到栈顶元素。

6.3.2 队列（Queue）

1. 队列的概念

队列是一种先进先出（First In First Out）的线性表（简称 FIFO 表）。它只允许在表的一端进行插入，而在另一端删除元素。允许插入元素的一端称为队尾（Rear），允许删除的一端称为队头（Front）。

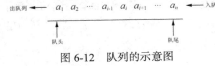

出队列 ← a_1 a_2 ⋯ a_{i-1} a_i a_{i+1} ⋯ a_n ← 入队列

队头   队尾

图 6-12 队列的示意图

假设队列 Q=（a_1，a_2⋯a_n），则称 a_1 为队头元素，a_n 为队尾元素。队列中元素按 a_1，a_2⋯a_n 的次序入队，在任何时候，退出队列也是按照这个次序进行的。也就是说，只有在 a_1，a_2⋯a_{n-1} 都出队之后，a_n 才能出队，如图 6-12 所示。

由于队列中元素只能在队尾一端逐个插入，在队头一端逐个删除，所以，能够根据出队序列推导元素的大致入队顺序。由此得出一个结论，那就是队列具有记忆功能。

往队列的队尾插入一个元素称为入队运算，从队列的排头删除一个元素称为出队运算。

图 6-13 是在队列中进行插入与删除的示意图。由图 6-13 可以看出，在队列的末尾插入一个元素（入队运算）只涉及队尾指针 rear 的变化，而要删除队列中的排头元素（出队运算）只涉及排头指针 front 的变化。

与栈类似，在程序设计语言中，用一维数组作为队列的顺序存储空间。

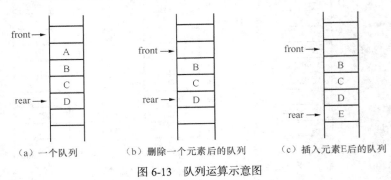

（a）一个队列　　　　　（b）删除一个元素后的队列　　　　　（c）插入元素E后的队列

图 6-13 队列运算示意图

2. 循环队列及其运算

在实际应用中，队列的顺序存储结构一般采用循环队列的形式。

所谓循环队列，就是将队列存储空间的最后一个位置绕到第一个位置，形成逻辑上的环状空间，供队列循环使用，如图 6-14 所示。

在循环队列结构中，当存储空间的最后一个位置已被使用，而再要进行入队运算时，只要存储空间的第一个位置空闲，便可将元素加入到第一个位置，即将存储空间的第一个位置作为队尾。

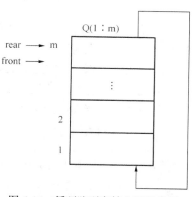

在循环队列中，用队尾指针 rear 指向队列中的队尾元素，用排头指针 front 指向排头元素的前一个位置，因此，从排头指针 front 指向的后一个位置直到队尾指针 rear 指向的位置之间所有的元素均为队列中的元素。

循环队列的初始状态为空，即 rear=front=m，如图 6-14 所示。

图 6-14　循环队列存储空间示意图

循环队列主要有两种基本运算：入队运算与出队运算。

每进行一次入队运算，队尾指针就进一。当队尾指针 rear=m+1 时则置 rear=1。

每进行一次出队运算，排头指针就进一。当排头指针 front=m+1 时，则置 front=1

图 6-15(a) 是一个容量为 8 的循环队列存储空间，且其中已有 6 个元素。图 6-15(b) 是在图 6-15(a) 的循环队列中又加入了 2 个元素后的状态。图 7-15(c) 是在 6-15(b) 的循环队列中退出了 1 个元素后的状态。

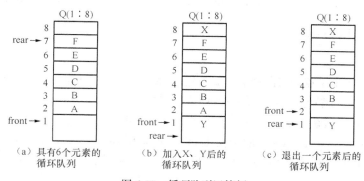

（a）具有6个元素的　　　　（b）加入X、Y后的　　　　（c）退出一个元素后的
　　循环队列　　　　　　　　　循环队列　　　　　　　　　循环队列

图 6-15　循环队列运算例

由图 6-15 中循环队列动态变化的过程可以看出，当循环队列满时，有 front=rear；而当循环队列空时，也有 front=rear。即在循环队列中，当 front=rear 时,不能确定是队列满还是队列空。在实际使用循环队列时,为了能区分队列满还是队列空，通常还需增加一个标志 s，s 值的定义如下：

$$S = \begin{cases} 0 \text{表示队列空} \\ 1 \text{表示队列非空} \end{cases}$$

由此可以得出，队列空与队列满的条件如下：

队列空的条件为 s=0；

队列满的条件为 s=1 且 front=rear。

下面，具体介绍循环队列入队与出队的运算。

假设循环队列的初始状态为空，即：s=0，且 front=rear=m。

（1）入队运算。入队运算是指在循环队列的队尾加入一个新元素。这个运算有两个基本操作：首先将队尾指针进一（即 rear=rear+1），并当 rear=m+1 时，置 rear=1；然后将新元素插入到队尾指针指向的位置。

当循环队列非空（s=1）且队尾指针等于排头指针时，说明循环队列已满，不能进行入队运算，这种情况称为"上溢"。

（2）出队运算。出队运算是指在循环队列的排头位置退出一个元素并赋给指定的变量。这个运算有两个基本操作：首先将排头指针进一（即 front=front+1），并当 front=m+1 时，置 front=1；然后将排头指针指向的元素赋给指定的变量。

当循环队列为空（s=0）时，不能进行出队运算，这种情况称为"下溢"。

判断队列满还有一种常用方法，少用一个元素空间，约定以"队列头指针在队列尾指针的下一位置（指环状的下一位置）上"作为队列呈"满"状态的标志。

6.4　树和二叉树

前面介绍的数据结构都属于线性结构，其特点是逻辑结构简单，易于进行查找、插入和删除等操作。而非线性结构是指在该结构中至少存在一个元素，有两个或两个以上的直接前趋（或直接后继）元素。树形结构和图结构是非常重要的非线性结构，而树和二叉树是最常用的树形结构。

6.4.1　树（Tree）

1. 树的概念

树是 n（$n \geq 0$）个结点的有限集。当 $n=0$ 时，称为空树。在任意一棵非空树中：

（1）有且仅有一个特定的称为根（Root）的结点；

（2）当 $n>1$ 时，其余结点可分为 m（$m>0$）个互不相交的有限集 T_1，$T_2 \cdots T_m$，其中每一个集合本身又是一棵树，并且称为根的子树（SubTree）。图 6-16（a）表示只有一个结点的树；图 6-16(b)表示具有 13 个结点的树，其中 A 是根，其余的结点被分为 3 个互不相交的子集：T_1={B，E，F}，T_2={C，G，K，L}，T_3={D，H，I，J，M}，T_1、T_2 和 T_3 都是根 A 的子树，且本身也是一棵树。

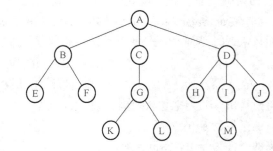

（a）只有一个结点的树　　　　（b）有多个结点的树

图 6-16　树的示例

树具有下面两个特点：

（1）树的根结点没有前趋结点，除根结点之外的所有结点有且仅有一个前趋结点；

（2）树中所有结点可以有零个或多个后继结点。

2．树形结构的常用术语

（1）结点的度（Degree）：一个结点的子树的个数。

（2）树的度：树中各结点的度的最大值。

（3）叶子（Leaf）：度为 0 的结点。

（4）分支结点：度不为 0 的结点。

（5）双亲（Parent）、孩子（Child）：结点的各子树的根称做该结点的孩子（也叫子女）；相应的该结点称做其孩子的双亲。

（6）兄弟（Sibling）：具有相同双亲的结点互为兄弟。

（7）结点的层数（Level）：根结点的层数为 1，其他任何结点的层数等于其双亲结点层数加 1。

（8）树的深度（Depth）：树中各结点的层数的最大值。

（9）森林（Forest）：0 棵或多棵不相交的树的集合（通常是有序集）。

6.4.2　二叉树

1．二叉树的概念

二叉树是树形结构的另一个重要类型。

二叉树（Binary Tree）是 n（$n \geq 0$）个结点的有限集合，这个集合或者为空集（$n=0$），或者由一个根结点及两棵不相交的、有左右之分的二叉树组成。

特别需要注意的是，二叉树不是特殊的树。树与二叉树间最主要的差别是：二叉树为有序树，即二叉树的子树分为左子树和右子树，即使在结点只有一棵子树的情况下，也要指明该子树是左子树还是右子树，而树的子树没有左右之分。

二叉树的性质。

（1）在二叉树的 i 层上，最多有 2^{i-1} 个结点（$i \geq 1$）。

利用归纳法证明：

$i=1$ 时，只有一个根结点，$2^{i-1} = 2^0 = 1$

现假定对所有的 j，$1 \leq j < i$，命题成立，即第 j 层上至多有 2^{j-1} 个结点，那么，可以证明 $j = i$ 时命题成立。

由归纳假设，第 i-1 层上至多有 2^{i-2} 个结点。由于二叉树的每个结点的度至多为 2，故在第 i 层上的最大结点数为第 i-1 层上的最大结点数的 2 倍，即 $2 \times 2^{i-2} = 2^{i-1}$。

（2）深度为 k 的二叉树最多有 2^k-1 个结点（$k \geq 1$）。

由性质 1 可见，深度为 k 的二叉树的最大结点数为：

$$\sum_{i=1}^{k}(\text{第}i\text{层上的最大结点数}) = \sum_{i=1}^{k} 2^{i-1} = 2^k - 1$$

（3）对任何一棵二叉树，若终端结点数为 n_0，度为 2 的结点数为 n_2，则 $n_0 = n_2 + 1$。

设 n_1 为二叉树 T 中度为 1 的结点数。因为二叉树中所有结点的度均小于或等于 2，所以其结点总数为 $n=n_0+ n_1+ n_2$。再看二叉树中的分支数。除了根结点外，其余结点都有一个分支进入，设 B 为分支总数，则 $n = B + 1$。由于这些分支是由度为 1 或 2 的结点射出的，所以又有 B = n_1+2n_2。于是得 $n= n_1+2n_2+1$，最后，得出 $n_0 = n_2+1$。

满二叉树和完全二叉树是两种特殊形态的二叉树。

一棵深度为 k 且具有 2^k-1 个结点的二叉树称为满二叉树（Full Binary Tree）。如图 6-17（a）所示是一棵深度为 4 的满二叉树，这种二叉树的特点是每一层上的结点数都是最大结点数。

深度为 k，有 n 个结点的二叉树，当且仅当其每一个结点都与深度为 k 的满二叉树中编号从 1 到 n 的结点一一对应时，称为完全二叉树。如图 6-17（b）所示是一棵深度为 4 的完全二叉树，这种二叉树的特点是：叶子结点只可能在层次最大的两层上出现；对任一结点，若其右分支下的子孙的最大层次为 l，则其左分支下的子孙的最大层次必为 l 或 $l+1$。如图 6-17（c）和（d）不是完全二叉树。

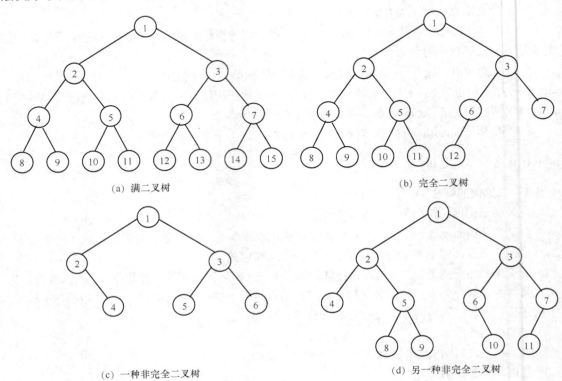

(a) 满二叉树   (b) 完全二叉树

(c) 一种非完全二叉树   (d) 另一种非完全二叉树

图 6-17　特殊形态的二叉树

（4）具有 n 个结点的完全二叉树的深度为 $\lfloor \log_2 n \rfloor +1$。

证明：假设深度为 k，则根据性质 2 和完全二叉树的定义有：$2^{k-1}-1 < n \leqslant 2^k-1$ 或 $2^{k-1} \leqslant n < 2^k$。于是，$k-1 \leqslant \log_2 n < k$。因为 k 是整数，所以 $k = \lfloor \log_2 n \rfloor +1$。

2. 二叉树的存储结构

二叉树的存储结构有两种，一种是顺序存储结构，一种是链式存储结构。在应用中通常采用链式存储结构，如图 6-18 所示。其结点结构分为 3 个域：一个数据域（Info），用来存储结点自身的信息；一个左指针域（L-Child），用来指向结点的左孩子；一个右指针域（R-Child），用来指向结点的右孩子。其形式为：

L-Child	Data	R-Child

3. 遍历二叉树

在二叉树的一些应用中，常常要求在二叉树中查找具有某种特征的结点，或者对二叉树中全部结点逐一进行某种处理。这就需要对二叉树进行遍历。遍历二叉树（Traversing Binary Tree）是指按照一定的策略访问二叉树中每个结点，使得每个结点均被访问一次，而且仅被访问一次。

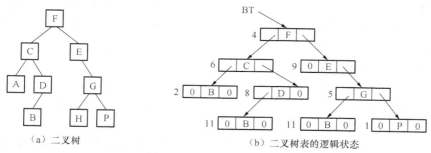

图 6-18　二叉树的链式存储

根据二叉树的定义可知，二叉树由 3 个基本单元组成：根结点、左子树、右子树。因此，若能依次遍历这 3 部分，就是遍历整个二叉树。假如以 L、D、R 分别表示遍历左子树、访问根结点和遍历右子树，则可以有 DLR、LDR、LRD、DRL、RDL、RLD 共 6 种遍历二叉树的方案。若限定先左后右的顺序，则只有前三种情况，分别称之为先（根）序遍历，中（根）序遍历和后（根）序遍历。

（1）先序遍历二叉树的操作。

所谓先序遍历是指在访问根结点、遍历左子树与遍历右子树这三者中，首先访问根结点，然后遍历左子树，最后遍历右子树。并且，在遍历左、右子树时，仍然先访问根结点，然后遍历左子树，最后遍历右子树。因此，先序遍历二叉树的过程是一个递归的过程。

下面是二叉树先序遍历的简单描述：

若二叉树为空，则结束返回。

否则：ⅰ访问根结点；

　　　ⅱ先序遍历左子树；

　　　ⅲ先序遍历右子树。

在此特别要注意的是，在遍历左、右子树时，仍然采用先序遍历的方法。如果对图 6-18（a）中的二叉树进行先序遍历，则遍历的结果为 F，C，A，D，B，E，G，H，P（称为该二叉树的先序序列）。

（2）中序遍历二叉树的操作。

所谓中序遍历是指在访问根结点、遍历左子树与遍历右子树这三者中，首先遍历左子树，然后访问根结点，最后遍历右子树。并且，在遍历左、右子树时，仍然先遍历左子树，然后访问根结点，最后遍历右子树。因此，中序遍历二叉树的过程也是一个递归的过程。

下面是二叉树中序遍历的简单描述：

若二叉树为空，则结束返回。

否则：ⅰ中序遍历左子树；

　　　ⅱ访问根结点；

　　　ⅲ中序遍历左子树。

在此也要特别注意的是，在遍历左、右子树时，仍然采用中序遍历的方法。如果对图 6-18（a)中的二叉树进行中序遍历，则遍历结果为 A，C，B，D，F，E，H，G，P（称为该二叉树的中序序列）。

（3）后序遍历二叉树的操作。

所谓后序遍历是指在访问根结点、遍历左子树与遍历右子树这三者中，首先遍历左子树，然后遍历右子树，最后访问根结点。并且，在遍历左、右子树时，仍然先遍历左子树，然后遍历右子树，最后访问根结点。因此，后序遍历二叉树的过程也是一个递归的过程。

下面是二叉树后序遍历的简单描述：

若二叉树为空，则结束返回。

否则：ⅰ 后序遍历左子树；

ⅱ 后序遍历右子树；

ⅲ 访问根结点。

在此也要特别注意的是，在遍历左右子树时仍然采用后序遍历的方法。如果对图 6-18(a)中的二叉树进行后序遍历，则遍历结果为 A，B，D，C，H，P，G，E，F（称为该二叉树的后序序列）。

6.5　查找与排序

6.5.1　查找

查找是数据结构中的基本运算，在实际应用中使用频率很高，因此一个好的查找方法可以大大提高运行速度。

关于查找的基本概念与术语如下。

（1）关键字（Key）：是数据元素中某个数据项的值，可以标识一个数据元素。

（2）查找（Searching）：根据给定的某个值，在线性表中确定一个其关键字等于给定值的记录或数据元素。若表中存在这样的一个记录，则称查找成功；若表中不存在关键字等于给定值的记录，则称查找失败。

（3）平均查找长度（Average Search Length）：又称平均检索长度，是指在查找过程中，给定值与关键字进行比较的平均比较次数。平均查找长度是衡量一个查找算法的主要标准。

在此主要介绍静态查找表中常见的两种查找方法：顺序查找和折半查找。

1. 顺序查找（Sequential Search）

顺序查找的查找过程为：从表的一端开始，向另一端逐个进行记录的关键字和给定值的比较，若某个记录的关键字与给定值比较相等，则查找成功，并给出记录在查找表中的位置；否则，若经过比较所有记录的关键字与给定值比较都不相等，则查找失败，给出失败信息。平均查找长度为 $n/2$。

（1）顺序查找的优点：对查找表中结点的逻辑次序无要求（如记录不必按关键字的值有序排列）；对查找表的存储结构无要求（如查找表采用顺序存储结构或链式存储结构皆可）。

（2）顺序查找的缺点：平均查找长度大。

2. 折半查找（Binary Search）

折半查找又称为二分法查找，要求查找表中的记录必须按关键字有序排列，并且查找表必须以顺序方式存储。在此，假设查找表是按升序排列的。

折半查找的查找过程为：在有序的查找表中，取中间位置的记录作为比较对象，若给定值与中间位置记录的关键字相等，则查找成功；若给定值大于中间位置记录的关键字，则在中间位置元素的右半部分继续查找；若给定值小于中间位置记录的关键字，则在中间位置元素的左半部分继续查找。如此不断重复上述查找过程，直到查找成功，若所查找范围内所有记录的关键字都与给定值不等，即查找失败。平均查找长度为$[\log_2^n]/2$。

【例 6-4】　设被查找的线性表为：16，18，25，29，30，32，47。

现在要查找 30，下面用"[ ]"括住本次查找的子表，用"↑"指向该子表的中间结点。查找过程如图 6-19 所示。

$$[16,\quad 18\ ,\ 25,28,\quad 29\ ,\ 30\ ,\ 32\ ,\ 39,47]$$
$$\uparrow$$
$$[16,\quad 18\ ,\ 25,\quad 28,29\ ,[30\ ,\ 32\ ,\ 39,47]$$
$$\uparrow$$
$$[16,\quad 18\ ,\ 25,\quad 28,29\ ,[30\ ,\ 32\ ,\ 39,47]$$
$$\uparrow$$

图 6-19　折半查找过程

（1）折半查找的优点：平均查找长度小。

（2）折半查找的缺点：必须保证查找表有序，必须保证查找表以顺序方式存储。

6.5.2　排序

排序（Sorting）是计算机程序设计中的一种重要操作，其功能是将一个数据元素（或记录）的任意序列，重新按关键字排列成一个有序的序列。

对任意的数据元素序列按照某种排序方法进行排序，若相同关键字元素间的位置关系在排序前后保持一致，则称此排序方法是稳定的；否则，相同关键字元素间的位置关系在排序前后不能保持一致，则称此排序方法是不稳定的。

由于待排序的记录数量不同，使得排序过程中涉及的存储器不同，可将排序分为内部排序和外部排序。整个排序过程都在内存中进行的排序，称为内部排序；由于待排序的记录序列数量过大，以致内存不能容纳全部记录，在排序过程中，还需要访问外部存储器的排序过程，称为外部排序。

内部排序的方法很多，常用的有以下几类：插入类排序法、选择类排序法、交换类排序法。

（1）插入类排序法：所谓插入排序，是指将无序序列中的各元素依次插入到已经有序的线性表中。主要包括直接插入排序和希尔排序两种方法，在这里我们详细讲述直接插入排序。

直接插入排序（Straight Inserting Sort）是一种最简单的排序方法，在线性表中，只包含第 1 个元素的子表，显然可以看成是有序表。接下来的问题是，从线性表的第 2 个元素开始直到最后一个元素，逐次将其中的每 1 个元素插入到前面已经有序的子表中。一般来说，假设线性表中前 j-1 个元素已经有序，现在要将线性表中第 j 个元素插入到前面的有序子表中，插入过程如下：

首先将第 j 个元素放到一个变量 T 中，然后从有序子表中的最后一个元素（即线性表中第 j-1 个元素）开始，往前逐个与 T 进行比较，将大于 T 的元素均依次向后移动一个位置，直到发现一个元素不大于 T 为止，此时就将 T（即原线性表中的第 j 个元素）插入到刚刚移出的空位置上，有序子表的长度就变为 j 了。

【例 6-5】　设待排序序列中各记录的关键字为：54，45，36，81，72，18，63，27。进行直接插入排序的过程如图 6-20 所示。

对 n 个记录进行直接插入排序，其算法的时间复杂度为 $O(n^2)$。

直接插入排序法中，每一次比较后，最多移掉一个逆序，因此，在最坏情况下，直接插入排序需要 $n(n-1)/2$ 次比较。

（2）选择类排序法：扫描整个线性表，从中选出最小的元素，将它交换表的最前面（这是它应有的位置）；然后对剩下的子表采用同样的方法，直到子表空为止。主要包括简单选择排序和堆排序两种方法，在这里，我们详细讲述简单直接选择排序。

简单选择排序（Simple Selection Sort）的基本思想是：每一趟在 $n-i+1$（i=1，2…n−1）个记录中，选定关键字最小的记录作为有序序列中第 i 个记录。

【例 6-6】 设待排序序列中各记录的关键字为：54，45，36，81，72，18，63，27。进行简单选择排序的过程如图 6-21 所示。

初始态	{54} 45 36 81 72 18 63 27
第一趟	{45 54} 36 81 72 18 63 27
第二趟	{36 45 54} 81 72 18 63 27
第三趟	{36 45 54 81} 72 18 63 27
第四趟	{36 45 54 72 81} 18 63 27
第五趟	{18 36 45 54 72 81} 63 27
第六趟	{18 36 45 54 63 72 81} 27
第七趟	{18 27 36 45 54 63 72 81}

图 6-20 直接插入排序过程

初始态	{54 45 36 81 72 18 63 27}
第一趟	18 {45 36 81 72 54 63 27}
第二趟	18 27 {36 81 72 54 63 45}
第三趟	18 27 36 {81 72 54 63 45}
第四趟	18 27 36 45 {72 54 63 81}
第五趟	18 27 36 45 54 {72 63 81}
第六趟	18 27 36 45 54 63 {72 81}
第七趟	18 27 36 45 54 63 72 {81}

图 6-21 简单选择排序过程

简单选择排序法在最坏情况下需要比较 $n(n-1)/2$ 次。

（3）交换类排序法：是指借助数据元素之间的互相交换进行排序的一种方法。主要包括起泡排序和快速排序两种方法，在这里我们详细讲述直接起泡排序。

起泡排序（Bubble Sort）是基于交换思想的一种简单的排序方法。其基本思想是：将待排序的记录顺次两两比较，若前者大于后者，则两记录进行交换。如此，将所有记录处理一遍的过程称为一趟起泡排序。其效果是将关键字最大的记录交换到最后的位置。对 n 个记录的序列进行排序最多需要 $n-1$ 趟起泡排序。

【例 6-7】 设待排序序列中各记录的关键字为：54，45，36，81，72，18，63，27。进行起泡排序的过程如图 6-22 所示。

初始态	{54 45 36 81 72 18 63 27}
第一趟	{45 36 54 72 18 63 27} 81
第二趟	{36 45 54 18 63 27} 72 81
第三趟	{36 45 18 54 27} 63 72 81
第四趟	{36 18 45 27} 54 63 72 81
第五趟	{18 36 27} 45 54 63 72 81
第六趟	{18 27} 36 45 54 63 72 81
第七趟	{18} 27 36 45 54 63 72 81

图 6-22 起泡排序过程

对 n 个记录进行起泡排序，其算法的时间复杂度为 $O(n^2)$。

习　题

一、选择题

1. 数据在计算机内存中的表示是指（　　　）。

　　A. 数据的存储结构　　　　　　　　　B. 数据结构

　　C. 数据的逻辑结构　　　　　　　　　D. 数据元素之间的关系

2. 在数据结构中，与所有的计算机无关的数据结构是（　　　）。

　　A. 逻辑　　　　　　B. 存储　　　　　　C. 逻辑和存储　　　　D. 物理

3. 在数据结构中，从逻辑上可以把数据结构分成（　　　）。

　　A. 动态结构和静态结构　　　　　　　B. 紧凑结构和非紧凑结构

　　C. 线性结构和非线性结构　　　　　　D. 内部结构和外部结构

4. 以下不是栈的基本运算的是（　　　）。

　　A. 删除栈顶元素　　B. 删除栈底元素　　C. 判断栈是否为空　　D. 将栈置为空栈

5. 若进栈序列为 1，2，3，4，进栈过程中可以出栈，则下列不可能的一个出栈序列是（　　　）。

　　A. 1，4，3，2　　　B. 2，3，4，1　　　C. 3，1，4，2　　　D. 3，4，2，1

6. 链表不具备的特点是（　　　）。

　　A. 可随机访问任意一个结点　　　　　B. 插入和删除不需要移动任何元素

　　C. 不必事先估计存储空间　　　　　　D. 所需空间与其长度成正比

7. 对线性表，在下列情况下应当采用链表表示的是（　　　）。

　　A. 经常需要随机地存取元素　　　　　B. 经常需要进行插入和删除操作

　　C. 表中元素需要占据一片连续的存储空间　D. 表中元素的个数不变

8. 如果最常用的操作是取第 I 个结点及其前驱，最节省时间的存储方式是（　　　）。

　　A. 单链表　　　　　B. 双向链表　　　　C. 单循环链表　　　　D. 顺序表

9. 与单链表相比，双向链表的优点之一是（　　　）。

　　A. 插入、删除操作更加简单　　　　　B. 可以随机访问

　　C. 可以省略表头指针或表尾指针　　　D. 顺序访问相邻结点更加灵活

10. 栈和队列的共同点是（　　　）。

　　A. 都是先进先出　　　　　　　　　　B. 都是先进后出

　　C. 只允许在端点处插入和删除元素　　D. 没有共同点

11. 若已知一个栈的进栈序列是 1，2，3…，n，其输出序列是 p1，p2，p3，…，pn，若 p1=n，则 pi（1<i<n）为（　　　）。

　　A. i　　　　　　　B. n-i　　　　　　　C. n-i+1　　　　　　D. 不确定

12. 可以用带表头结点的链表表示线性表，也可用不带表头结点的链表表示线性表，前者最主要的好处是（　　　）。

　　A. 可以加快对表的遍历　　　　　　　B. 使空表和非空表的处理统一

　　C. 节省存储空间　　　　　　　　　　D. 可以提高存取表元素的速度

13. 数据的不可分割的基本单位是（　　　）。

　　A. 元素　　　　　　B. 结点　　　　　　C. 数据类型　　　　　D. 数据项

14. 在数据结构的讨论中把数据结构从逻辑上分为（　　　）。

    A. 内部结构与外部结构 　　　　　　　　B. 静态结构与动态结构

    C. 线性结构与非线性结构 　　　　　　　D. 紧凑结构与非紧凑结构

15. 数据的逻辑关系是指数据元素的（　　　）。

    A. 关联 　　　　　　B. 结构 　　　　　　C. 数据项 　　　　　　D. 存储方式

16. 下列关于线性表、栈和队列的叙述，错误的是（　　　）。

    A. 线性表是给定的 n（n 必须大于零）个元素组成的序列

    B. 线性表允许在表的任何位置进行插入和删除操作

    C. 栈只允许在一端进行插入和删除操作

    D. 队列允许在一端进行插入在另一端进行删除

17. 一个队列的入队序列是 1，2，3，4，则队列的输出序列是（　　　）。

    A. 4，3，2，1 　　　B. 1，2，3，4 　　　C. 1，4，3，2 　　　D. 3，2，4，1

18. 设初始输入序列为 1，2，3，4，5，利用一个栈产生输出序列，下列（　　　）序列是不可能通过栈产生的。

    A. 1，2，3，4，5　　B. 5，3，4，1，2　　C. 4，3，2，1，5　　D. 3，4，5，2，1

19. 设栈 S 的初始状态为空，6 个元素入栈的顺序为 e1，e2，e3，e4，e5 和 e6。若出栈的顺序是 e2，e4，e3，e6，e5，e1，则栈 S 的容量至少应该是（　　　）。

    A. 6 　　　　　　　B. 4 　　　　　　　C. 3 　　　　　　　D. 2

20. 树最适合用来表示（　　　）。

    A. 有序数据元素 　　　　　　　　　　　B. 无序数据元素

    C. 元素之间具有分支层次关系的数据 　　D. 元素之间无联系的数据

21. 下列有关树的概念错误的是（　　　）。

    A. 一棵树中只有一个无前驱的结点

    B. 一棵树的度为树中各个结点的度数之和

    C. 一棵树中，每个结点的度数只和等于结点总数减 1

    D. 一棵树中每个结点的度数之和与边的条数相等

22. 下面关于二叉树的叙述正确的是（　　　）。

    A. 一棵二叉树中叶子结点的个数等于度为 2 的结点个数加 1

    B. 一棵二叉树中的结点个数大于 0

    C. 二叉树中任何一个结点要么是叶，要么恰有两个子女

    D. 二叉树中，任何一个结点的左子树和右子树上的结点个数一定相等

23. 如图所示的二叉树，其中序遍历的结果为（　　　）。

    A. abcdef 　　　　　B. abdefc 　　　　　C. dbefac 　　　　　D. defbca

24. 设 n、m 为一棵二叉树上的两个结点，在中序遍历中，n 在 m 前的条件是（　　　）。

    A. n 在 m 右子树上 　　　　　　　　B. n 是 m 的祖先

    C. n 在 m 左子树上 　　　　　　　　D. n 是 m 的子孙

25. 对线性表进行折半查找时，要求线性表必须（　　　）。

    A. 以顺序方式存储

    B. 以链接方式存储

  C.　以顺序方式存储，且结点按关键字有序排列

  D.　以链接方式存储，且结点按关键字有序排列

26.　下面关于线性表的叙述中，错误的是（　　　）。

  A.　线性表采用顺序存储，必须站用一片连续的存储单元

  B.　线性表采用顺序存储，便于进行插入和删除操作

  C.　线性表采用链接存储，不必占用一片连续的存储单元

  D.　线性表采用链接存储，便于进行插入和删除操作

27.　用数组表示线性表的优点是（　　　）。

  A.　便于插入和删除操作　　　　　　　　B.　便于随机存取

  C.　可以动态地分配存储空间　　　　　　D.　不需要占用一片相邻的存储空间

28.　一棵二叉树的前序遍历序列为 ABDGCFK，中序遍历序列为 DGBAFCK，则结点的后序遍历序列是（　　　）。

  A.　ACFKDBG　　　　B.　GDBFKCA　　　　C.　KCFAGDB　　　　D.　ABCDFKG

29.　为了减小栈溢出的可能性，可以让两个栈的栈底分别设在这片空间的两端，这样只有当（　　　）时才可能产生上溢。

  A.　两个栈的栈顶在栈空间的某一位置相遇

  B.　其中一个栈的栈顶到达栈空间的中心点

  C.　两个栈的栈顶到达栈空间的中心点

  C.　两个栈均不空，且一个栈的栈顶到达另一个栈的栈底

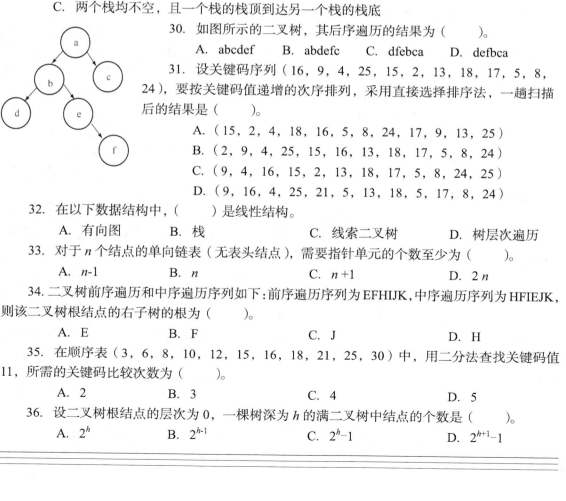

30.　如图所示的二叉树，其后序遍历的结果为（　　　）。

  A.　abcdef　　　B.　abdefc　　　C.　dfebca　　　D.　defbca

31.　设关键码序列（16，9，4，25，15，2，13，18，17，5，8，24），要按关键码值递增的次序排列，采用直接选择排序法，一趟扫描后的结果是（　　　）。

  A.　（15，2，4，18，16，5，8，24，17，9，13，25）

  B.　（2，9，4，25，15，16，13，18，17，5，8，24）

  C.　（9，4，16，15，2，13，18，17，5，8，24，25）

  D.　（9，16，4，25，21，5，13，18，5，17，8，24）

32.　在以下数据结构中，（　　　）是线性结构。

  A.　有向图　　　　B.　栈　　　　　　C.　线索二叉树　　　　D.　树层次遍历

33.　对于 n 个结点的单向链表（无表头结点），需要指针单元的个数至少为（　　　）。

  A.　n-1　　　　B.　n　　　　　　C.　n+1　　　　D.　$2n$

34.二叉树前序遍历和中序遍历序列如下:前序遍历序列为 EFHIJK，中序遍历序列为 HFIEJK，则该二叉树根结点的右子树的根为（　　　）。

  A.　E　　　　　　B.　F　　　　　　C.　J　　　　　　D.　H

35.　在顺序表（3，6，8，10，12，15，16，18，21，25，30）中，用二分法查找关键码值11，所需的关键码比较次数为（　　　）。

  A.　2　　　　　　B.　3　　　　　　C.　4　　　　　　D.　5

36.　设二叉树根结点的层次为 0，一棵树深为 h 的满二叉树中结点的个数是（　　　）。

  A.　2^h　　　　B.　2^{h-1}　　　　C.　2^h-1　　　　D.　$2^{h+1}-1$

37. 有关二叉树的下列说法正确的是（　　　）。
    A. 二叉树的度为 2
    B. 一棵二叉树的度可以小于 2
    C. 二叉树中任何一个结点的度都为 2
    D. 任何一棵二叉树中至少有一个结点的度为 2

38. 用插入排序方法进行排序，被排序的表（或序列）应采用的数据结构是（　　　）。
    A. 单链表　　　　　B. 顺序表　　　　　C. 双向链表　　　　　D. 散列表

39. 设深度为 h 的二叉树上只有度为 0 和度为 2 的结点，则此二叉树中所包含的结点至少为
（　　　）。
    A. 2h　　　　　B. 2h-1　　　　　C. 2h+1　　　　　D. h+1

40. 已知某二叉树的后序遍历序列是 DACBE 中序遍历序列是 DEBAC，则它的前序遍历序
列是（　　　）。
    A. ACBED　　　　　B. DEABC　　　　　C. DECAB　　　　　D. EDBCA

41. 某二叉树的先序和后续遍历序列正好相反，则该二叉树一定是（　　　）。
    A. 空或只有一个结点　　　　　　　　　B. 完全二叉树
    C. 二叉排序树　　　　　　　　　　　　D. 深度等于其结点数

42. 按照二叉树的定义，具有 3 个结点的二叉树有（　　　）种。
    A. 3　　　　　B. 4　　　　　C. 5　　　　　D. 6

43. 深度为 5 的二叉树至多有（　　　）个结点。
    A. 16　　　　　B. 32　　　　　C. 31　　　　　D. 10

44. 假定根结点的层次是 0，含有 15 个结点的二叉树的最小树深是（　　　）。
    A. 4　　　　　B. 5　　　　　C. 3　　　　　D. 6

45. 在一非空二叉树的中序遍历序列中，根结点的右边（　　　）。
    A. 只有右子树上的所有结点　　　　　B. 只有右子树上的部分结点
    C. 只有左子树上的部分结点　　　　　D. 只有左子树上的所有结点

46. 任何一棵二叉树的叶子结点在先序、中序和后序遍历序列中的相对次序（　　　）。
    A. 不发生变化　　　B. 发生变化　　　C. 不能确定　　　D. 以上都不对

47. 对一个满二叉树，m 个树叶，n 个结点，深度为 h，则（　　　）。
    A. $n=h+m$　　　　　B. $h+m=2n$　　　　　C. $m=h-1$　　　　　D. $n=2^h-1$

48. 若长度为 n 的线性表采用顺序存储结构，那么删除它的第 i 个数据元素之前，需要它依
次向前移动（　　　）个数据元素。
    A. $n-i$　　　　　B. $n+i$　　　　　C. $n-i-1$　　　　　D. $n-i+1$

49. 顺序查找适合于存储结构为（　　　）的线性表。
    A. 散列存储　　　B. 顺序存储或链式存储　　C. 压缩存储　　　　　D. 索引存储

50. 设一个数列的顺序为 1，2，3，4，5，6，通过队列操作可以得到（　　　）的输出序列。
    A. 3，2，5，6，4，1　　　　　B. 1，2，3，4，5，6
    C. 6，5，4，3，2，1　　　　　D. 4，5，3，2，6，1

二、填空题

1. 数据的基本单位是（　　　）。
2. 数据结构研究的主要内容包括（　　　）、（　　　）和数据元素之间的联系三方面。

3. 从逻辑结构上讲，数据结构主要分为两大类，它们是（　　　　）和（　　　　）。

4. 一个数据结构在计算机中的表示（映射）称为（　　　　）。

5. 数据的逻辑结构被分为（　　　　）、线性结构、树型结构和图形结构四种。

6. 数据的存储结构被分为（　　　　）和（　　　　）两种。

7. 在线性结构和树型结构种，前驱结点和后驱结点之间分别存在着（　　　　）和（　　　　）联系。

8. 线性表中（　　　　）称为表的长度。

9. 针对线性表的基本操作很多，但其中最基本的 4 种操作分别为插入、删除、查找和（　　　　）。

10. 若对线性表的操作主要不是插入和删除，则该线性表宜采用（　　　　）存储结构；若频繁地对线性表进行插入和删除操作，则该线性表宜采用（　　　　）存储结构。

11. 线性表的链式存储结构主要包括单链表、（　　　　）和（　　　　）3 种形式。

12. 访问单链表中的结点，必须沿着（　　　　）依次进行。

13. 在双向链表中，每个结点有两个指针域，一个指向（　　　　），一个指向（　　　　）。

14. 通常元素进栈的顺序是（　　　　）。

15. 通常元素出栈的顺序是（　　　　）。

16. 从一个循环队列中删除一个元素，通常的操作是（　　　　）。

17. 向一个循环队列中插入一个元素，通常的操作是（　　　　）。

18. 对于长度为 n 的顺序存储的线性表，当随机插入和删除一个元素时，需平均移动元素的个数为（　　　　）。

19. 在树中，一个结点的直接子结点的个数称为该结点的（　　　　）。

20. 针对线性链表的基本操作哟很多，但其中最基本的 4 种操作分别为（　　　　）、删除、查找和排序。

21. 树和二叉树的 3 个主要差别（　　　　）；树中的最大度数没有限制，而二叉树结点的最大度数为 2，树的结点无左右之分，而二叉树的结点有左右之分。

22. 在一棵二叉树中，叶子结点的个数为 n_0，度为 2 的结点的个数为 n_2，则 $n_0=$（　　　　）。

23. 结点最少的树为（　　　　），结点最少的二叉树为（　　　　）。

24. 折半法查找的存储结构仅限于（　　　　），且是有序的。

25. 已知有序表为（12，18，25，35，47，50，62，83，90，110，134），当用折半法查找 90 时，需进行（　　　　）次查找可确定成功；查找 47 时需进行（　　　　）次查找可确定成功，查找 100 时，需进行（　　　　）次查找才能确定不成功。

26. 深度为 k 的完全二叉树至少有（　　　　）个结点，至多有（　　　　）个结点，若按自上而下，从左到右的次序编号（从 1 开始），则编号最小的叶子结点的编号是（　　　　）。

27. 现有按中序遍历二叉树的结果为 abc，问有（　　　　）种不同形态的二叉树可以得到这一遍历结果。

28. 对有 n 个记录的表 $r[1\cdots n]$进行直接选择排序，所需要进行的关键字间的比较次数为（　　　　）。

29. 在插入和选择排序中，若初始数据基本正序，则选用（　　　　）；若初始数据基本反序，则选用（　　　　）。

30. 对 n 个元素的序列进行冒泡排序上时，最少的比较次数是（　　　　）。

第7章
计算思维与软件工程基础

计算思维代表着一种普遍的认识和一类普适的技能，每一个人，而不仅仅是计算机科学家，都应热心于它的学习和运用。本章将介绍计算思维概论，算法与程序设计基础以及软件工程基础。

7.1　计算思维概论

计算思维是当前国际计算机界广为关注的一个重要概念，也是近年来计算机教育领域一直研究的重点。国内外各界学者对这一课题都进行了广泛的研究和探讨，取得了一些积极的成果。本节先从思维与科学思维开始谈起，引入计算思维的定义，介绍计算思维的特征，接着对狭义计算思维和广义计算思维的范畴和原理进行了阐述，最后介绍计算思维的应用领域。

7.1.1　科学思维

思维是思维主体处理信息及意识的活动，从某种意义上说，思维也是一种广义的计算。本节将简单介绍思维及其分类，并引入科学思维，对其定义、主要表现和分类进行详细的讨论。

1.　思维基础

思维（Thinking）是人脑对客观事物的一种概括的、间接的反映，它反映客观事物的本质和规律。思维是在人的实践活动中，特别是在表象的基础上，借助于语言，以知识为中介来实现的。实践活动是思维的基础，表象是对客观事物的直接感知过度到抽象思维的一个中间环节，语言是思维活动的工具。思维是由思维原料、思维主题和思维工具等组成的。自然界提供思维的原料，人脑作为思维的主体，认识的反映形式形成了思维的工具，三者具备才有思维活动。思维具有间接性和概括性两个基本特征。

所谓思维的间接性，是指思维能对感官所不能直接把握的或不在眼前的事物，借助于某些媒介物与头脑加工来进行反映。由于人类感觉器官结构和机能的限制，由于时间和空间的限制，由于事物本身带有蕴含或内隐的特点，人们对世界上的许许多多的事物，如果单凭感官或仅仅停留在感知觉上，则是认识不到或无法认识的，那么就要借助于某些媒介物与头脑加工来进行反映。例如，内科医生不能直接看到病人内脏的病变，却能以听诊、化验、切脉、试体温、量血压、B超、CT 检验等手段为中介，经过思维加工间接判断出病人的病情。这些都是人们凭借已有的知识经验间接认识的结果。

所谓思维的概括性，是指思维通过抽取同一类事物的共同的本质特征和事物间的必然联系来反映事物。由于这一特性，人们才能通过事物的表面现象和外部特征而认识事物的本质和规律。

例如，通过感知我们只能看到具体的一只鸟的外形和活动情况，而通过思维我们才能认识鸟的本质属性：有羽毛，卵生。也只有通过思维，才会把不会飞的鸡、鸭列入鸟类，而不把会飞的蝙蝠、蜻蜓等列入鸟类。

思维的间接性和概括性是相互联系的。人之所以能够间接地反映事物，是因为人有概括性的知识经验，而人的知识经验越概括，就越能间接地反映客观事物。内科医生根据概括性的医学理论才能以中介性的检查，经过思考而间接地判断病人的病情。气象工作者根据概括性的气象规律，才能从大量天气资料中，经过思考做出天气预报。

思维有多种分类方式，按照思维的形成和应用领域，可分为科学思维与日常思维。科学思维是指形成并运用于科学认识活动的、人脑借助信息符号对感性认识材料进行加工处理的方式与途径。一般来说，科学思维比日常思维更具有严谨性与科学性。

2. 科学思维

科学思维（Scientific Thinking）是指理性认识及其过程，即经过感性阶段获取的大量材料通过整理和改造，形成概念、判断和推理，以便反映事物的本质和规律。简而言之，科学思维是大脑对科学信息的加工活动。

科学思维至少应涵盖三个方面的内容：一是思维要与客观实际相符合。二是要求遵循形式逻辑的规律和规则，在此基础上向深度和广度发展，深度是指思维的深刻性，即对事物的本质和规律认识的深透程度；广度是指思维的广阔性，即认识领域的宽广程度，这就要整体性、动态性的思维，也就是辩证思维。三是要求思维具有创新性。

如果从科学思维的具体手段及其科学求解功能划分，那么科学思维可分为发散求解思维（求异思维、形象思维和直觉思维）、逻辑解析思维（类比思维、归纳思维和演绎思维）、哲理思辨思维（次协调思维、系统思维和辩证思维）、理论建构与评价思维等。如果从人类认识世界和改造世界的思维方式出发，科学思维又可分为理论思维、实验思维和计算思维 3 种。

理论思维（Theoretical Thinking）又称逻辑思维，是指通过抽象概括建立描述事物本质的概念，应用科学的方法探寻概念之间联系的一种思维方法。它是以推理和演绎为特征，以数学学科为代表。理论源于数学，理论思维支撑着所有的学科领域。正如数学一样，定义是理论思维的灵魂，定理和证明是它的精髓，公理化方法是最重要的理论思维方法。

实验思维（Experimental Thinking）又称实证思维，是通过观察和实验获取自然规律法则的一种思维方法。它是以观察和归纳自然规律为特征，以物理学科为代表。与理论思维不同，实验思维往往需要借助某种特定的设备，并使用它们来获取数据以便进行分析。

计算思维（Computational Thinking）又称构造思维，是指从具体的算法设计规范入手，通过算法过程的构造与实施来解决给定问题的一种思维方法。它是以设计和构造为特征，以计算学科为代表。计算思维是运用计算机科学的基础概念去求解问题、设计系统和理解人类行为的涵盖了计算机科学之广度的一系列思维活动。例如模式识别、决策和优化等算法都属于计算思维范畴。

7.1.2　计算思维概念

计算思维虽然在人类科学思维中早已存在，但其研究却比较缓慢，计算机的出现带来了根本性的改变，计算机对于信号和符号的快速处理能力，使得许多原本只是理论可以实现的过程变成了实际可以实现的过程，例如海量数据的处理，借助于计算机实现了从想法到产品的整个过程的自动化，大大拓展了人类认知世界和解决问题的能力和范围。显然，借助于计算机，计算思维的意义和作用进一步浮现出来了。

1. 什么是计算思维

计算思维一词在中文里不是一个新的名词，但一直是个朦胧的概念。早在 1992 年，黄崇福博士指出，计算思维是思维过程或功能的计算模拟方法论，其核心内容是注重通过对人脑思维方式的认识，建立一些与人脑思维方式更为相像的计算方法，通过对这些方法的实践，又反过来校正我们对思维方式的认识。

2006 年 3 月，美国卡内基·梅隆大学计算机科学系主任周以真（Jeannette M. Wing）教授在美国计算机权威期刊《Communications of the ACM》杂志上给出，并定义的计算思维（Computational Thinking）。周教授认为："计算思维是运用计算机科学的基础概念进行问题求解、系统设计以及人类行为理解等涵盖计算机科学之广度的一系列思维活动。"她认为不久的将来，计算思维会像普适计算一样成为现实，对科学的进步有举足轻重的作用。在这个概念中，计算机科学是综合性学科，它依赖于先进的计算机及计算技术对理论科学、大型实验、观测数据、应用科学、国防以及社会科学进行规模化、模拟与仿真、计算等。特别是对极复杂系统进行建模与程序化，然后利用计算机给出严格理论及实验无法达到的过程数据或者直接模拟出整个复杂过程的演变或者预测过程的发展趋势。

为了便于人们理解，周以真教授对计算思维做了进一步的阐述，表述了如下 6 个方面的观点：

计算思维是概念化思维，远远不只是为计算机编写程序还要求能够在抽象的多个层次上思维。计算机科学不只是关于计算机，就像音乐产业不只是关于麦克风。

计算思维是基础技能，而不是机械技能。基础技能是每一个人为了在现在社会中发挥应有的职能所必须掌握的，生搬硬套的机械技能意味着机械的重复，计算思维不是一种简单、机械的重复。

计算思维是人的思维，不是计算机的思维。计算思维是人类求解问题的一条途径，但决非要使人类像计算机那样地思考，计算机枯燥且沉闷，人类聪颖且富有想象力，是人类赋予计算机激情，配置了计算设备，我们就能用自己的智慧去解决那些在计算时代之前不敢尝试的问题，实现"只有想不到，没有做不到"的境界。

计算思维是数学和工程思维的互补与融合。计算机科学在本质上源自数学思维，因为像所有的科学一样，其形式化基础建筑于数学之上。计算机科学又从本质上源自工程思维，因为我们建造的是能够与实际世界互动的系统，基本计算设备的限制迫使计算机学家必须计算性地思考，不能只是数学性地思考。构建虚拟世界的自由使我们能够设计超越物理世界的各种系统。

计算思维是思想，不是人造物。不只是我们生产的软件硬件等人造物将以物理形式到处呈现并时时刻刻触及我们的生活，更重要的是还将有我们用以接近和求解问题、管理日常生活以及与他人交流和互动。

计算思维面向所有人、所有领域。计算思维是面向所有人的思维，而不是计算机科学家的思维，如同所有人具备"读、写、算"能力一样，计算思维是必须具备的思维能力，它吸取了问题求解所采用的一般数学思维方法，用于对现实世界中巨大复杂系统进行设计与评估的一般工程思维方法，以及具有复杂性、智能、心理、人类行为理解等一般科学思维方法，它建立在计算过程的能力和限制之上，不管这些过程是由人执行，还是由机器执行。

周以真教授同时提出，计算思维的本质是抽象（Abstraction）和自动化（Automation）。它反映了计算机的根本问题，即什么能被有效地自动进行。计算是抽象的自动执行，自动化需要某种计算机去解释抽象。从操作层面上讲，计算就是如何寻找一台计算机去求解问题，隐含地说就是要确定合适的抽象，选择合适的计算机去解释执行该抽象，后者就是自动化。

计算思维中的抽象完全超越物理的时空观，可以完全用符号来表示，其中，数字抽象只是一类特例。与数学相比，计算思维中的抽象显得更为丰富，也更为复杂，数学抽象的特点是抛开现实事物的物理、化学和生物的特性，仅保留其量的关系和空间的形式，而计算思维中的抽象却不仅仅如此。堆栈是计算学科中常见的一种抽象数据类型，这种数据类型就不可能像数学中的数字那样进行运算。

抽象层次是计算思维中的一个重要概念，它使人们可以根据不同的抽象层次，进而有选择地忽视某些细节，最终控制系统的复杂性。在分析问题时，计算思维要求将注意力集中在感兴趣的抽象层次或其上下层，还应当了解各抽象层次之间的关系。

计算思维中的抽象最终是要能一步一步自动执行。为了确保机械地自动化，就需要再抽象过程中进行精确、严格的符号标记和建模，同时也要求计算机系统或软件系统生产厂家能够向公众提供各种不同抽象层次之间的翻译工具。

2. 狭义计算思维与广义计算思维

计算思维的研究包含两层意思——计算思维研究内涵和计算思维推广与应用的外延两个方面。其中，立足计算机科学本身，研究该学科中涉及的构造性思维就是狭义的计算思维；而就计算思维进行推广和应用而言，对其概念的外延进行拓展后的思维方式可称为广义的计算思维。

（1）狭义的计算思维。1972 年图灵奖得主 Edsger Dijkstra 曾说过："我们所使用的工具影响着我们的思维方式和思维习惯，从而也将深刻地影响着我们的思维能力"。狭义计算思维就是立足计算学科本身，研究该学科中涉及的构造性思维活动。狭义计算思维是从计算学科的方法论出发，讨论借助于计算机求解客观世界的实际问题。这里涉及特定的计算科学思想、方法、理论和技术。

随着计算机的出现，机器与人类有关的思维与实践活动反复交替、不断上升，从而大大推动了计算思维与实践活动向更高的层次迈进。在实践活动中，特别是在构造高校的计算方法、研制高性能计算机、取得计算成果的过程中，把计算思维的精华体现得淋漓尽致，也形成了计算思维的许多规律。具体来说，计算机学科的出现实现了：

① 理论可以实现的过程变成了实际可以实现的过程；
② 实现了从想法到产品整个过程的自动化、精确化和可控化；
③ 实现了自然现象与人类社会行为模拟；
④ 实现了海量信息处理分析，复杂装置与系统设计，大型工程组织等；
⑤ 大大拓展了人类认知世界和解决问题的能力和范围。

而基于以上的计算机科学的发展则充分利用了数学思维和工程思维，随着计算机科学的高速发展，它以计算机问题为载体，通过发现问题、解决问题的形式，达到对现实世界与计算机世界的统一及转换的一般性认识的思维过程。因而，从狭义的计算思维的观点来看，通过立足计算机学科和计算的本质来研究计算思维是最好的突破口，也能将研究的方法论落到实处。

下面简单介绍在不同层面、不同视角下人们对狭义计算思维的一些认知观点。

① 计算思维强调用抽象和分解来处理庞大而复杂的任务或者设计巨大的系统。它关注分离，选择合适的方式去陈述一个问题，或者是选择合适的方式对一个问题的相关方面建模使其易于处理。它是利用不变量简明扼要且表述性地刻画系统的行为。它是我们在不必理解每一个细节的情况下就能够安全地使用、调整和影响一个大型复杂系统的信心。它就是为预期的多个用户而进行的模块化，它就是为预期的未来应用而进行的预置和缓存。

② 计算思维是通过冗余、堵错、纠错的方式，在最坏情况下进行预防、保护和恢复的一种

思维。它称堵塞为死结，叫合同为界面。它就是学习在协调同步相互会合时如何避免竞争的情形。

③ 计算思维是利用启发式推理来寻求解答。它就是在不确定情况下的规划、学习和调度。计算思维是利用海量的数据来加快计算，它就是在时间和空间之间，在处理能力和存储容量之间的权衡。

④ 计算思维是通过约简、嵌入、转化和仿真等方法，把一个困难的问题阐释成如何求解它的思维方式。

⑤ 计算思维是一种递归思维，是一种并行处理，是一种把代码译成数据又能把数据译成代码，是一种多维分析推广的类型检查方法。

⑥ 计算思维是一种选择合适的方式陈述一个问题，或对一个问题的相关方面建模使其易于处理的思维方式。

（2）广义的计算思维。就计算思维进行推广和应用而言，对其概念的外延进行拓展的思维方式就是广义计算思维。广义计算思维研究的内容十分广泛，需要侧重哲学的角度，从辩证法、认识论、逻辑学的范畴去理解，更应吸收计算学科的丰硕成果，从而在体系、内容和研究方法等方面更具实践性、科学性和时代性。它是综合计算科学、哲学、教育学、心理学等多学科而形成的一种新的思维理论。通过多学科方法，创造性地使用计算概念、模型、算法、工具与系统等，对科学与工程领域产生新的理解、新的模式，从而创造出革命性的研究成果。

广义计算思维已经成为人类求解问题的一条根本途径。当广义计算思维真正融入人类活动时，它是面向所有人的。作为一个问题解决的有效工具，人人都应当掌握，处处都会被使用，是真正的"只是生产力"。由于广义计算思维的主体是具有特殊生理和心理机制的人，其客体是客观世界。

3. 计算思维的应用

在神经科学中，大脑是人体中最难研究的器官，科学家可以从肝脏、脾脏和心脏中提取活细胞进行活体检查，唯独要想从大脑中提取活检组织仍是个难以实现的目标。无法观测获得大脑细胞一直是精神病研究的障碍。精神病学家目前重换思路，从患者身上提取皮肤细胞，转成干细胞，然后再将干细胞分裂成所需要的神经元，最后得到所需要的大脑细胞，首次在细胞水平上，观测到精神分裂患者的脑细胞。这是一种新的思维方法，为科学家提供了以前不曾想到的解决方案。

在物理学中，物理学家和工程师们仿照经典计算机处理信息的原理，对量子比特（qubit）中所包含的信息进行监控，比如说控制一个电子或原子核自旋的上下取向，与现在的计算机进行对比，量子比特能同时处理两个状态，这就意味着它能同时进行两个计算过程，这将赋予量子计算机超凡的能力，远远超过今天的电脑。现在的研究集中在使量子比特始终保持相干，不受周围环境噪声的干扰，比如周围原子的推推搡搡。随着物理学与计算机学的融合发展，量子计算机"走入寻常百姓家"将不再是梦想。

在地质学中，"地球是一台模拟计算机"，用抽象边界和复杂性层次模拟地球和大气层，并且设置了越来越多的参数来进行测试，地球甚至可以模拟成一个生理测试仪，跟踪测试在不同地区的人们的生活质量、出生率和死亡率、气候影响等。

在体育中，阿姆斯特朗的"自行车车载计算机"跟踪人车统计数据；Synergy Sports 公司通过对 NBA 视频进行分析，力求通过分析改进球员的技术；此外，引入了精彩的全新模式，对《劲爆美国职篮》游戏从里到外的革新。具体做法是引入动态服务，《劲爆美国职篮》将玩家与现实NBA 篮坛之间的连结提升至前所未有的层次，该游戏带来了 NBA 球队的详尽分析调查情报，并依据球员与球队在现实世界中的表现进行每日更新，包括目前的交易、伤兵、球员倾向等，让玩家每次都可获得最新鲜的感受。

7.2　算法与程序设计基础

狭义的计算思维研究的是关于怎么把问题求解过程映射成计算机程序的方法。从某种意义上来说，算法与数据结构是计算机程序的两大基础，算法是程序的"灵魂"。N.Wirth 教授在谈到算法与数据结构两者的联系时明确地指出"程序就是在数据的某些特定的表示方法和结构的基础上对抽象算法的具体表述"，"算法+数据结构=程序"。

本节介绍的内容涉及软件开发技术的两个内容：算法、程序设计基础。其中算法部分主要介绍算法的概念、算法的评价、算法的设计要求；程序设计基础部分主要介绍程序设计的概念、结构化程序设计方法、面向对象程序设计方法。

7.2.1　算法

1. 什么是算法

算法（Algorithm）是指对解决问题的方法和步骤的准确而完整的描述。算法是一种求解问题的思维方式，研究和学习算法能锻炼我们的思维，使我们的思维变得更加清晰、更有逻辑。算法是对事物本质的数学抽象，看似深奥却体现着点点滴滴的朴素思想。因此，学习算法的思想，其意义不仅仅在于算法本身，对日后的学习和生活都会产生深远的影响。

事实上，我们日常生活中到处都在使用算法，只是没有意识到罢了。例如我们购物，首先要确定买什么，然后挑选，最后付款，这一系列活动实际上就是我们购物的"算法"。又比如，交换红豆和绿豆，红色篮子装红豆，绿色篮子装绿豆，现要把红豆装进绿篮子，绿豆装进红篮子，该怎么做呢？

这个问题很简单，可以找一个空篮子来倒腾一下就可以了，算法如下：

第一步：将红豆装进空篮子；

第二步：将绿豆装进红篮子；

第三步：将红豆装进绿篮子；

第四步：结束。

这个简单的算法我们用自然语言来描述，大家很容易理解，觉得有些"啰嗦"。如果用 r 代表红篮子，g 代表绿篮子，用 e 代表空篮子，用符号"⇐"表示把一个篮子里的豆子倒入另一个篮子中，那么上述算法就可以表示如下：

e ⇐ r

r ⇐ g

g ⇐ e

可见，这样表示一个算法，简洁明了。

2. 算法的特征

算法实际上是一组严谨地定义运算顺序的规则，并且每一个规则都是有效且明确的，此顺序将在有限的次数下终止。作为一个算法，一般应具有以下几个基本特征。

可行性：算法的可行性主要包括两个方面，一是算法中的每一个步骤必须是能实现的；二是算法执行的结果能到到预期的目的。

确定性：算法中的每一个步骤都必须有明确的定义，不允许有模棱两可的解释和多义性。

有穷性：算法必须在执行有穷步骤之后结束。就是任何算法必须在有限时间内完成。

有零个或多个输入，有一个或多个输出：算法在开始之前需要初始数据，初始数据可以是通过输入或程序对数据进行初始化，因而一个算法可以有零个到多个输入。一个算法执行的结果总是与初始数据有关，而程序最终的结果要通过输出设备输出给用户，因而一个算法至少要有一个输出。

3. 算法的基本要素

一是对数据对象的运算和操作，每个算法实际上是按照解题要求从环境能进行的所有操作中选择合适的操作所组成的一组指令序列，基本运算和操作有以下 4 类：

算术运算：加、减、乘、除。

逻辑运算：与、或、非。

数据比较：大于、小于、等于、不等于。

数据传输：输入、输出、赋值。

二是算法的控制结构，算法中各操作之间的执行顺序称为算法的控制结构，算法的功能不仅取决于所选择的操作，还与各操作之间的执行顺序有关。任何复杂的算法都可以用顺序、选择、循环 3 种控制结构组合，所以这 3 种控制结构称为算法的 3 种基本控制结构。

4. 算法设计的基本方法

（1）穷举法（也称枚举法）。计算机与人相比它的最大特点就是计算速度非常快，枚举法正是利用了计算机的这一特性，它的基本思想是：首先依据题目的部分条件确定答案的大致范围，然后在此范围内对所有可能的情况逐一验证，直到全部情况验证完为止。若某个情况使验证符合题目的条件，则为本题的一个答案；若全部情况验证后均不符合题目的条件，则问题无解。枚举的思想作为一种算法能解决许多问题。例如百鸡问题：公鸡 5 元，母鸡 3 元，小鸡 1 元，一百元可以买一百只鸡，每种鸡至少一只，有多少种买法？

（2）递推法。如果对求解问题能够找出某种规律，采用归纳法可以提高算法的效率。递推法是算法设计中最常用的重要方法之一。在许多情况下，对求解的问题不能归纳出简单的关系式，但在其前、后项之间却能够找出某种普遍使用的关系，利用这种关系便可从已知项的值递推出未知项的值来。求多项式值的秦九韶算法，就是利用了这种递推关系。

（3）递归法。递归是设计和描述算法的一种有力的工具，由于它在复杂算法的描述中被经常采用，为此在进一步介绍其他算法设计方法之前先讨论它。

能采用递归描述的算法通常有这样的特征：为求解规模为 N 的问题，设法将它分解成规模较小的问题，然后从这些小问题的解方便地构造出大问题的解，并且这些规模较小的问题也能采用同样的分解和综合方法，分解成规模更小的问题，并从这些更小问题的解构造出规模较大问题的解。特别地，当规模 N=1 时，能直接得解。

递归算法的执行过程分递推和回归两个阶段。在递推阶段，把较复杂的问题（规模为 n）的求解推到比原问题简单一些的问题（规模小于 n）的求解。在回归阶段，当获得最简单情况的解后，逐级返回，依次得到稍复杂问题的解。

在编写递归函数时要注意，函数中的局部变量和参数知识局限于当前调用层，当递推进入"简单问题"层时，原来层次上的参数和局部变量便被隐蔽起来。在一系列"简单问题"层，它们各有自己的参数和局部变量。

（4）回溯法。回溯法也称为试探法，该方法首先暂时放弃关于问题规模大小的限制，并将问题的候选解按某种顺序逐一枚举和检验。当发现当前候选解不可能是解时，就选择下一个候选解；

倘若当前候选解除了还不满足问题规模要求外，满足所有其他要求时，继续扩大当前候选解的规模，并继续试探。如果当前候选解满足包括问题规模在内的所有要求时，该候选解就是问题的一个解。在回溯法中，放弃当前候选解，寻找下一个候选解的过程称为回溯。扩大当前候选解的规模，以继续试探的过程称为向前试探。

对于具有完备约束集 D 的一般问题 P 及其相应的状态空间树 T，利用 T 的层次结构和 D 的完备性，在 T 中搜索问题 P 的所有解的回溯法可以形象地描述为：

从 T 的根出发，按深度优先的策略，系统地搜索以其为根的子树中可能包含着回答结点的所有状态结点，而跳过对肯定不含回答结点的所有子树的搜索，以提高搜索效率。具体地说，当搜索按深度优先策略到达一个满足 D 中所有有关约束的状态结点时，即"激活"该状态结点，以便继续往深层搜索；否则跳过对以该状态结点为根的子树的搜索，而一边逐层地向该状态结点的祖先结点回溯，一边"杀死"其儿子结点已被搜索遍的祖先结点，直到遇到其儿子结点未被搜索遍的祖先结点，即转向其未被搜索的一个儿子结点继续搜索。

在搜索过程中，只要所激活的状态结点又满足终结条件，那么它就是回答结点，应该把它输出或保存。由于在回溯法求解问题时，一般要求出问题的所有解，因此在得到回答结点后，同时也要进行回溯，以便得到问题的其他解，直至回溯到 T 的根且根的所有儿子结点均已被搜索过为止。

在用回溯法求解问题，也即在遍历状态空间树的过程中，如果采用非递归方法，则我们一般要用到栈的数据结构。这时，不仅可以用栈来表示正在遍历的树的结点，而且可以很方便地表示建立孩子结点和回溯过程。

（5）分治法。任何一个可以用计算机求解的问题所需的计算时间都与其规模 N 有关。问题的规模越小，越容易直接求解，解题所需的计算时间也越少。而当 n 较大时，问题就不那么容易处理了。要想直接解决一个规模较大的问题，有时是相当困难的。分治法的设计思想是，将一个难以直接解决的大问题，分割成一些规模较小的相同问题，以便各个击破，分而治之。

如果原问题可分割成 k 个子问题（1<k≤n），且这些子问题都可解，并可利用这些子问题的解求出原问题的解，那么这种分治法就是可行的。由分治法产生的子问题往往是原问题的较小模式，这就为使用递归技术提供了方便。在这种情况下，反复应用分治手段，可以使子问题与原问题类型一致而其规模却不断缩小，最终使子问题缩小到很容易直接求出其解。这自然导致递归过程的产生。分治与递归像一对孪生兄弟，经常同时应用在算法设计之中，并由此产生许多高效算法。

分治法所能解决的问题一般具有以下几个特征：
- 该问题的规模缩小到一定的程度就可以容易地解决；
- 该问题可以分解为若干个规模较小的相同问题，即该问题具有最优子结构性质；
- 利用该问题分解出的子问题的解可以合并为该问题的解；
- 该问题所分解出的各个子问题是相互独立的，即子问题之间不包含公共的子问题。
分治法在每一层递归上都有 3 个步骤：
- 分解：将原问题分解为若干个规模较小，相互独立，与原问题形式相同的子问题；
- 解决：若子问题规模较小而容易被解决则直接解，否则递归地解各个子问题；
- 合并：将各个子问题的解合并为原问题的解。
分治法的合并步骤是算法的关键所在。有些问题的合并方法比较明显，有些问题合并方法比较复杂，或者是有多种合并方案；或者是合并方案不明显。究竟应该怎样合并，没有统一的模式，需要具体问题具体分析。

5. 算法的评价

要评价一个算法，首先要考虑算法的时间复杂度和算法的空间复杂度，其次算法应具有良好的结构、易于理解、易于修改，可见算法的可读性也很重要。

（1）算法的时间复杂度（Time Complexity）。

算法的时间复杂度是指执行算法所需要的计算工作量，即整个程序中语句的重复执行次数之和作为此程序运行的时间特征。同一个算法用不同的语言实现，用不同的编译程序进行编译，在不同的计算机上运行，效率均可能不同，这表明使用绝对的时间单位衡量算法的效率是不合适的。抛开这些与计算机硬件、软件有关的因素，可以认为一个特定算法"运行工作量"的大小，只依赖于问题的规模（通常用整数 n 表示），它是问题的规模函数，即

算法的工作量=f(n)

例如，在 $N \times N$ 矩阵相乘的算法中，整个算法的执行时间与该基本操作（乘法）重复执行的次数 n^3 成正比，也就是时间复杂度为 n^3，即

$$f(n) = O(n^3)$$

例如，对于下例 3 个简单的程序段：

① x = x+1

② for(i=1; i<=n; i++)

　　x=x+1

③ for(i=1; i<=n; i++)

　　for(j=1; j<=n; j++)

　　　x=x+1

包含基本操作"x=x+1"的语句的频度分别为　1，n，n^2，则这 3 个程序段的时间复杂度分别为 $O(1)$，$O(n)$ 和 $O(n^2)$，分别称作常数阶、线性阶和平方阶。

常用的时间复杂度，按数量级递增排列依次为：常数阶 $O(1)$、对数阶 $O(\log 2^n)$、线性阶 $O(n)$、线性对数阶 $O(n\log 2^n)$、平方阶 $O(n^2)$、立方阶 $O(n^3)$、……、k 次方阶 $O(n^k)$、指数阶 $O(2^n)$。

（2）算法的空间复杂度（Space Complexity）。

算法的空间复杂度是指执行这个算法所需要的内存空间。程序在计算机上运行所占用的内存空间同样是问题规模 n 的一个函数，称为算法的空间复杂度，记为 S(n)。

一个算法所占用的存储空间包括算法程序所占的空间、输入的初始数据所占的存储空间以及算法执行过程中所需要的额外空间。其中额外空间包括算法程序执行过程中的工作单元以及某种数据结构所需要的附加存储空间。如果额外空间量相对于问题规模来说是常数，则称该算法是原地（in place）工作的。在许多实际问题中，为了减少算法所占的存储空间，通常采用压缩存储技术，以便尽量减少不必要的额外空间。

7.2.2　程序设计基础

利用计算机技术解决客观世界里的实际问题，必定需要相应的应用程序。从用户视角看，人们需要执行应用程序；从程序员视角看，人们需要开发这类特定的应用程序。开发程序自然就需要理解程序设计过程中的特定思想，否则就会遇到一些问题。本节不打算讲解如何编写程序，只是从程序思维的角度介绍一些基本概念、技术和方法，以便让大家对程序设计思维有一个基本、准确的认识。这些认识会为学习计算机语言和程序设计打下扎实基础。

1. 程序设计语言简介

对程序设计语言的分类可以从不同的角度进行，如面向机器的程序设计语言、面向过程的程序设计语言、面向对象的程序设计语言等。最常见的分类方法是根据程序设计语言与计算机硬件的联系程度将其分成三类，即机器语言、汇编语言和高级语言。

（1）机器语言。

从本质上说，计算机只能识别 0 和 1 这两个数字，因此，计算机能够直接识别的指令是由一连串 0 和 1 组合起来的二进制编码，称为机器指令。在设计计算机处理器硬件时规定了一组能够在其上运行的机器指令，这些指令的集合称为该处理器硬件的指令集。机器语言程序是指令集中的二进制代码表示的、计算机能够直接识别和执行的机器指令的集合。它是计算机的设计者通过计算机的硬件结构赋予计算机的操作功能。

机器语言是直接操作硬件的，它是唯一能够被计算机直接识别和执行的程序设计语言。机器语言的优点是能够被计算机直接识别，占用内存少，执行速度快。但通常人们编程时，不采用机器语言，因为它非常难于记忆和识别。用机器语言编写程序，编程人员要首先知道所用计算机的全部指令代码和代码的含义，必须自己处理每条指令和每一数据的存储分配和输入输出，还得记住编程过程中每步所使用的工作单元处在何种状态。这是一件十分烦琐的工作，编写程序往往要花话费很长的时间，效率低下。机器语言程序全是由 0 和 1 二进制代码构成的，直观性差，容易出错，难以调试。另外，由于机器语言对机器的依赖性，所以使得用机器语言编写的程序的可移植性较差。不同型号的计算机其机器语言是不相通的，按照一种计算机的机器指令编制的程序，一般不能在另一种计算机上执行。现在，一般只有设计制造计算机底层硬件的人员还在使用机器语言。

（2）汇编语言。

为了减轻程序设计的繁重程度，提高程序设计的效率，人们设计提出了汇编语言。汇编语言的实质是用容易记忆的符号（例如英文单词或缩写）来指代机器语言的二进制指令。

汇编语言程序的可读性有了很大提高。但是，计算机并不能直接运行汇编语言程序，需要有一个转换程序把用汇编语言写的程序转换成机器语言程序。这个转换过程称为汇编，而这个转换程序称为汇编程序。汇编程序的主要作用就是把汇编语言源程序转换成用二进制代码表示的目标程序，以便计算机能够识别。虽然目标程序已是二进制形式，但它还不能被直接执行，需要使用连接程序把目标程序与库文件或其他目标程序（如别人编号的程序段）连接在一起，才能形成计算机可以执行的程序。如果把硬件和汇编程序一起看作一个整体的虚拟机，则这个虚拟机是可以直接运行汇编语言程序的，因此也把这个虚拟整体称为汇编语言虚拟机。

实际上，汇编语言和机器语言本质的不同就是汇编指令采用了英文缩写的标识符，更容易识别和记忆，它同样需要编程者将每一步具体的操作用命令的形式写出来，汇编语言程序的每一个指令只能对应实际操作过程中的一个很细微的动作，例如移动、自增，因此汇编语言源程序一般比较冗长、复杂、容易出错，且开发时间常。类似地，不同型号的计算机其汇编语言是不相通的，为一种计算机编制的汇编程序，一般不能在另一种计算机上执行。

当然，汇编语言的优点也是显而易见的，它提供了和机器语言一样对硬件的操控能力和灵活性，汇编语言所能完成的某些操作是一般高级语言所不能实现的，而且由汇编语言程序经汇编生成的可执行文件执行速度很快。因此，可以使用汇编语言编制那些使用频率高或要求处理时间短的程序，例如实时测控系统这类软件仍用汇编语言来编写。

（3）高级语言。

为了进一步提高程序设计生产率，提高程序的可读性，从根本上改变语言体系，使计算机语言更接近于自然语言，并力求使语言脱离具体机器，达到程序可移植的目的，20世纪50年代末终于创造出独立于机型的、接近于自然语言的、容易学习和使用的高级语言。高级语言是一种用接近自然语言和数学语言的语法、符号描述基本操作的程序设计语言，它符合人们叙述问题的习惯，因此简单易学。一条高级语言程序指令往往相当于很多条汇编语言程序指令。需要注意的是，高级语言是一类语言的系统，而并不是特指某一种具体的语言，人们设计了很多种高级语言。不同的高级语言可能在语法、功能和适用范围等方面有很大的不同。

用高级语言编写的程序称为高级语言源程序。同汇编语言一样，高级语言源程序也不能被计算机直接识别，必须使用专门的翻译程序将其翻译成用二进制代码表示的目标程序后才能被计算机所识别。每种高级语言都有自己的翻译程序，互相不能代替。

这种"翻译"通常有两种方式，即解释和编译。

① 解释方式。

运行高级语言源程序的时候，解释程序进行逐句翻译，计算机逐句执行，并不产生目标程序，整个过程类似于"同声传译"。程序执行时，解释程序随同源程序一起参加运行，如图7-1所示。

图 7-1　解释程序的作用

解释方式执行速度慢，但可以进行人机对话，对初学者来说非常方便。例如，早期的BASIC语言多数采用解释方式。

② 编译方式。

编译方式的翻译工作由编译程序来完成。编译程序对源程序进行编译处理后，产生一个与源程序等价的目标程序，因为在目标程序中还可能要用一些计算机内部现有的程序（即内部函数或内部过程）或其他现有的程序（即外部函数或外部过程）等，所有这些程序还没有连接成一个整体，因此这时产生的目标程序还无法运行，需要使用连接程序将目标程序与其他程序段组装在一起，才能形成一个完整的可执行程序存放在计算机内。以后每次运行的是可执行文件，而不是高级程序语言的源文件，整个过程类似于"书面翻译"。编译方式如图7-2所示。

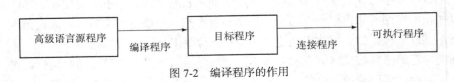

图 7-2　编译程序的作用

解释是在程序运行的时候进行的，会影响程序的运行速度，但不会产生额外的文件，而翻译是在程序运行前进行的，程序运行速度不会影响，但会产生额外的可执行文件，而且源程序如果有改动的话，要重新进行编译以得到新的可执行文件。包括C、Pascal、FORTRAN、COBOL等在内的大多数高级语言都采用编译方法，而BASIC语言则采用解释方式为主。

高级语言与自然语言更接近，脱离了具体的指令系统，便于程序人员掌握和使用。通过在不同型号的计算机系统中采用相应的翻译程序，高级语言的通用性更强，兼容性更好，便于移植。如果把翻译程序和汇编语言虚拟机看作一个虚拟整体的话，这个虚拟机是可以直接运行高级语言程序的，因此也把这个虚拟整体称作"高级语言虚拟机"。

数目繁多的高级程序设计语言可以按照其设计理念和组织原理分为几个大类：命令式程序设

计语言、函数式程序设计语言和逻辑程序设计语言。其中命令式程序设计语言又可以分为结构化程序设计语言和面向对象程序设计语言。这几类语言将在后面的几节中介绍。

2. 程序设计语言发展历程

（1）1940～1950：开端

真正意义上的现代计算机程序设计语言是伴随着电子计算机的产生而产生的。德国工程师和计算机先驱康拉德·楚泽在 1941 年设计了世界上的第一个有完备程控功能的图灵计算机 Z3 并实现了其后续机型的商业化。1943 年，楚泽设计了 Plankalkul 语言，但是直到 1948 年才正式发表。而 Plankalkul 的第一个编译器直到 1998 年才实现。同时，世界上第一台电子计算机 ENIAC 的编程语言 ENIAC coding system 也于 1943 年设计出来。

（2）1950～1967：百花齐放的领域

20 世纪 50 年代初到 60 年代中期时计算机程序设计发展的一个百花齐放的阶段，涌出很多新的语言。其中数种语言到现在依然广泛使用，甚至产生了很多分支，比如 FOR TRAN、LISP、COBOL 和 BASIC 等。ALGOL 语也在这个阶段出现，标志着程序设计语言学科领域的开始。此外，第一个带有面向对象程序设计特征的语言 Slmula 也是在这个阶段出现的。

（3）1968～1978：范型发展阶段

20 世纪 60 年代末到 70 年代末是计算机程序设计语言的另一个大发展时期，各种范型的语言都出现了。这个时期同样也涌现了很多目前广泛使用的语言，例如应用最普遍的系统级语言 C、第一个完全意义上的面向对象程序设计语言 Smalltalk、影响深远的面向结构化程序设计语言 Pascal、逻辑式程序设计语言 Prolog 以及数据应用领域的标准语言 SQL 等。

此外，这个阶段还爆发了关于结构化程序设计中是否应该使用 goto 语句的大讨论。著名计算机科学家、1972 年图灵奖得主迪杰斯特拉是使用 goto 语句的坚决反对者。目前，大部分的程序员都认为使用 goto 语句是有害的。

（4）1979～1989：巩固提高阶段

20 世纪 80 年代并没有出现新的范型类型的程序设计语言，发展的重点集中在已有语言的巩固与提高上。C++ 把面向对象和系统级程序设计结合起来；美国政府为国防项目承包商规定了标准化的 Ada 语言；日本政府以及其他地方投入了大量的资金对采用逻辑程序设计语言结构的第五代语言进行研究。函数式程序设计语言领域则把焦点转移到标准化 ML 及 LISP 语言上。

（5）1990～1999：互联网时代

20 世纪 90 年代互联网的飞速发展也是程序设计语言领域的一个重要里程碑。新平台的出现也促进了新语言的发生和发展，Java 就是在这个阶段应运而生的。函数式程序设计器语言在这个阶段取得了长足的发展。同时，许多"快速应用程序开发"（RAD）语言也应运而生，这些语言大多是由已有语言衍生出的面向对象语言，整合了集成开发环境和垃圾回收等机制，包括 Visual Basic、Visual C++、Delphi 等。这个阶段出现的主要语言包括函数式语言 Haskell、网页语言 HTML、RAD 语言 Visual Basic 和 Delphi 以及著名脚本语言 Python 等。

（6）2000 年至今：进一步发展的新世纪

进入新世纪，程序设计语言继续在学术和工业界两个方面发展。这段时间出现的主要语言包括 C# 和 .NET 等。

3. 结构化程序设计

由于软件危机的出现，人们开始研究程序设计方法，其中最受关注的是结构化程序设计方法。20 世纪 70 年代提出了"结构化程序设计（Structured Programming）"的思想和方法。结构化程序设计方法引入了工程思想和结构化思想，使大型软件的开发和编程都得到了极大的改善。

（1）结构化程序设计的原则。

一个结构化程序就是用高级语言表示的结构化算法，这种程序便于编写、阅读、修改和维护，这就减少了程序出错的机会，提高了程序的可靠性，保证了程序的质量。结构化程序设计应遵循以下原则：

① 自顶向下。

程序设计时，应先考虑总体，后考虑细节；先考虑全局目标，后考虑局部目标。这种程序结构按功能划分为若干个基本模块，这些模块形成一个树状结构，使程序具有清晰的层次结构，程序容易阅读和理解。

② 逐步求精。

对复杂问题，应设计一些子目标做过渡，逐步细化。这种方法便于验证算法的正确性，在向下一层展开之前应仔细检查本层设计是否正确，只有上一层是正确的才能向下细化，如果每一层设计都没有问题，则整个算法就是正确的。

③ 模块化。

模块化是把程序要解决的总目标分解为分目标，再进一步分解为具体的小目标，把每个小目标称为一个模块。因此，模块化降低了程序的复杂度，使程序设计、调试和维护等操作简单化。

④ 限制使用 GOTO 语句。

1974 年 Knuth 证实了滥用 GOTO 语句确实有害，应尽量避免，但是完全避免使用 GOTO 语句也并非是个明智的方法，有些地方使用 GOTO 语句，会使程序流程更清楚、效率更高，所以，如何使用 GOTO 语句，应该取决于程序的结构。

（2）结构化程序的基本结构与特点。

1966 年，Boehm 和 Jacopini 证明了程序设计语言仅仅使用顺序、选择和重复三种基本控制结构就足以表达出各种其它形式结构的程序设计方法。遵循结构化程序的设计原则，按结构化程序设计方法设计出的程序具有明显的优点。

① 顺序结构：顺序结构是一种简单的程序设计结构，顺序结构自始至终严格按照程序中语句的先后顺序逐条执行，是最基本、最普遍的结构形式，如图 7-3 所示。顺序控制结构生活中到处都有，比如老师上课点名，如果没有特殊情况，老师按照学生的学号逐一点名，直至点名结束。

② 选择结构：选择结构又称为分支结构，它包括简单选择和多分支选择结构，这种结构可以根据设定的条件，判断应该选择哪一条分支来执行相应的语句序列。图 7-4 列出了包含 2 个分支的简单选择结构。例如，如果明天温度高午饭我就吃冷面，否则我就吃火锅，一天只吃一顿午饭，根据温度这个条件决定是午饭是吃冷面还是吃火锅。

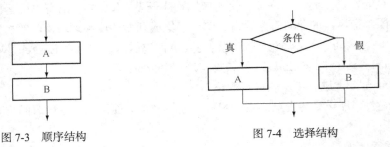

图 7-3　顺序结构　　　　　　　　　　图 7-4　选择结构

③ 重复结构：重复结构又称为循环结构，它根据给定的条件，判断是否需要重复执行某一相同的或类似的程序段。在程序设计语言中，重复结构对应两类循环语句，对先判断后执行的循

环体称为当型循环结构，对先执行循环体后判断的称为直到型循环结构，如图 7-5 所示。例如，开学前同学们都会那倒课程表，开学第一周同学们都会按照课表上课，第一周结束，第二周还是按照课表上课，……直到学期结束。

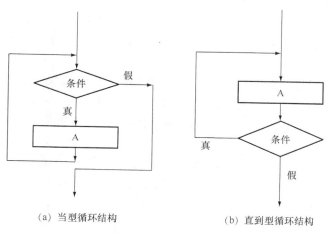

(a) 当型循环结构　　　　　　　(b) 直到型循环结构

图 7-5　两种循环结构

　　遵循结构化程序的设计原则，按结构化程序设计方法设计出的程序具有明显的优点，其一，程序易于理解，使用和维护。程序员采用结构化编程方法，便于控制，降低程序的复杂性，因此程序容易阅读并被人理解，便于用户使用和维护。其二，提高了编程工作的效率，降低了软件开发成本。由于结构化编程方法能够把错误控制到最低限度，因此能够减少调试和查错时间。另外，结构化程序是由一些为数不多的基本结构模块组成，这些模块甚至可以由机器自动生成，从而极大地减轻了编程工作量。

　　（3）结构化程序设计原则和方法的应用

　　基于对结构化程序设计原则、方法以及结构化程序基本组成结构的掌握和了解，在结构化程序设计的具体实施中，要注意把握如下要素：

- 使用程序设计语言中的顺序、选择、循环等有限的控制结构表示程序的控制逻辑；
- 选用的控制结构只准许有一个入口和一个出口；
- 程序语句组成容易识别的块，每块只有一个入口和一个出口；
- 复杂结构应该用嵌套的基本控制结构进行组合嵌套来实现；
- 语言中所没有的控制结构，应该采用前后一致的方法来模拟。
- 严格控制 GOTO 语句的使用。

　　虽然结构化程序设计方法具有很多优点，但它仍是一种面向过程的程序设计方法，它把数据和处理数据的过程分离为相互独立的实体，当数据结构改变时，所有相关的处理过程都要进行相应的修改，每一种相对于老问题的新方法都要带来额外的开销，程序的可重用性差。一个好的软件应该随时响应用户的任何操作，而不是让用户按照既定的步骤循规蹈矩地使用，因此，对这种软件的功能很难用过程来描述和实现，如果仍用面向过程的方法，开发和维护都将很困难。

4. 面向对象的程序设计

　　面向对象的软件开发方法在 20 世纪 60 年代后期首次提出，以 60 年代末挪威奥斯陆大学和挪威计算机中心共同研制的 SIMULA 语言为标志，面向对象方法的基本要点首次在 SIMULA 语言中得到了表达和实现。经历数十年的研究和发展，面向对象方法和技术已经越来越成熟和完善，已经发展成为当今的主流软件开发方法。

（1）面向对象方法的基本概念。

在学习面向对象方法之前，首先介绍一下面向对象法中这几个重要的基本概念，这些概念是理解和使用面向对象方法的基础和关键。

① 对象（Object）。对象是面向对象方法中最基本的概念，对象可以用来表示客观世界中的任何实体，它不仅能表示具体的实体，如一个人、一张桌子等，也能表示抽象的规则、计划或事件，如开会、贷款和借款等。

面向对象的程序设计方法中涉及的对象是系统中用来描述客观事物的一个实体，是构成系统的一个基本单位，它由一组表示其静态特征的属性和它可执行的一组操作组成。对象的属性，即对象所包含的信息，如电脑的重量和颜色等；对象的操作，用于改变对象的状态，如电脑的开机和关机等。

下面以一个生活中常见的例子来说明对象这个概念。例如"苹果"这个对象，它是"水果"这个更大的一类对象的一个成员。苹果应该具有水果所具有的一些共性，如：价格、产地等属性。它们的值也说明了苹果这个对象的状态。例如，价格为每斤 10 元，产地山东等。类似地，水果中的的香蕉、葡萄等对象也具有这些属性。这些对象所包含的成分可以用图 7-6 来表示。

对象的操作是对对象属性的修改。在面向对象的程序设计中，对象属性的修改只能通过对象的操作来进行，这种操作又称为方法。比如上面的对象都有"价格"这一个属性，修改该属性的方法可能是"打折"，一旦执行了"打折"操作，"价格"这个属性就会发生变化，对象的状态也就发生了改变。但是，所有的对象都有可能执行"打折"操作，如何具体区分哪个对象打折了呢？面向对象的设计把"打折"这个操作包含在对象里面，执行"打折"操作，只对包含了该操作的对象有效。因此，整个对象就会变成图 7-7 所示。

图 7-6 对象的属性集合

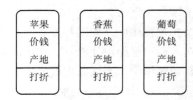

图 7-7 封装了属性和操作的对象

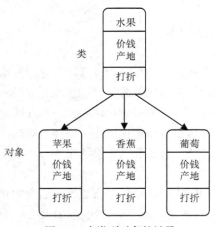

图 7-8 由类到对象的继承

② 类（Class）和实例（Instance）。将属性、操作相似的对象归为类，也就是说，类是具有共同属性、共同方法的对象的集合。所以，类是对象的抽象，它描述了属于该对象类型的所有对象的性质，而一个对象则是其对应类的一个实例。当使用"对象"这个术语时，既可以指一个具体的对象，也可以泛指一般的对象，但是，当使用"实例"这个术语时，必然是指一个具体的对象。

例如：水果是一个类，而一个具体的水果"桌子上的那个水果"是水果类的一个实例。

苹果、香蕉、葡萄等对象都具有一些相同的特征，它们可以归为一类，称为水果。因此，水果就是一个类，它的每个对象都有价格、产地这些属性。也可以将水果看成是产生苹果、香蕉、葡萄等对象的一个模板。苹果、香蕉、葡萄等对象的属性和行为都是由水果类所决定的。

水果和苹果之间的关系就是类与类的成员对象之间的关系。类是具有共同属性、共同操作的对象的集合。而单个的对象则是所属类的一个成员，或称为实例（instance）。在描述一个类时，定义了一组属性和操作，而这些属性和操作可被该类所有的成员所继承，如图 7-8 所示。

③ 消息（Message）。面向对象的世界是通过对象与对象之间彼此的相互合作来推动的，对象间的这种相互合作需要一个机制协助进行，这样的机制称为"消息"。消息是一个实例与另一个实例之间传递的信息。消息传递过程中，由发送消息的对象（发送对象）的触发操作产生输出结果，作为消息传送至接受消息的对象（接受对象），引发接受消息的对象的一系列操作，发送消息的对象不需要知道接受消息的对象如何对请求予以响应。所传送的消息实质上是接受对象所具有的操作/方法名称，有时还包括相应参数，图 7-9 表示了消息传递的概念。

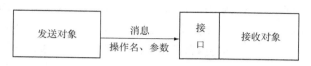

图 7-9　消息传递示意图

通常，一个消息由三部分组成：消息对象的名称、消息标识符（也称为消息名）、零个或多个参数。

例如，教师向学生布置作业："09401 班做第 6 章练习题"。其中，教师和学生都是对象，"09401 班"是消息的接收者，"做练习题"是要求目标对象——学生执行的方法，"第 6 章"是要求对象执行方法时所需要的参数。学生也可以向教师返回作业信息，这样，对象之间通过消息机制，建立起了相互关系。由于任何一个对象的所有行为都可以用方法来描述，所以通过消息机制可以完全实现对象之间的交互。

④ 继承（Inheritance）。面向对象软件技术的许多强有力的功能和突出的优点，都来源于把类组成一个层次结构的系统：一个类的上层可以有父类，下层可以有子类。这种层次结构系统的一个重要性质是继承性，一个类直接继承其父类的描述（数据和操作）或特性，子类自动地共享基类中定义的数据和方法，而不必重复定义它们。继承是使用已有的类定义作为基础建立新类的定义技术，已有的类可当作基类来引用，则新类相应地可当作派生类来引用。

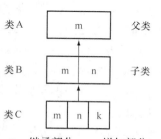

m：继承部分　n：增加部分
图 7-10　类的继承关系

图 7-10 表示了父类 A 和它的子类 B 之间的继承关系，箭头从子类 B 指向父类 A，子类 B 由继承部分 m 和增加部分 n 组成，子类 B 除了具有自己定义的特性（数据和操作）之外，还从父类 A 继承特性。

继承具有传递性，如图 7-10 所示，类 C 继承类 B，类 B 继承类 A，则类 C 继承类 A，类 C 是类 A 的间接子类。

继承分为单继承与多重继承，如图 7-11 所示。单继承是指，一个类只允许有一个父类，即类等级为树形结构。多重继承是指，一个类允许有多个父类。多重继承的类可以组合多个父类的性质构成所需要的性质，功能更强，使用更方便，但是，使用多重继承时要注意避免二义性。

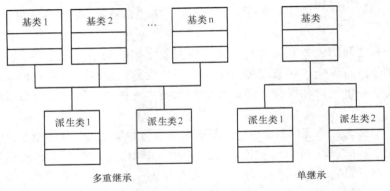

图 7-11　多重继承和单继承

⑤ 多态性（Polymorphism）。对象根据所接受的消息而做出动作，同样的消息被不同的对象接收时可导致完全不同的行动，该现象称为多态性。在使用多态的时候，用户可以发送一个通用的消息，而实现的细节则由接收对象自行决定，这样，同一消息就可以调用不同的方法。

例如，在两个类 Male（男性）和 Female（女性）都有一项属性为 Friend。一个人的朋友必须属于类 Male 或 Female，这是一个多态性的情况。因为，Friend 指向两个类之一的实例。如果 Tom 的朋友或者是 Mary 或者是 John，类 Male 就不知道 Friend 应该与哪个类关联。这里参照量 Friend 必须是多态的，多态意味着可以关联不同的实例，而实例可以属于不同的类。

多态的实现受到继承性的支持，利用类的层次关系，把具有通用功能的消息存放在高层，而不同的实现这一功能的行为放在较低层次，在这些低层次上生成的对象能够给通用消息以不同的响应。

（2）面向对象的方法。

客观世界中任何一个事物都可以被看成是一个对象，面向对象方法的本质就是主张从客观世界固有的事物出发来构造系统，提倡用人类在现实生活中常用的思维方法来认识、理解和描述客观事物，强调最终建立的系统能够映射问题域，也就是说，系统中的对象以及对象之间的关系能够如实地反映问题域中固有事物及其关系。从计算机的角度来看，一个对象应该包括数据和操作两个要素，面向对象就是运用对象、类、继承、封装、消息等面向对象的概念对问题进行分析、求解的系统开发技术。

面向对象有如下主要优点。

① 与人类习惯的思维方法一致。用计算机解决的问题都是现实世界中的问题，这些问题由一些相互间存在一定联系的事物所组成，每个具体的事物都具有行为和属性两方面的特征。传统的程序设计方法是面向过程的，忽略了数据和操作之间的内在联系，用这种方法设计出来的软件系统空间与问题空间不一致，使人感觉到难于理解。面向对象方法和技术以对象为核心，对象与客观实体有直接的对应关系，对象之间通过传递消息互相联系，以便模拟现实世界中不同事物彼此之间的联系，使用现实世界的概念抽象地思考问题，从而自然地解决问题。

② 稳定性好。传统的软件开发方法以算法为核心，开发过程基于功能分析和功能分解，当功能需求发生变化时将引起软件结构的整体修改。面向对象软件系统的结构是根据问题域的模型建立起来的，而不是基于对系统应完成的功能的分解，所以，当对系统的功能需求变化时并不会引起软件结构的整体变化，往往仅需要作一些局部性的修改。

③ 可重用性好。软件重用是指在不同的软件开发过程中重复使用相同或相似软件元素的过程。重用是提高软件生产率的最主要的方法。传统的软件重用技术是利用标准函数库，但是，标准函数

缺乏必要的"柔性"，不能适应不同应用场合的不同需要，并不是理想的可重用的软件成分。

面向对象的软件开发技术在利用可重用的软件成分构造新的软件系统时，有很大的灵活性。有两种方法可以重复使用一个对象类：一种方法是创建该类的实例，从而直接使用它；另一种方法是从它派生出一个满足当前需要的新类。继承性机制使得子类不仅可以重用其父类的数据结构和程序代码，而且可以在父类代码的基础上方便地修改和扩充，这种修改并不影响对原有类的使用。可见，面向对象的软件开发技术所实现的可重用性是自然的和准确的。

④ 易于开发大型软件产品。当开发大型软件产品时，组织开发人员的方法不恰当往往是出现问题的主要原因。用面向对象范型开发软件时，可以把一个大型产品看作是一系列本质上相互独立的小产品来处理，这就不仅降低了开发的技术难度，而且也使得对开发工作的管理变得容易。这就是为什么对于大型软件产品来说，面向对象范型优于结构化范型的原因之一。许多软件开发公司的经验都表明，当把面向对象技术用于大型软件开发时，软件成本明显地降低了，软件的整体质量也提高了。

⑤ 可维护性好。用传统的开发方法和面向过程的方法开发出来的软件很难维护，是长期困扰人们的一个严重问题，是软件危机的突出表现。

用面向对象的方法开发的软件稳定性比较好，当对软件的功能或性能的要求发生变化时，通常不会引起软件的整体变化，往往只需对局部作一些修改，自然比较容易实现。用面向对象的方法开发的软件比较容易修改，在面向对象方法中，核心是类（对象），它具有理想的模块机制，独立性好，修改一个类通常很少会牵扯到其它类，由于面向对象技术的继承机制和多态性机制，使得对所开发的软件的修改和扩充比较容易实现。面向对象的技术符合人们习惯的思维方式，用面向对象的方法开发的软件比较容易理解。对用面向对象的方法开发的软件进行维护，往往是通过从已有类派生出一些新类来实现，对类的测试通常比较容易实现，所以用面向对象的方法开发的软件易于测试和调试。

7.2.3 算法与程序

算法独立于任何具体的程序设计语言，一个算法可以用多种程序设计语言来实现。在说明算法与程序的关系时，美国《计算科学基础》一书中简明的指出，"算法代表了对问题的解"，而"程序则是算法在计算机上的特定实现"，由此可见，一个有效的程序首先要求有一个有效的算法。评价程序质量的标准，诸如清晰、高效、可读性、可修改性和可维护性等，无一不受到算法的影响，所以算法设计实际上可以说是程序设计的核心，必须给予足够的重视。

算法和程序的差异与联系可以从以下几个方面体现出来。

（1）一个程序不一定满足有穷性，但一个算法必须是有穷的。例如操作系统，只要整个系统不遭破坏，它将永远不会停止，即使没有作业需要处理，它仍处于动态等待中，因此，操作系统不是一个算法。也就是说，一个算法必须具有终止性，程序则不一定。

（2）程序中的指令必须是机器可执行的，而算法中的指令则无此限制。

（3）算法代表了对问题的解，而程序则是算法在计算机上的特定实现。一个算法若用程序设计语言来描述，它就是一个程序。

（4）程序=算法+数据结构，意思就是一个程序由一种解决方法加上和解决方法有关的数据组成。

（5）算法侧重问题的解决方法和步骤，程序侧重于机器上的实现，前者简洁明了，后者必须严格遵循编程的语法要求。

7.3 软件工程基础

计算机工业发达国家在发展软件的过程中曾经走过不少弯路，一直经受着"软件危机"的困扰，为了摆脱这种困扰，一门研究软件开发与维护的计算机工程学科《软件工程学》从 20 世纪 60 年代末期开始迅速发展起来，其核心内容就是用工程学的方法与理论来处理软件开发过程中遇到的问题。

在本章中，我们将简单地了解一下软件工程的基本概念，以及软件工程学中的结构化分析方法以及软件的生存周期的主要组成部分。

7.3.1 软件工程基本概念

1. 软件定义

计算机软件（Software）是计算机系统中与硬件相互依存的另一部分，是包括程序、数据及相关文档的完整的集合。其中，程序是能够完成预定功能和性能的可执行的指令序列。数据是使程序能够适当地处理信息的数据结构。文档是与程序开发、维护和使用有关的图文资料。

国标（GB）中对计算机软件的定义为：与计算机系统的操纵有关的计算机程序、规程、规则，以及可能有的文件、文档及数据。

2. 软件危机

软件工程概念的出现源自软件危机。

20 世纪 60 年代末以后，"软件危机"这个词频繁出现。所谓软件危机是泛指在计算机软件的开发和维护过程中所遇到的一系列严重问题。实际上，几乎所有的软件都不同程度地存在这些问题。

随着计算机技术的发展和应用领域的扩大，计算机硬件性能/价格比和质量稳步提高，软件规模越来越大，复杂程度不断增加，软件成本逐年上升，而质量却没有了可靠的保证，软件已成为计算机科学发展的"瓶颈"。

具体地说，在软件开发和维护过程中，软件危机主要表现在以下方面。

（1）软件需求的增长得不到满足。用户对系统不满意的情况经常发生。

（2）软件开发成本和进度无法控制。开发成本超出预算，开发周期大大超过规定日期的情况经常发生。

（3）软件质量难以保证。

（4）软件不可维护或维护程度非常低。

（5）软件的成本不断提高。

（6）软件开发生产率的提高赶不上硬件的发展和应用需求的增长。

总之，可以将软件危机归结为成本、质量、生产率等问题。

3. 软件工程

为了消除软件危机，通过认真研究解决软件危机的方法，认识到软件工程是使计算机软件走向工程科学的途径，逐步形成了软件工程的概念，开辟了工程学的新兴领域——软件工程学。软件工程是指导计算机软件开发和维护的一门工程学科。

关于软件工程的定义，国标（GB）中指出，软件工程是应用于计算机软件的定义、开发和维护的一整套方法、工具、文档、实践标准和工序。

软件工程包括 3 个要素，即方法、工具和过程。方法是完成软件工程项目的技术手段；工具支持软件的开发、管理、文档生成；过程支持软件开发的各个环节的控制、管理。

软件工程的基本目标：

- 付出较低的开发成本；
- 达到预期的软件功能；
- 取得较好的软件性能；
- 使软件易于移植；
- 需要较低的维护费用；
- 能按时完成开发工作，及时交付使用。

以上几个目标是判断软件开发方法或管理方法优劣的衡量尺度。在一种新的开发方法提出以后，人们关心的是它对满足哪些目标比现有的方法更为有利。实际上实施软件项目开发的过程就是在以上目标的冲突中取得一定程度平衡的过程。

4. 软件生命周期（Software Life Cycle）

同任何事物一样，软件也有一个孕育、诞生、成长、成熟、衰亡的生存过程。软件生存周期是指一个计算机软件从功能确定、设计，到开发成功投入使用，并在使用中不断地修改、增补和完善，直到停止该软件的使用的全过程。包括制订计划、需求分析、软件设计、程序编码、软件测试和运行维护 6 个阶段。以下对这 6 个阶段的工作流程及主要任务做以概括性描述。

（1）制订计划。在软件系统开发之前，首先应当制订项目开发计划，该阶段是软件生存周期的第一阶段。其主要任务如下：

- 确定要开发软件系统的总目标。
- 给出功能、性能、可靠性以及接口等方面的要求。
- 完成该软件任务的可行性研究。
- 估计可利用的资源（硬件、软件和人力等）、成本、效益和开发进度。
- 制订出完成开发任务的实施计划，连同可行性研究报告，提交管理部门审查。

（2）需求分析和定义。当完成计划制订之后，需要对用户的需求去粗取精、去伪存真、正确理解，然后把它用软件工程开发语言表达出来。其主要任务如下：

- 向用户做需求调研，让用户提出对软件系统的所有需求；
- 对用户提出的需求进行综合分析，并给出详细的定义；
- 编写软件需求说明书及初步的系统用户手册，提交管理机构评审。

（3）软件设计。需求分析和定义阶段结束之后，对于软件必须"做什么"的结论已经明确，下一步是如何实现软件的需求，即进入软件设计阶段，该阶段又可分为概要设计和详细设计两部分。其主要工作如下：

- 概要设计：把各项软件需求转化为软件系统的总体结构和数据结构，结构中每一部分都是意义明确的模块，每个模块都和某些需求相对应。
- 详细设计：即过程设计，对每个模块要完成的工作进行具体的描述，即给出详细的数据结构和算法，为源程序的编写打下基础。
- 编写设计说明书，提交评审。

（4）编码设计。软件设计解决了软件"怎么干"的问题，而编码设计是在计算机上真正实现一个具体的软件系统。具体的工作包括以下两个方面。

- 把软件设计转换成计算机可以接受的程序代码，即写成以某一种特定的程序设计语言表示的"源程序清单"。这一步工作也称为编码。

- 要求写出的程序应该是结构良好、清晰易读的，且与设计相一致。

（5）软件测试。软件分析、设计和程序编写过程中，难免出现各种各样的错误，需要通过测试来查找和修改，以保证软件的质量。其主要工作如下：

- 单元测试：查找各模块在功能和结构上存在的问题并加以纠正。
- 集成测试：将已测试通过的模块按一定顺序组装起来进行测试。
- 有效性测试：按规定的各项需求，逐项进行测试，判断已开发的软件是否合格，能否交付用户使用。

（6）运行/维护。软件项目开发成功后，要投入运行。软件系统在运行过程中，会不断受到系统内、外环境变化及各种人为的、技术的、设备的影响，要求软件能够适应这种变化，不断完善，这就要进行软件维护，以保证正常而可靠地运行，并能使软件不断地得到改善和提高，充分发挥其作用。软件维护有 4 种类型，它们分别完成以下任务。

- 纠正性维护：运行中发现了软件中的错误而进行的修改工作。
- 适应性维护：为了适应变化的软件工作环境，而做出适当的变更。
- 完善性维护：为了增强软件的功能而做出的变更。
- 预防性维护：为未来的修改与调整奠定良好的基础而进行的工作。

7.3.2　需求分析

1. 需求分析与需求方法

软件需求是指用户对目标软件系统在功能、行为、性能、设计约束等方面的期望。需求分析的任务是发现需求、求精、建模和定义需求的过程。需求分析将创建所需的数据模型、功能模型和控制模型。

（1）需求分析的定义。1997 年 IEEE 软件工程标准词汇表对需求分析定义如下。

① 用户解决问题或达到目标所需的条件或权能；

② 系统或系统部件要满足合同、标准、规范或其他正式规定文档所需具有的条件或权能；

③ 一种反映①或②所描述的条件或权能的文档说明。

由需求分析的定义可知，需求分析的内容包括：提炼、分析和仔细审查已收集到的需求；确保所有利益相关者都明白其含义并找出其中的错误、遗漏或其他不足的地方；从用户最初的非形式化需求到满足用户对软件产品要求的映射；对用户意图不断进行提示和判断。

（2）需求分析阶段的工作。

需求分析阶段的工作，可以概括为 4 个方面。

① 需求获取。需求获取的目的是确定对目标系统的各方面需求。涉及的主要任务是建立获取用户需求的方法框架，并支持和监控需求获取的过程。

② 需求分析。对获取的需求进行分析和综合，最终给出系统的解决方案和目标系统的逻辑模型。

③ 编写需求规格说明书。需求规格说明书作为需求分析的阶段成果，可以为用户、分析人员和设计人员之间的交流提供方便，可以直接支持目标软件系统的确认，又可以作为控制软件开发进程的依据。

④ 需求评审。在需求分析的最后一步，对需求分析阶段的工作进行复审，验证需求文档的一致性、可行性、完整性和有效性。

常见的需求分析方法如下。

（1）结构化分析方法。主要包括：面向数据流的结构化分析方法（SA—Structured analysis）、面向数据结构的 Jackson 方法（JSD—Jackson system development method）、面向数据结构的结构化数据系统开发方法（DSSD—Data structured system development method）。

（2）面向对象的分析方法（OOA—Object-Oriented method）。

2．结构化分析方法

（1）关于结构化分析方法。

结构化分析方法是结构化程序设计理论在软件需求分析阶段的运用。它是 20 世纪 70 年代中期倡导的基于功能分解的分析方法，其目的是帮助弄清用户对软件的需求。

对于面向数据流的结构化分析方法，按照 DeMarco 的定义，"结构化分析就是使用数据流图（DFD）、数据字典（DD）、结构化英语、判定表和判定树等工具，来建立一种新的、称为结构化规格说明的目标文档。"

结构化分析方法的实质是着眼于数据流，自顶向下，逐层分解，建立系统的处理流程，以数据流图和数据字典为主要工具，建立系统的逻辑模型。

结构化分析的步骤如下：

① 通过对用户的调查，以软件的需求为线索，获得当前系统的具体模型；

② 去掉具体模型中非本质因素，抽象出当前系统的逻辑模型；

③ 根据计算机的特点，分析当前系统与目标系统的差别，建立目标系统的逻辑模型；

④ 完善目标系统并补充细节，写出目标系统的软件需求规格说明；

⑤ 评审直到确认完全符合用户对软件的需求。

（2）结构化分析的常用工具。

① 数据流图（DFD—Data Flow Diagram）。

数据流图用图形方式描绘系统的逻辑模型，图中没有任何具体的物理元素，只是描绘信息在系统中流动和处理的情况。数据流图的基本符号如图 7-12 所示。正方形或立方体表示数据的源点或终点；圆角矩形或圆形代表变换数据的处理；开口矩形或两条平行横线代表数据存储；剪头线表示是数据流，即特定的数据的流动方向。

设计数据流图时，只需考虑系统必须完成的基本逻辑功能，完全不需要考虑如何具体实现这些功能。例如关于一个订货系统的数据流图，如图 7-13 所示。

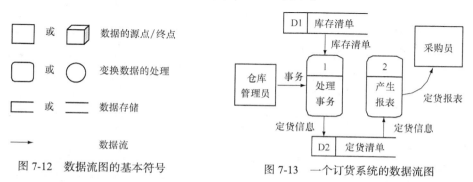

图 7-12　数据流图的基本符号　　　图 7-13　一个订货系统的数据流图

② 数据字典（DD—Data Dictionary）

数据字典的作用是对数据流图中出现的被命名的图形元素的确切解释。通常数据字典包含的信息有：名称、别名、何处使用/如何使用、内容描述、补充信息等。

③ 判定树。

使用判定树进行描述时，应先从问题定义的文字描述中，分清哪些是判定的条件，哪些是判定的结论。根据描述材料中的连接词，找出判定条件之间的从属关系、并列关系、选择关系，进而构造判定树。

④ 判定表。

判定表与判定树相似，当数据流图中的加工要依赖于多个逻辑条件取值，即完成该加工的一组动作是由于某一组条件取值的组合而引发的，使用判定表描述比较适宜。

3. 软件需求规格说明书

软件需求规格说明书（SRS—Software Requirement Specification）是需求分析阶段的最后成果，是软件开发中的重要文档之一。

（1）软件需求规格说明书的作用。

① 便于用户及开发人员进行理解和交流。

② 反映出用户问题的结构，可以作为软件开发工作的基础和依据。

③ 作为确认测试和验收的收据。

（2）软件需求规格说明书的内容。

软件需求规格说明书是作为需求分析的一部分而制定的可交付文档。该说明把在软件计划中确定的软件范围加以展开，制定出完整的信息描述，详细的功能说明，恰当的检验标准以及其他与要求有关的数据。

软件需求规格说明书所包含的内容和书写框架如下：

一. 概述
二. 数据描述
- 数据流图
- 数据字典
- 系统接口说明
- 内部接口
三. 功能描述
- 功能
- 处理说明
- 设计的限制
四. 性能描述
- 性能参数
- 测试种类
- 预期的软件响应
- 应考虑的特殊问题
五. 参考文献目录
六. 附录

概述是从系统的角度描述软件的目标和任务。

数据描述是对软件系统所必须解决的问题做出的详细说明。

功能描述中描述了为解决用户问题所需要的每一项功能的过程细节。对每一项功能要给出处理说明和在设计时需要考虑的限制条件。

在性能描述中说明系统应达到的性能和应该满足的限制条件，检测的方法和标准，预测的软件响应和可能需要考虑的特殊问题。

参考文献目录中应包括与该软件有关的全部参考文献，其中包括前期的其他文档，技术参考资料，产品目录手册以及标准等。

附录部分包括一些补充资料。如列表数据、算法的详细说明、框图、图表和其他材料。

（3）软件需求规格说明书的特点

软件需求规格说明书是确保软件质量的有力措施，衡量软件需求规格说明书质量好坏的标准，标准的优先级及标准的内涵是：

① 正确性。体现待开发系统的真实要求。

② 无歧义性。对每一个需求只有一种解释，其陈述具有唯一性。

③ 完整性。包括全部有意义的需求，功能的、性能的、设计的、约束的、属性或外部接口等方面的需求。

④ 可验证性。描述的每一个需求都是可以验证的，即存在有限代价的有效过程验证确认。

⑤ 一致性。各个需求的描述不矛盾。

⑥ 可理解性。需求说明书必须简明易懂，尽量少包含计算机的概念和术语，以便用户和软件人员都能接受它。

⑦ 可修改性。SRS 的结构风格在需求有必要改变时是易于实现的。

⑧ 可追踪性。每一个需求的来源、流向是清晰的，当产生和改变文件编制时，可以方便地引证每一个需求。

软件需求规格说明书是一份在软件生命周期中至关重要的文件，它在开发早期就为尚未诞生的软件系统建立了一个可见的逻辑模型，它可以保证开发工作的顺利进行，因而，应及时建立并保证它的质量。

作为设计的基础和验收的依据，软件需求规格说明书应该是精确而无二义性的，需求说明书越精确，则以后出现错误、混淆、反复的可能性越小。用户能看懂说明书，并且发现和指出其中的错误是保证软件系统质量的关键，因而，需求说明书必须简明易懂，尽量少包含计算机的概念和术语，以便用户和软件人员双方都能接受它。

7.3.3　软件设计

1. 软件设计的基本概念

（1）软件设计的基础。

软件设计是软件工程的重要阶段，是一个把软件需求转换为软件表示的过程。软件设计分两步完成：概要设计和详细设计。概要设计（又称结构设计）将软件需求转化为软件体系结构、确定系统接口、全局数据结构或数据库模式；详细设计确立每个模块的实现算法和局部数据结构，用适当方法表示算法和数据结构的细节。

（2）软件设计的基本原理。

软件设计遵循软件工程的基本目标和原则。建立了适用于在软件设计中应该遵循的基本原理和与软件设计相关的概念。

① 抽象。

抽象是一种思维工具，就是把事物本质的共同特性提出来而不考虑其他细节。软件设计中，在考虑模块化解决方案时，可以定出多个抽象级别。抽象的层次从概要设计到详细设计逐步降低。在软件概要设计中的模块分层也是由抽象到具体逐步分析和构造出来的。

② 模块化。

模块是指把一个待开发的软件分解成若干小的、简单的部分。如高级语言中的过程、函数、子程序等。每个模块可以完成一个特定的子功能，各个模块可以按一定的方法组装起来成为一个整体，从而实现整个系统的功能。

③ 信息隐蔽。

信息隐蔽是指，在一个模块内包含的信息（过程或数据），对于不需要这些信息的其他模块来说是不能访问的。

④ 模块的独立性。

模块独立性的概念是模块化、抽象和信息隐蔽的直接结果。

模块独立性是软件质量的关键，它指软件系统中的每个模块只涉及软件要求的具体子功能，而和系统中其他模块接口是简单的。这样做不仅仅便于软件测试和维护，还使模块化程度较高的软件易于开发，尤其当一组开发人员共同开发一个软件时，模块化能够分割功能，而且接口可以简化。

模块的独立性可以用两个定性标准度量：耦合和内聚。

耦合是模块之间相互连接的紧密程度的度量。模块之间的连接越紧密，联系越多，耦合性就越高，而其模块独立性就越弱。内聚是一个模块内部各个元素彼此结合的紧密程度的度量。一个模块内部各个元素之间的联系越紧密，内聚性就越高，相对于其他模块之间的耦合性就会降低，而模块独立性就越强。因此，模块独立性较强的模块应该是高内聚低耦合的模块。

耦合是对一个软件结构内不同模块之间互连程度的度量。耦合强弱取决于模块间接口的复杂程度，进入或访问一个模块的点，以及通过接口的数据。

在软件设计中，应该追求尽可能松散耦合的系统。模块间耦合松散，有助于提高系统的可理解性、可测试性、可靠性和可维护性。

模块之间典型的耦合有以下 7 种类型，如图 7-14 所示。

图 7-14　7 种耦合类型的关系

总之，为了降低软件的复杂程度，程序设计人员应尽量使用数据耦合，少用控制耦合，限制公共耦合的范围，避免使用内容耦合。

内聚是一个模块内部各个元素彼此结合的紧密程度的度量。一个内聚程度高的模块应当完成软件过程中的单一任务。它是信息隐蔽概念的一种自然扩展。一般模块的内聚也有 7 种类型，如图 7-15 所示。

事实上，没有必要精确地确定内聚的级别。重要的是设计时力争做到高内聚，并且能够辨认出低内聚的模块，有能力通过修改设计提高模块的内聚程度，降低模块间的耦合程度，从而获得较高的模块独立性。

图 7-15　7 种内聚类型的关系

2. 概要设计

（1）概要设计的任务

软件概要设计的基本任务如下。

① 设计软件系统结构。在需求分析阶段，已经把系统分解为层次结构，而在概要设计阶段，需要进一步分解。划分为模块以及模块的层次结构。

② 数据结构及数据库设计。数据设计是实现需求定义和规格说明过程中提出的数据对象的逻辑表示。数据设计的具体任务是：确定输入、输出文件的详细数据结构；结合算法设计，确定算法必需的逻辑数据结构及其操作；确定对逻辑数据结构所必须的那些操作的程序模块，限制和确定各个数据设计决策的影响范围；需要与操作系统或调度程序接口所必需的控制表进行数据交换时，确定其详细的数据结构和使用规则；数据的保护性设计：防卫性、一致性、冗余性设计。

③ 编写概要设计文档。在概要设计阶段，需要编写的文档有，概要设计说明书、数据库设计说明书、集成测试计划等。

④ 概要设计文档评审。在概要设计中，对设计部分是否完整地实现了需求中规定的功能、性能等要求，设计方案的可行性，关键的处理及内外部接口定义正确性、有效性，各部分之间的一致性等都要进行评审，以免在以后的设计中出现大的问题而返工。

（2）概要设计的工具

常用的软件结构设计工具是结构图（SC—Structure Chart），也称程序结构图，如图 7-16 所示。使用结构图描述软件系统的层次和分块结构关系，它反映了整个系统的功能实现以及模块与模块之间的联系与通讯，是未来程序中的控制层次体系。

模块用一个矩形表示，矩形内注明模块的功能和名字；箭头表示模块间的调用关系。在结构图中，还可以用带注释的箭头表示模块调用过程中来回传递的信息。如果希望进一步标明传递的信息是数据还是控制信息，则可用带实心圆的箭头表示传递的是控制信息，用带空心圆的箭头表示传递的是数据。

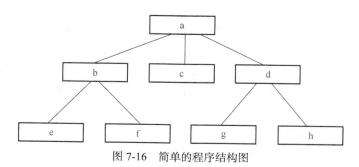

图 7-16　简单的程序结构图

下面介绍结构图的有关术语。

深度：表示模块的层数。

上级模块、从属模块：上、下两层模块 a 和 b，且有 a 调用 b，则 a 是上级模块，b 是从属模块。

宽度：整体控制跨度（最大模块数的层）的表示。

扇入：调用一个给定模块的模块个数。

扇出：一个模块直接调用的其他模块数。

原子模块：树中位于叶子结点的模块。

（3）设计的准则

人们在开发软件的实践过程中累积了丰富的经验，总结成一些启发式准则，可以帮助设计人员设计出高质量的软件。主要有以下几点准则。

① 提高模块独立性。

设计出软件的初步结构以后，通过模块的分解或合并，力求降低耦合提高内聚，从而提高模块独立性。对各个模块公共的部分提取出来生成一个单独的高内聚模块；也可通过分解或合并模块，以减少控制信息的传递及对全局数据的引用，降低接口的复杂程度。

② 选择合适的模块规模。

限制模块的规模也可以降低复杂性。通常规定一个模块最好以一页纸为限（约50～100行语句），这便于程序的阅读和理解。对于过大或过小的模块能否进一步分解或合并，还应根据具体情况而定，关键要保证模块的独立性。

③ 适当选择模块的深度、宽度、扇入和扇出。

深度是指软件结构中模块的层数，能够标志一个系统的大小和复杂程度。如果层数过多，则考虑对于某些简单模块适当合并。

宽度是指软件结构中同一个层次上模块总数的最大值。一般来说，宽度越大，系统越复杂。

扇出是指一个模块直接调用的模块数目。如果扇出太大，意味着模块过于复杂，缺少中间层次，可增加中间层次的控制模块；如果扇出过小，可以把下级模块进一步分解或把它合并到上一级模块中去。通常，一个设计较好的系统平均扇出是3或4。

扇入是指一个模块有多少上级模块直接调用它。扇入越大意味着共享该模块的上级模块数目越多，这是有好处的，但不能一味强调高扇入，而违背模块独立性原则。

经验表明，优秀的软件结构通常顶层扇出高，中层扇出较少，底层扇入到公共的实用模块中去。以上这些准则对于设计出好的软件有着重要的参考价值，应在实践中根据具体情况灵活运用。

3．详细设计

（1）详细设计任务。

决定各个模块内部特性（内部的算法及使用的数据），详细设计的任务不是编写程序，而是给出程序设计蓝图，程序设计人员根据蓝图编写程序。目的是为软件结构图（SC图或HC图）中的每一个模块确定使用的算法和块内数据结构，并用某种选定的表达工具给出清晰的描述。表达工具可以由开发单位或设计人员自由选择，但它必须具有描述过程细节的能力，而且在编码阶段能够直接翻译为程序设计语言书写的源程序。

这一阶段的主要任务如下。

① 为每个模块确定采用的算法，选择某种适当的工具表达算法的过程，写出模块的详细过程性描述。

② 确定每一模块使用的数据结构，为以后的编写程序做好充分的准备。

③ 确定模块接口的细节，包括对系统外部的接口和用户界面，对系统内部其他模块的接口，以及模块输入数据、输出数据及局部数据的全部细节。在详细设计结束时，应该把上述结果写入

详细设计说明书，并且通过复审形成正式文档，交付作为下一阶段（编码阶段）的工作依据。

④ 要为每一个模块设计出一组测试用例，以便在编码阶段对模块代码（即程序）进行预定的测试，模块的测试用例是软件测试计划的重要组成部分，通常应包括输入数据、期望输出等内容。负责过程设计的软件人员对模块的情况了解得最清楚，由他们完成过程设计后，接着对各个模块进行测试最为合适。

（2）详细设计的原则。

① 由于详细设计的蓝图是给其他人看的，所以模块的逻辑描述要清晰易读、正确可靠，这样别人才能读懂。这也是常说的清晰第一的设计风格。

② 采用结构化设计方法，改善控制结构，降低程序的复杂程度，从而提高程序的可读性、可测试性、可维护性。其基本内容归纳为如下几点：

a. 程序语言中应尽量少用 GOTO 语句，以确保程序结构的独立性。

b. 使用单入口、单出口的控制结构，确保程序的静态结构与动态执行情况相一致，保证程序易理解。

c. 程序的控制结构一般采用顺序、选择、循环三种结构，确保结构简单。

d. 用自顶向下、逐步求精的方法完成程序设计。结构化程序设计的缺点是存储容量和运行时间可增加 10%～20%，但易读性、易维护性较好。

e. 经典的控制结构有顺序、IF THEN ELSE 分支、DO-WHILE 循环。扩展的还有多分支 CASE、DO-UNTIL 循环结构、固定次数循环 DO-WHILE。

③ 选择恰当描述工具来描述各模块算法。

（3）详细设计的工具。

常见的图形工具有：程序流程图、N-S、PAD、HIPO。表格工具是判定表。语言工具是 PDL（伪码）。

下面讨论其中几种主要的工具。

① 程序流程图。

程序流程图是一种传统的、应用广泛的软件过程设计表示工具，通常也称为程序框图。程序流程图表达直观、清晰，易于学习掌握，且独立于任何一种程序设计语言。

构成程序流程图的最基本图形及含义如图 7-17 所示。

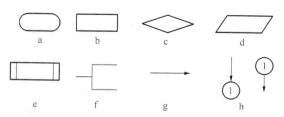

a 开始或结束；b 处理；c 选择（分支）；d 输入或输出；e 子程序；
f 注释；g 流程线；h 连接点

图 7-17　程序流程图的基本图形

按照结构化程序设计的要求，程序流程图构成的任何程序描述限制为如图 7-18 所示的 3 种控制结构。

顺序型：几个连续的加工步骤一次排列构成。

选择型：由某个逻辑判断式的取值决定选择两个加工中的一个。

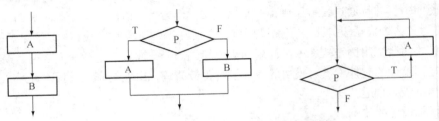

图 7-18　传统流程图表示的程序基本控制结构

循环型：重复执行某些特定的加工，直到控制条件不成立。

通过把程序流程图的 3 种基本控制结构相互组合或嵌套，可以构成任何复杂的程序流程图。

② N-S 图

为了避免流程图在描述程序逻辑时的随意性与灵活性，1973 年，Nossi 和 Shneiderman 发表了题为《结构化程序的流程图技术》的文章，提出了用方框图来代替传统的程序流程图，通常也把这种图称为 N-S 图。

N-S 图的基本图符及表示的 5 种基本控制结构如图 7-19 所示。

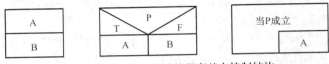

图 7-19　N-S 盒图表示的程序基本控制结构

③ PAD 图

PAD 图是问题分析图（Problem Analysis Diagram），它是继程序流程图和方框图之后，提出的又一种主要用于描述软件详细设计的图形表示工具。

④ PDL（Procedure Design Language）

过程设计语言（PDL）也称为结构化的英语和伪码，它是一种混合语言，采用英语的词汇和结构化程序设计语言的语法，类似编程语言。

7.3.4　编码设计

1. 编码设计的目的和任务

编码的目的是使用选定的程序设计语言，把模块的过程描述翻译为用该语言书写的源程序。源程序应该正确可靠、简明清晰，而且具有较高的效率。在编程的步骤中，要把软件详细设计的表达式翻译成为编程语言的构造，编译器接受作为输入的源代码，生成作为输出并从属于机器的目标代码，然后编译器把输出目标代码进一步翻译成为机器代码，即真正的指令。

目前，人们编写源程序还不能使用自然语言，只能用某种程序设计语言，并且写出的源程序供计算机运行外，还必须让人能够容易读懂。这一点对于软件工程项目和软件产品来说，是一个必不可少的质量要求。时间表明，一个软件产品完成开发工作以后，如果发现了问题，很难依靠原开发人员来解决。因此，在程序编写时应考虑到，所写的程序将被别人阅读，一定要尽量使程序写得容易被人读懂。

如果人们写出的源程序既便于阅读，又便于测试和排除所发现的程序故障，就能够有效地在开发期间消除绝大多数程序中隐藏的错误，使得程序可以做到正常稳定的运行，极大地减少了运行期间软件失效的可能性，大大提高了软件的可靠性。

2．程序设计语言的选择

实现一个大型的软件开发，可能需要选择一种或几种程序设计语言来完成。语言选择合适，会使编码困难减少，程序测试量减少，并且可以得到易读、易维护的软件。D．A．Fisher 曾说过："设计语言不是引起软件问题的原因，也不能用它来解决软件问题，但是，由于语言在一切软件活动中所处的中心地位，它们能使现在的问题变得较易解决，或者更加严重"。因此，在编码之前应选好适当的语言，特别是在大型软件的开发中，更不能只局限于使用自己所熟悉的语言。

任何一种语言都不是十全十美的，因此，在选择程序设计语言时，首先明确求解的问题对编码有什么要求，并把它们按轻重次序一一列出。然后根据这些要求去衡量可使用的语言，以判断出哪些语言能较好地满足要求。

一般情况下，程序设计语言的选择常从以下几个方面考虑。

（1）项目的应用领域

每种语言都有自己适用的领域。在工程与科学计算领域，FORTRAN 语言占主要优势，此外，BASIC、PASCAL 语言也常常使用。在事务处理方面，COBOL 和 BASIC 语言是合适的选择。在实时处理领域，Ada 和汇编语言更为合适。在系统开发领域，C 语言和汇编语言应优先考虑。如果软件中含有大量的数据操作，SQL、dBase、FoxPro 等语言等更为适合。而 LISP 和 PROLOG 语言则适合于人工智能与专家系统。

（2）算法与计算的复杂性

FORTRAN、True BASIC 及各种块结构语言支持较复杂的计算与算法，COBOL 与大多数数据库语言只支持简单的运算。

（3）数据结构的复杂性

PASCAL 和 C 语言支持数组、记录与带指针的动态数据结构，适用于系统程序和数据结构复杂的应用程序。FORTRAN 和 BASIC 只提供简单的数据结构——数组。

（4）效率

有些实时系统要求具有极快的响应速度，此时可酌情选用汇编语言或 Ada 语言。一个程序的执行时间，常常有一大部分是耗费在一小部分程序代码上的。此时可将这一小部分代码用汇编语言来编写，其余仍用高级语言，这样既可以提高系统的响应速度，又可以减少编程、测试与维护的难度。

（5）可移植性

如果目标系统将在几台不同的计算机上运行，或者预期的使用寿命很长，应选择一种标准化程度高、程序可移植性好的语言，以使所开发的软件将来能够移植到不同的硬件环境下运行。

（6）程序设计人员的水平

在选择语言的同时，还要考虑程序设计人员的知识水平，即他们对语言掌握的熟练程度及实践经验。"新语言有发展前途，旧语言有成功经验"，程序员从学习一种新语言到熟练掌握它，要经过一段实践时间，若与其他主要标准不发生矛盾，应该选用程序设计人员都熟悉，并在以前的开发项目中获得成功的语言。

（7）构造系统的模式

对于以客观对象为研究目标，着重从组成客观对象的集合与关系的角度，考虑建立系统的软件工程项目，应采用 C++ 这一类的面向对象语言。事实上，一个对象系统既包括了对组成系统的所有对象的集合与关系的研究，也包括了对对象状态及状态改变规律性的过程的研究。面向对象的语言综合了功能抽象与数据抽象的机制，因此，它既适用于对象系统，也适用于过程系统。

7.3.5 软件测试

随着计算机软、硬件技术的发展，计算机的应用领域越来越广泛，方方面面的应用对软件的功能要求也就越来越强，而且软件的复杂程度也就越来越高。但是，如何才能确保软件的质量并保证软件的高度可靠性呢？无疑，通过对软件产品进行必要的测试是非常重要的一个环节。软件测试也是在软件投入运行前对软件需求、设计、编码的最后审核。

1. 软件测试的目的

所谓软件测试，是为了发现错误而执行程序的过程。或者说，软件测试是根据软件开发各阶段的规格说明和程序的内部结构而精心设计一批测试用例（即输入数据及其预期结果），并利用这些测试用例去运行程序，以发现程序错误的过程。软件测试在软件生存周期中横跨两阶段：通常在编写出每个模块之后对它做必要的测试（称为单元测试）。模块的编写者与测试者是同一个人。编码与单元测试属于软件生存周期中的同一个阶段。在这个阶段结束之后，软件系统还要进行各种综合测试，这是软件生存周期的另一个独立的阶段，即测试阶段，通常由专门的测试人员承担这项工作。

软件测试是对需求分析、设计和编码三个阶段进行的最终复审。就像是对一辆刚生产出来的汽车，可以让它在山路、沙漠、高温、潮湿、辐射等不同的恶劣环境中行驶，以检查它是否能在不同的环境下正常工作。为了测试软件，需要精心设计一批典型的、具有代表性的"测试用例"，用它们测试软件的运行，比较软件运行的结果与预期结果。如果有问题，就要找出并加以修改，然后继续进行测试。在选取测试用例时，应考虑易于发现错误的数据。可见，软件测试不是为了发现程序没有错误，也不是为了表明程序是正确的。软件测试的根本目标是尽可能多地发现错误。正确认识测试的目标是十分重要的，测试目标决定了测试方案的设计。一个好的测试方案是极可能发现至今为止尚未发现的错误的测试方案，成功的测试是发现了至今为止尚未发现的错误的测试。

表面看来，软件测试的目的与软件工程所有其他阶段的目的都相反。软件工程的其他阶段都是"建设性"的：从抽象的概念出发，逐步设计出具体的软件系统。但测试阶段则具有"破坏性"：竭力证明程序中有错误，不能按照预定要求正确工作。但这只是一种表面现象，是人们的一种心理感觉。发现错误并不是软件测试的最终目标，发现问题是为了解决问题。所以说，测试阶段的根本目标是尽可能多地发现并排除软件中潜藏的错误，最终把一个高质量的软件系统交给用户使用。但是，如果仅就测试本身而言，软件测试的目标是以最少的时间和人力发现软件中潜在的各种错误和缺陷。

此外，应该认识到，测试决不能证明程序是正确的。即使经过了最严格的测试之后，仍然可能还有没被发现的错误潜藏在程序中。这就是软件测试的一个致命缺陷，即测试的不完全性、不彻底性。测试只能找出程序中的错误，但在未发现错误时，并不能证明程序中没有错误。

2. 软件测试的准则

软件测试的目标是尽量多地发现错误，由此提出如下的软件测试原则。

（1）避免程序员检查自己的程序。

软件测试为了尽可能多地发现错误，从某种意义上讲是对程序员工作的一种否定。因此，程序员检查自己的程序会存在一定的心理障碍。而软件测试工作需要严格的作风、客观的态度和冷静的情绪。另外，程序员对软件规格说明理解的错误而引入的错误则更难发现。如果由别人来测试程序，则会更客观、更有效，并更容易取得成功。

（2）软件测试应尽早地、不断地进行。

由于软件具有复杂性和抽象性，使得软件开发的各个环节都可能产生错误。坚持在软件开发的各个阶段进行技术评审，以尽早发现和预防错误，把出现的错误克服在早期，杜绝某些隐患。在发现错误并进行纠错后，要重新进行测试。对软件的修改可能会带来新的错误，不要希望软件测试能一次成功。

（3）软件测试不等于程序测试。

由于软件开发的各阶段是互相衔接的，前一阶段工作中发生的问题如果没有及时解决，会直接影响到下一阶段的工作。从源程序的测试中找到的程序错误不一定都是程序编写过程中造成的。事实上，直到程序测试为止，软件开发工作已历经了许多环节，每个环节都可能发生问题，对程序编写而言，许多错误是"先天的"。所以，软件测试并不仅仅是程序测试。需求分析、概要设计、详细设计以及程序编码等各阶段所得到的文档，包括需求规格说明、概要设计规格说明、详细设计规格说明以及源程序，都应成为软件测试的对象。

（4）充分认识错误的群集现象。

所谓错误的群集现象，是指在所测试的程序段中，若发现的错误数目多，则残存的错误数目也多。因此，测试时不要以为找到了几个错误，就不需继续测试了；相反，当找到的错误得到改正后，应该对该程序段进行反复测试。错误的群集现象已为许多程序的测试实践所证明。一般认为，80%的问题存在于20%的程序中。例如美国 IBM 公司的 OS/370 操作系统中，47%的错误仅与该系统的 4%的程序模块有关。根据这个规律，应当对错误群集的程序段进行重点测试，以提高测试投资的效益。

（5）测试用例应包括测试输入数据和与之对应的输出结果。

测试用例是为了测试而设计的一组数据，在测试之前应精心选择。测试用例主要用来检验程序，因此，不仅要有测试的输入数据，而且要指明这些输入数据的预期结果。如果对测试输入数据没有给出预期的程序输出结果，那么，就缺少了检验实测结果的基准，就有可能把一个似是而非的错误结果当成正确的结果。

（6）测试用例的输入数据应包括合理的输入和不合理的输入。

合理的输入是指能验证程序正确的输入，而不合理的输入是指异常的、临界的、可能引起问题异变的输入。在测试程序时，人们常常考虑合法的、常规的输入，以检查程序是否按要求正常运行而得到预期结果。这是软件的正常测试，也是最基本的测试。事实上，软件在交付使用后，用户的操作常常不规范，不完全遵循输入约定而使用了一些意外的输入（如按错键）。如果软件对这种意外情况不能做出相应的反应，那么，就会产生故障而给出错误结果，甚至导致软件失效。因此，软件测试时，必须对系统处理非法输入的能力进行检验，即对软件进行异常测试，从而使软件测试具有完整性。实践证明，用不合理的输入测试程序时，往往会发现许多意想不到的错误，大大提高测试效率。

（7）严格执行测试计划，避免测试的随意性。

测试之前应制定明确的测试计划，并在测试中严格地执行。测试计划应包括：所测试软件的功能、输入和输出、测试内容、各项测试的进度安排、资源要求、测试资料、测试工具、测试用例的选择、测试的方式和过程、系统组装方式、跟踪规程、调试规程、回归测试的规定以及评价标准等。

3. 软件测试技术与方法综述

软件测试的方法和技术是多种多样的，因此，可以从不同的角度加以分类。

若从是否需要执行被测软件的角度，可以分为静态测试和动态测试方法。若按照功能划分可以分为白盒测试和黑盒测试方法。

（1）静态测试与动态测试。

① 静态测试。

静态测试包括代码检查、静态结构分析、代码质量度量等。静态测试可以由人工进行，充分发挥人的逻辑思维优势，也可以借助软件工具自动进行。经验表明，使用人工测试能够有效地发现 30%～73%的逻辑设计和编码错误。

② 动态测试。

静态测试不实际运行软件，主要通过人工进行。动态测试是基于计算机的测试，是为了发现错误而执行程序的过程。或者说，是根据软件开发各阶段的规格说明和程序的内部结构而精心设计一批测试用例（即输入数据及其预期的输出结果），并利用这些测试用例去运行程序，以发现程序错误的过程。

（2）白盒测试与黑盒测试。

① 白盒测试方法。

白盒测试方法也称结构测试或逻辑驱动测试。它是根据软件产品的内部工作过程，检查内部成分，以确认每种内部操作符合设计规格要求。白盒测试把测试对象看作一个打开的盒子，允许测试人员利用程序内部的逻辑结构及有关信息来设计或选择测试用例，对程序所有的逻辑路径进行测试。通过在不同点检查程序的状态来了解实际的运行状态是否与预期的一致。所以，白盒测试是在程序内部进行，主要用于完成软件内部操作的验证。

白盒测试的基本原则是：保证所测模块中每一独立路径至少执行一次；保证所测模块所有判断的每一分支至少执行一次；保证所测模块每一循环都在边界条件和一般条件下至少各执行一次；验证所有内部数据结构的有效性。

② 黑盒测试方法

黑盒测试方法也称功能测试或数据驱动测试。黑盒测试是对软件已经实现的功能是否满足需求进行测试和验证。黑盒测试完全不考虑程序内部的逻辑结构和内部特征，只依据程序的需求和功能规格说明，检查程序的功能是否符合它的功能说明。所以，黑盒测试是在软件接口处进行，完成功能验证。黑盒测试只检查程序功能是否按照程序规格说明书的规定正常使用，程序是否能适当地接收输入数据而产生正确的输出信息，并且保持外部信息（如数据库文件）的完整性。

黑盒测试主要诊断功能不对或遗漏、界面错误、数据结构或外部数据库访问错误、性能错误、初始化和终止条件错误。

黑盒测试方法主要有等价类划分、边界值分析、错误推测、因—果图等，主要用于软件确认测试。

4. 软件测试的步骤

除非是测试一个小程序，否则一开始就把整个软件系统作为一个单独的实体来测试是不现实的。测试过程也必须分步骤进行，后一个步骤在逻辑上是前一个步骤的延续。通常，软件测试基本由下述 4 个步骤组成。

（1）模块测试。

模块测试的目的是发现并改正程序模块中的错误，保证每个模块作为一个单元能正确地运行。模块测试又称为单元测试。

（2）集成测试。

集成测试就是把经过测试的模块组装成一个完整的系统并进行测试。

（3）验收测试。

验收测试的目的是验证系统确实满足用户的需要，因此，主要使用实际数据进行测试。验收测试也称为确认测试。

（4）系统测试。

系统测试是通过测试确认的软件作为整个计算机系统的一个元素，与计算机硬件、外设、支撑软件、数据和人员等组合在一起，在实际运行环境下进行一系列的测试。

7.3.6　程序的调试

1. 基本概念

在对程序进行了成功的测试之后，将进入程序调试（通常称 Debug，即排错）。程序调试的任务是诊断和改正程序中的错误。它与软件测试不同，软件测试是尽可能多地发现软件中的错误。先要发现软件的错误，然后借助于一定的调试工具去执行找出软件错误的具体位置。软件测试贯穿整个软件生命期，调试主要在开发阶段。

由程序调试的概念可知，程序调试活动由两部分组成，其一是根据错误的迹象确定程序中错误的确切性质、原因和位置。其二是对程序进行修改，排除这个错误。

2. 软件调试方法

调试的关键在于推断程序内部的错误位置及原因。从是否跟踪和执行程序的角度，类似于软件测试，软件调试可以分为静态调试和动态调试。软件测试中心讨论的静态分析方法同样适用静态调试。静态调试主要指通过人的思维来分析源程序代码和排错，是主要的调试手段，而动态调试是辅助静态调试的。主要的调试方法可以采用以下几种。

（1）强行排错法。

作为传统的调试方法，其过程可概括为：设置断点、程序暂停、观察程序状态、继续运行程序。这是目前使用较多、效率较低的调试方法。涉及的调试技术主要是设置断点和监视表达式。

（2）回溯法。

该方法适合于小规模程序的排错。即一旦发现了错误，先分析错误征兆，确定最先发现"症状"的位置。然后，从发现"症状"的地方开始，沿程序的控制流程，逆向跟踪源程序代码，直到找到错误根源或确定错误产生的范围。

回溯法对于小程序很有效，往往能把错误范围缩小到程序中的一小段代码，仔细分析这段代码不难确定出错误的准确位置。但随着源代码行数的增加，潜在的回溯路径数目很多，回溯会变得很困难，而且实现这种回溯的开销很大。

（3）原因排除法。

原因排除法是通过演绎、归纳及二分法来实现的。

演绎法是一种从一般原理或前提出发，经过排除和精化的过程来推导出结论的思考方法。演绎法排错是测试人员首先根据已有的测试用例，设想及枚举出所有可能出错的原因作为假设。然后再用原始测试数据或新的测试，从中逐个排除不可能正确的假设。最后，再用测试数据验证余下的假设确定出错的原因。

归纳法是一种从特殊推断出一般的系统化思考方法。其基本思想是从一些线索（错误征兆或与错误发生有关的数据）着手，通过分析寻找到潜在的原因，从而找出错误。

二分法实现的基本思想是，如果已知每个变量在程序中若干个关键点的正确值，则可以使用定值语句（如赋值语句、输入语句等）在程序中的某点附近给这些变量赋正确值，然后运行程序并检查程序的输出。如果输出结果是正确的，则错误原因在程序的前半部分；反之，错误原因在程序的后半部分。对错误原因所在的部分重复使用这种方法，直到将出错范围缩小到容易诊断的程序为止。

上面的每一种方法都可以使用调试工具来辅助完成。例如，可以使用带调试功能的编译器、动态调试器、自动测试用例生成器以及交叉引用工具等。

需要注意的一个实际问题是，调试的成果是排错，为了修改程序中错误，往往会采用"补丁程序"来实现，而这种做法会引起整个程序质量的下降，但是从目前程序设计发展的状况看，对大规模的程序的修改和质量保证，又不失为一种可行的方法。

习　题

一、选择题

1. （　　）是人脑对客观事物的一种概括的、间接的反映，它反映客观事物的本质和规律。

　　A．思维　　　　　　B．科学思维　　　　　　C．思维科学　　　　　D．计算思维

2. 模式识别、决策和优化等算法都属于（　　）范畴。

　　A．逻辑思维　　　　B．理论思维　　　　　　C．实践思维　　　　　D．计算思维

3. 美国卡内基·梅隆大学计算机科学系主任（　　）教授在美国计算机权威期刊《Communications of the ACM》杂志上给出，并定义的计算思维。

　　A．黄崇福　　　　　B．周以真　　　　　　　C．Edsger Dijkstra　　D．王飞跃

4. 以下关于计算思维错误的是（　　）。

　　A．计算思维是概念化思维　　　　　　　B．计算思维是基础技能

　　C．计算思维是人的思维　　　　　　　　D．计算思维是计算机的思维

5. 算法的特征不包括（　　）。

　　A．可行性　　　　　B．确定性　　　　　　　C．有穷性　　　　　　D．正确性

6. 算法算法的三种基本控制结构不包括（　　）。

　　A．顺序　　　　　　B．选择　　　　　　　　C．循环　　　　　　　D．类

7. 逻辑运算包括（　　）。

　　A．加、减、乘、除　　　　　　　　　　　B．与、或、非

　　C．大于、小于、等于、不等于　　　　　　D．输入、输出、赋值

8. 根据程序设计语言与计算机硬件的联系程度将其分类不包括（　　）。

　　A．机器语言　　　　B．汇编语言　　　　　　C．高级语言　　　　　D．SQL 语言

9. 结构化程序设计主要强调的是（　　）。

　　A．程序的规模　　　B．程序的易读性　　　　C．程序的执行效率　　D．程序的可移植性

10. 对建立良好的程序设计风格，下面描述正确的是（　　）。

　　A．程序应简单、清晰、可读性好　　　　B．符号名的命名只要符合语法

　　C．充分考虑程序的执行效率　　　　　　D．程序的注释可有可无

11. 以下关于对象描述错误的是（　　）。

　　A．对象不可以用来表示客观世界中的任何实体

　　B．对象是面向对象方法中最基本的概念

  C.　对象是构成系统的一个基本单位

  D.　对象由属性和操作组成

12.　以下关于类和实例描述错误的是（　　　）。

  A.　将属性、操作相似的对象归为类

  B.　对象是类的抽象

  C.　类是具有共同属性、共同方法的对象的集合

  D.　对象则是其对应类的一个实例

13.　在面向对象方法中，一个对象请求另一个对象为其服务的方式是通过发送（　　　）。

  A.　调用语句　　　　B.　命令　　　　　C.　口令　　　　　　　D.　消息

14.　信息隐蔽的概念与下述哪一种概念直接相关？

  A.　软件结构定义　B.　模块独立性　　C.　模块类型划分　　　D.　模块耦合度

15.　以下对对象概念描述错误的是（　　　）。

  A.　任何对象都必须有继承性　　　　B.　对象是属性和方法的封装体

  C.　对象间的通讯靠消息传递　　　　D.　操作是对象的动态属性

16.　对象根据所接受的消息而做出动作，同样的消息被不同的对象接收时可导致完全不同的行动，该现象称为（　　　）。

  A.　消息　　　　　B.　继承性　　　　C.　二义性　　　　　　D.　多态性

17.　以下对面向对象方法描述错误的是（　　　）。

  A.　与人类习惯的思维方法一致　　　B.　稳定性好

  C.　不可重用　　　　　　　　　　　D.　易于开发大型软件产品

18.　软件产品的开发主要是（　　　）。

  A.　进行软件复制　B.　进行软件的研制　C.　进行软件的销售　D.　进行软件的测试

19.　需求分析是在（　　　）进行的。

  A.　客户　　　　　　　　　　　　　B.　用户和分析设计人员之间

  C.　开发人员内部　　　　　　　　　D.　使用和维护人员间

20.　软件危机具有下列表现（　　　）。

  Ⅰ．对软件开发成本估计不准确　　　Ⅱ．软件产品的质量往往靠不住

  Ⅲ．软件常常不可维护　　　　　　　Ⅳ．软件成本逐年上升

  A.　Ⅰ、Ⅱ和Ⅲ　　B.　Ⅰ、Ⅲ和Ⅳ　　C.　Ⅱ、Ⅲ和Ⅳ　　D.　以上都正确

21.　软件工程的出现是由于（　　　）。

  A.　软件危机的出现　　　　　　　　B.　计算机硬件技术的发展

  C.　软件社会化的需要　　　　　　　D.　计算机软件技术的发展

22.　"软件危机"是指（　　　）。

  A.　计算机病毒的出现　　　　　　　B.　利用计算机进行经济犯罪活动

  C.　软件开发和维护中出现的一系列问题　D.　人们过分迷恋计算机系统

23.　为了克服软件危机，人们提出了用（　　　）的原理来设计软件，这就是软件工程诞生的基础。

  A.　数学　　　　　　B.　软件学　　　　C.　运筹学　　　　　　D.　工程学

24.　软件需求分析阶段最重要的技术文档之一是（　　　）。

  A.　项目开发计划　B.　设计说明书　　C.　需求规格说明书　D.　可行性分析报告

25. 内聚性是对模块功能强度的度量，内聚性较强的是（　　　　）。
     A. 偶然内聚　　　　B. 逻辑内聚　　　　C. 功能内聚　　　　D. 信息内聚

26. 模块间的耦合性超强，说明模块之间的联系越密切，耦合性较强的是（　　　　）。
     A. 内容耦合　　　　B. 公共耦合　　　　C. 非直接耦合　　　　D. 数据耦合

27. 软件设计是一个把（　　　）转换为软件表示的过程。
     A. 代码设计　　　　B. 软件需求　　　　C. 详细设计　　　　D. 系统分析

28. 软件详细设计阶段的任务是（　　　　）。
     A. 算法设计　　　　B. 功能设计　　　　C. 调用关系设计　　　　D. 输入/输出设计

29. 软件详细设计阶段主要采用的工具是（　　　）。
     A. DFD　　　　B. PAD　　　　C. DD　　　　D. SA

30. 下面说法正确的是（　　　）。
     A. 经过测试没有发现错误说明程序正确
     B. 测试的目标是为了证明程序没有错误
     C. 成功的测试是发现了迄今尚未发现的错误的测试
     D. 成功的测试是没有发现错误的测试

二、填空题

1. 思维具有（　　　）和（　　　）的特征。

2. 思维有多种分类方式，按照思维的形成和应用领域，可分为（　　　）和（　　　）。

3. （　　　）是大脑对科学信息的加工活动。

4. 如果从人类认识世界和改造世界的思维方式出发，科学思维又可分为（　　　）、（　　　）和（　　　）。

5. （　　　）又称构造思维，是指从具体的算法设计规范入手，通过算法过程的构造与实施来解决给定问题的一种思维方法。

6. 周以真教授提出，计算思维的本质是（　　　）和（　　　）。

7. （　　　）是指对解决问题的方法和步骤的准确而完整的描述。

8. 算法的特征包括（　　　）、（　　　）、（　　　）和（　　　）。

9. 算法的基本要素包括（　　　）和（　　　）。

10. 算法的基本运算和操作有（　　　）、（　　　）、（　　　）和（　　　）。

11. 算法的评价包括（　　　）和（　　　）。

12. 结构化程序设计应遵循以下原则（　　　）、（　　　）、（　　　）和（　　　）。

13. 选择结构又称为分支结构，它包括（　　　）和（　　　）。

14. 对象是构成系统的一个基本单位，它由（　　　）和（　　　）组成的。

15. （　　　）是具有共同属性、共同方法的对象的集合。

16. （　　　）是一个实例与另一个实例之间传递的信息。

17. 一个消息由三部分组成：（　　　）、（　　　）和（　　　）。

18. 继承分为（　　　）和（　　　）。

19. 在面向对象方法中，信息隐蔽是通过对象的（　　　）性来实现的。

20. 类是一个支持集成的抽象数据类型，而对象是类的（　　　）。

21. 在面向对象方法中，类之间共享属性和操作的机制称为（　　　）。

22. 软件工程包括 3 个要素，（　　　）、（　　　）和（　　　）。

23. 结构化分析的常用工具（　　　）、（　　　）、（　　　）和（　　　）。

24. 软件设计分两步完成：（　　　）和（　　　）。

25. （　　　）是一种思维工具，就是把事物本质的共同特性提出来而不考虑其他细节。

26. （　　　）是对一个软件结构内不同模块之间互连程度的度量。

27. （　　　）是一个模块内部各个元素彼此结合的紧密程度的度量。

28. （　　　）是一种传统的、应用广泛的软件过程设计表示工具，通常也称为程序框图。

29. 若从是否需要执行被测软件的角度，可以分为（　　　）和（　　　）。

30. 若按照功能划分可以分为（　　　）和（　　　）。

三、简述题

1. 思维有哪些分类方式？

2. 科学思维涵盖哪 3 个方面的内容。

3. 计算思维的本质。

4. 什么是狭义计算思维？

5. 什么是广义计算思维？

6. 简述算法的特征。

7. 简述穷举法思想。

8. 简述面向对象方法的优点。

9. 简述算法和程序的差异与联系。

10. 简述白盒测试和黑盒测试。

第8章
电子商务基础

当今世界网络、通信和信息技术快速发展，互联网在全球迅速普及，使得现代商业具有不断增长的供货能力、不断增长的客户需求和不断增长的全球竞争三大特征，任何一个商业组织都必须改变自己的组织结构和运行方式来适应这种全球性的发展和变化。随着信息技术在国际贸易和商业领域的广泛应用，利用计算机技术、网络通信技术和互联网实现商务活动的国际化、信息化和无纸化，已成为各国商务发展的趋势。电子商务正是为了适应这种以全球为市场的变化而出现和发展起来的。

8.1 电子商务概述

作为一种新的商业发展模式，电子商务提出了一种全新的商业机会、需求、规则和挑战，它代表了未来信息产业的发展方向，已经并将继续对全球经济和社会的发展产生深刻的影响。

8.1.1 电子商务的产生和发展

电子商务的产生和发展不仅改变了传统的交易模式，而且也改变了商业伙伴之间建立的合作关系模式以及计算机应用平台的模式。

1. 电子商务的产生

纵观电子商务的产生及发展的历史，电子商务的产生基本可以分为3个阶段，即基于电子通信工具的初期电子商务、基于20世纪80年代中期的EDI电子商务和始于20世纪90年代初期的互联网电子商务。

（1）基于电子通信工具的初期电子商务。

电报是最早的电子商务工具，是用电信号传递文字、照片、图表等的一种通信方式。随着社会的发展，传统的用户电报在速率和效率上已不能满足日益增长的文件往来的需要，特别是办公室自动化的发展，因此产生了智能用户电报（Teletex）。智能用户电报是在具有某些智能处理功能的用户终端之间，经公用电信网，以标准化速率自动传送和交换文本的一种电信业务。从本质上说，智能用户电报是将基于计算机的文本编辑、文字处理技术与通信相结合的产物。

电话是一种广泛使用的电子商务工具，是一种多功能的工具。通过电话可以为商品和服务作广告，可以在购买商品和服务的同时进行支付（与信用卡一起使用）；经过选择的服务甚至可以通过电话进行销售，然后通过电话支付（与信用卡一起使用）。例如：电话银行、电话查寻服务、叫孩子起床的定时呼叫服务和其他为成年人娱乐的服务。在非标准的交易活动中，用电话要比通过信函更容易进行谈判。然而，在许多情况下，电话仅是为书面的交易合同或者是为产品实际送交作准备。电话的通信一直局限于两人之间的声音交流，现在，用可视电话进行可视商务对话已经成为现实。然而高质量的可视电话需要大量的投资，以购买设备和带宽。后者不能在电话线上取得，甚至在功能更强大的数字 ISDN 通路上也不能得到。由于技术和经济的原因，以及在一定程度上出于对个人或家庭隐私权的考虑等因素，可视电话业务的发展相对迟缓，因此可视电话和可视会议仍有很大的局限性。

传真提供了一种快速进行商务通信和文件传输的方式。传真与传统的信函服务相比，其主要优势在于传输文件的速度更快。尽管传真机较贵，但传真的费用低廉、网络进入便捷、带宽需求不高以及用户界面的友好方式。这些特点使传真在通信和商务活动中显得非常重要，但在个体的消费者中用得较少。

由电报、电话、传真和电视带来的商业交易在过去的几十年间日益受到重视，由于它们各有优缺点，所以人们互为补充地将电报、电话、传真、电视用于商务活动之中。今天，这些传统的电子通信工具仍然在商务活动中发挥着重要作用。

（2）基于电子数据交换的电子商务。

电子数据交换（EDI）在 20 世纪 60 年代末期产生于美国。当时的贸易商们在使用计算机处理各类商务文件的时候发现，由人工输入到一台计算机中的数据 70%是来源于另一台计算机输出的文件，由于过多的人为因素，影响了数据的准确性和工作效率的提高。于是人们开始尝试在贸易伙伴之间的计算机上使数据能够自动交换，EDI 应运而生。

EDI（Electronic Data Interchange）是将业务文件按一个公认的标准从一台计算机传输到另一台计算机中的电子传输方法。由于 EDI 大大减少了纸张票据，因此，人们也形象地称为"无纸贸易"或"无纸交易"。使用这种方法，首先将商业或行政事务处理的报文数据按照一个公认的标准，形成结构化的事务处理的报文数据格式，进而将这些结构化的报文数据经由网络，从一个计算机传输到另一个计算机。

我国是 1990 年正式引入 EDI 概念的；1991 年 8 月在国务院电子信息系统推广应用办公室主持下，成立了"中国促进 EDI 应用协作小组"；同年 9 月，中国申请加入了亚洲 UN/EDIFACT（AS/EB），并宣布中国 UN/EDIFACT（CEC）成立；于 1992 年 5 月拟定了《中国 EDI 发展战略与总体规划建议》（草案）。

（3）基于互联网的电子商务。

由于使用 VAN 的费用很高，仅大型企业才会使用，因此限制了基于 EDI 电子商务应用范围的扩大。互联网是一个连接无数个、遍及全球范围的广域网和局域网的互联网络。互联网的兴起将分布于世界各地的信息网络、网络站点、数据资源和用户有机地连成一个整体，在全球范围内实现了信息资源共享，通信方便快捷。互联网因具有覆盖面广、费用低廉、具有多媒体功能等特点，大大促进了企业尤其是中小企业电子商务的发展。

1991 年美国政府宣布互联网向社会公开开放，企业可以在网上开发商务系统，一直被排斥在互联网之外的商业贸易活动正式进入这个领域。1994 年，美国加州组成商用实验网（Commerce Net），用以加速发展互联网上的电子商务，确保网上交易与电子支付等的安全。同时美国网景公司（Netscape）成立，该公司开发并推出安全套接层（SSL）协议，用以弥补互联网上的主要协议——TCP/IP 在安全性能上的缺陷，支持 B2B 模式的电子商务。1996 年 2 月，Visa 和 MasterCard两大信用卡组织制定了在互联网上进行安全电子交易的 SET 协议。SET 协议适用于 B2C 的安全支付方式，围绕消费者、商家、银行和其他方相互关系的确认，以保证网上支付安全。从 1997

年 1 月 1 日起，美国联邦政府的所有对外采购均采用电子商务方式，这一举措被认为是"将美国电子商务推上了高速列车"。

互联网的出现为电子商务的发展提供了技术基础，尤其是多媒体技术和虚拟现实技术的发展，使企业可以通过互联网迅速、高效地传递商品信息和进行业务处理，促进了电子商务的产生和发展。

2. 电子商务的发展阶段

作为在网络应用技术与传统商务资源相结合的背景下应运而生的一种动态商务活动，电子商务从出现至今经历了以下 4 个阶段。

（1）高速初始发展阶段（1995～1999 年）。

20 世纪末，基于计算机技术与通信技术相结合的网络环境出现，通过互联网从事商务活动，成为经济活动中的热点。基于对发展前景的美好预期，电子商务得到了长足发展。大量的风险投资涌入电子商务领域，不断有企业宣布拓展电子商务领域，新的电子商务网站不断大量涌现。著名咨询公司 CMP Research 在 1998 年初做的一项调查显示，大约有 1/3 的美国企业宣称将会在一年内实施它们的电子商务；而在已经实施了电子商务的企业中，有 64%期望能在一年内收回投资。据另一项调查显示，美国 1997 年 1 月至 6 月间申请商业域名（.com）的公司从 17 万多增加到近 42 万个。到 1997 年底，这一数字又翻了一番。可见，电子商务的竞争达到了白热化程度。

（2）调整蓄势阶段（2000～2002 年）。

2000 年初，在投资者的疯狂追捧下，NASDAQ 接近了 5000 点大关。然而就在这个时候，IT 业经过 10 多年的高速发展之后积累的问题开始暴露，电子商务也未能例外。尽管一些电子商务网站的营业收入已经做得很大，但支出更大，一直不能实现赢利。此外，随着规模的扩大，物流、管理等方面的问题开始突显，如何继续保持高速发展成为问题。

从 2000 年中期开始，和整个 IT 业一道，电子商务开始调整。股市泡沫开始破灭，NASDAQ 指数在一年的时间内就从 5000 点跌破至 2000 点以下。随着资金的撤离，许多依赖资本市场资金投入的网站陷入了困境，不少网站开始清盘倒闭。据不完全统计，超过 1/3 的网站销声匿迹。电子商务经历了其发展过程中的寒冬。

（3）复苏稳步发展阶段（2003～2006 年）。

2002 年底，电子商务步入复苏和稳步发展阶段，经过电子商务发展"寒冬"的严峻考验，生存下来的电子商务网站开始懂得电子商务网站的经营必须要有务实的精神（就是首先要在经营上找到经济的赢利点）。有了这些宝贵经验和经营实践，务实的经营理念使这些经营性的网站一反长期亏损局面而出现了赢利。人们看到了希望，电子商务网站的经营实现了突破，开始出现了又一个春天。电子商务毕竟是具有强大生命力的新生事物，短暂的调整改变不了其上升趋势。在惨烈的调整之后，电子商务从 2002 年底开始复苏，其标志是不断有电子商务企业开始宣布实现赢利。

（4）纵深发展阶段（2007 年至今）。

这个阶段最明显的特征就是，电子商务已经不仅仅是互联网企业的天下，随着数不清的传统企业和资金流入电子商务领域，使得电子商务世界变得异彩纷呈。传统企业大力推进电子商务的应用，通过电子商务手段拓展市场、降低成本、创新服务。Web 2.0 技术的应用，使用户不仅可以被动地接收信息，还可以主动创造信息。

目前，电子商务出现了许多新的发展趋势，如与政府的管理和采购行为相结合的电子政务服务、与个人手机通信相结合的移动商务模式、与娱乐和消遣相结合的网上游戏经营等都得到了很好的发展，出现了网络团购、社交电子商务等创新形式。

3. 电子商务的发展现状

近年来，在全球经济保持平稳增长和互联网宽带技术迅速普及的背景下，世界主要国家和地区的电子商务市场保持了高速增长态势。以美国为首的发达国家仍然是世界电子商务的主力军；而中国等发展中国家电子商务异军突起，正成为国际电子商务市场的重要力量。

（1）全球电子商务发展状况。

根据瑞典互联网市场研究公司 Royal Pingdom 发布的《2011 年全球互联网产业发展状况报告》，截至 2011 年 12 月，全球互联网用户总数达 21 亿，其中，亚洲互联网用户数量为 9.222 亿，欧洲互联网用户数量为 4.762 亿，北美洲互联网用户数量为 2.711 亿，拉丁美洲和加勒比海地区互联网用户数量为 2.159 亿，非洲互联网用户数量为 1.186 亿，中东地区互联网用户数量为 0.686 亿，大洋洲/澳大利亚互联网用户数量为 0.213 亿；全球网站数量为 5.55 亿；全球即时通信账户数量为 26 亿；全球社交网络账户数量为 24 亿；全球移动用户数量约为 59 亿，其中活跃移动宽带用户数量为 12 亿。

中国电子商务研究中心发布的《2010～2011 年球电子研究报告》中称，美国是电子商务起步最早的国家，在技术、市场和社会法律等方面一直保持着世界领先的地位。加拿大紧随其后，名列世界第二。拉美各国发展极不平衡，墨西哥电子商务发展走在世界前列，巴西 B2B 处于试验阶段；而拉美东部地区尚处于幼苗阶段。亚太地区新兴的电子商务市场主要集中在日本、新加坡、韩国、中国等国家。电子商务在大多数国家和地区仍保持了继续增长；发达国家的芬兰、瑞典、丹麦等国，企业在网上采购的比例达到 60%以上；发展中国家的新加坡和多巴哥等也达到 40%以上。

全球电子支付产业正处于高速发展期，产业分工日益专业化，并向综合化发展。全球 B2B 电子商务市场在全球电子商务市场中占据重要的地位，2005 年全球 B2B 电子商务市场的规模已达到 4 万亿美元。2006 年达 5.8 万亿美元，在此期间以 50%左右的速度增长。在网络购物领域，2010 年全球网络购物交易规模达 5725 亿美元，同比增长 19.4%；在 2010 年全球整体网络购物交易规模中，欧洲（34%）、美国（29%）和亚洲（27%）占比总和达 90%，呈现三足鼎立格局。

（2）我国电子商务发展状况。

2012 年 1 月 6 日，中国互联网络信息中心（CNNIC）在北京发布《第 29 次中国互联网络发展状况统计报告》（以下简称《报告》）。《报告》显示，中国网民规模继续呈现持续高速发展的趋势。截至 2011 年 12 月底，中国网民规模达到 5.13 亿人，全年新增网民 5580 万人；农村网民规模为 1.36 亿人，比 2010 年增加 1113 万人，占整体网民比例为 26.5%。互联网普及率较 2010 年底提升 4 个百分点，达到 38.3%；网民平均每周上网时长为 18.7 个小时，较 2010 年同期增加 0.4 小时。家庭电脑上网宽带网民规模为 3.92 亿人，占家庭电脑上网网民比例为 98.9%。中国手机网民规模达到 3.56 亿人，同比增长 17.5%，与前几年相比，中国的整体网民规模增长进入平台期。中国网站规模达到 229.6 万，较 2010 年底增长 20%，在 2011 年下半年，网站规模显现出稳步回升的势头，有望进入一个新的增长周期。我国团购用户数达到 6465 万人，年增长高达 244.8%。网络音乐、网络游戏和网络文学等娱乐应用的用户规模有小幅增长，但使用率均有下滑，相比之下，网络视频的用户规模则较上一年增加 14.6%，达到 3.25 亿人，使用率提升至 63.4%。

近年来，我国电子商务保持了持续快速发展的良好态势，2011 年我国网民数量超过 5 亿人，网民规模居世界第一，电子商务交易额达 6 万亿元。

8.1.2　电子商务的概念

电子商务是在 20 世纪 90 年代兴起于美国、欧洲等发达国家的一个新概念。1997 年 IBM 公司第一次使用了电子商务（Electronic Business，E-Business）一词，后来电子商务一词的使用慢慢普及起来。

1. 电子商务的定义

电子商务包含两个方面的内容：一是电子方式，二是商贸活动。电子商务指的是利用简单、快捷、低成本的电子通信方式，买卖双方不见面地进行各种商贸活动。事实上，目前还没有一个较为全面、确切的定义。国际组织、各国政府及企业都是依据自己的理解和需要来给电子商务下定义的。

（1）国际组织对电子商务的定义。

世界贸易组织（World Trade Organization，WTO）认为，电子商务是通过电子方式进行货物和服务的生产、销售、买卖和传递。这一定义奠定了审查与贸易有关的电子商务的基础，也就是继承关贸总协定（General Agreement on Tariffs and Trade，GATT）的多边贸易体系框架。

经济合作与发展组织（OECD）认为，电子商务一般是指以网上数字的处理和传输为基础的组织和个人之间的商业交易。这里的网络既可以是开放的网络，如互联网，也可以是能够通过网关联接到开放网的网络，所传输的数据包括文件、声音和图像。

联合国国际贸易程序简化工作组认为：电子商务是采用电子形式开展的商务活动，它包括供应商、客户、政府及其参与方之间通过任何电子工具，如 EDI、Web 技术、电子邮件等共享非结构化或结构化商务信息，并管理和完成在商务活动、管理活动和消费活动中的各种交易。

全球信息基础设施委员会（GIIC）电子商务工作委员会认为：电子商务是运用电子通信手段进行的经济活动，包括对产品和服务的宣传、购买和结算。

加拿大电子商务协会对电子商务的定义是：电子商务是通过数字通信进行商品和服务的买卖以及资金的转账，它还包括公司间和公司内利用 E-mail、EDI、文件传输、传真、电视会议、远程计算机联网所能实现的全部功能（如市场营销、金融结算、销售以及商务谈判）。

（2）各国政府对电子商务的定义。

美国政府在其《全球电子商务纲要》中比较笼统地指出：电子商务是指通过互联网进行的各项商务活动，包括广告、交易、支付、服务等活动。全球电子商务将会涉及各个国家。

中国政府的观点是：电子商务是网络化的新型经济活动，即基于互联网、广播电视网和电信网络等电子信息网络的生产、流通和消费活动，而不仅仅是基于互联网的新型交易或流通方式。电子商务涵盖了不同经济主体内部和主体之间的经济活动，体现了信息技术网络化应用的根本特性，即信息资源高度共享、社会行为高度协同所带来的经济活动的高效率和高效能。

（3）企业对电子商务的定义。

IBM 提出了一个电子商务的定义公式，即电子商务=Web+IT（Information Technology，信息技术）。它所强调的是在网络计算环境下的商业化应用，是把买方、卖方、厂商及其合作伙伴在互联网（Internet）、企业内部网（Intranet）和企业外部网（Extranet）结合起来的应用。电子商务是采用数字化方式进行商务数据交换和开展商务业务的活动，是在互联网的广阔联系与传统信息技术系统的丰富资源相结合的背景下应运而生的一种相互联系的动态商务活动。显然，"数字化+商务"、"互联网+传统技术"是 IBM 观点的精髓。

HP 公司认为：简单地说，电子商务是指从售前服务到售后支持的各个环节实现电子化、自动化，它能够使我们以电子交易手段完成物品和服务等价值交换。

（4）对电子商务的进一步理解。

综合上述观点，可以为电子商务做出如下定义：电子商务是各种具有商业活动能力和需求的实体（生产企业、商贸企业、金融企业、政府机构、个人消费者等）为了跨越时空限制提高商务活动效率，而采用计算机网络和各种数字化传媒技术等电子方式实现商品交易和服务交易的一种贸易形式。电子商务有狭义和广义之分。狭义的电子商务称做电子交易，主要是指利用 Web 提供的通信手段在网上进行的交易，包括电子商情、网络营销、网络贸易、电子银行等。广义的电子商务是包括电子交易在内的、利用 Web 进行的全面商业活动，如市场调查、财务核算、生产计划安排、客户联系、物资调配等，所有这些活动涉及企业内外。

2．电子商务的主要功能

电子商务通过互联网可提供在网上的交易和管理的全过程的服务，具有对企业和商品的广告宣传、交易的咨询洽谈、客户的网上订购和网上支付、电子账户、销售前后的服务传递、客户的意见征询、对交易过程的管理等各项功能。

（1）广告宣传。

电子商务使企业可以通过自己的 Web 服务器、网络主页（Home Page）和电子邮件（E-mail）在全球范围内作广告宣传，在互联网上宣传企业形象和发布各种商品信息，客户用网络浏览器可以迅速找到所需的商品信息。与其他各种广告形式相比，在网上的广告成本最为低廉，而给顾客的信息量却最为丰富。

（2）咨询洽谈。

电子商务使企业可借助非实时的电子邮件、新闻组（News Group）和实时的讨论组来了解市场和商品信息、洽谈交易事务；如有进一步的需求，还可用网上的白板会议（Whiteboard Conference）、电子公告板（BBS）来交流即时的信息。在网上的咨询和洽谈能超越人们面对面洽谈的限制，提供多种方便的异地交谈形式。

（3）网上订购。

企业的网上订购系统通常都是在商品介绍页面提供十分友好的订购提示信息和订购交互表格，当客户填完订购单后，系统回复确认信息单表示订购信息已收悉。电子商务的客户订购信息采用加密的方式对客户和商家的商业信息进行保密。

（4）网上支付。

网上支付是电子商务交易过程中的重要环节。客户和商家之间可采用信用卡、电子钱包、电子支票和电子现金等多种电子支付方式进行网上支付。采用电子支付方式可节省交易的开销。对于网上支付的安全问题现在已有实用的技术来保证其安全性。

（5）电子账户。

网上支付是指由银行、信用卡公司及保险公司等金融单位提供包含电子账户管理在内的金融服务。客户的信用卡号或银行账号是电子账户的标志，它是客户所拥有金融资产的标识代码。电子账户通过客户认证、数字签名、数据加密等技术措施的应用保证电子账户操作的安全性。

（6）服务传递。

电子商务通过服务传递系统将客户所订购的商品尽快地传递到已订货并付款的客户手中。对于有形的商品，服务传递系统可以通过网络对在本地或异地的仓库或配送中心进行物流的调配，并通过物流服务部门完成商品的传送；而无形的信息产品如软件、电子读物、信息服务等则立即从电子仓库中将商品通过网络直接传递到用户端。

（7）意见征询。

企业的电子商务系统可以采用网页上的"选择"、"填空"等形式及时收集客户对商品和销售服务的反馈意见。这些反馈意见能提高网上、网下交易的售后服务水平，使企业获得改进产品、发现新市场的商业机会，使企业的市场运作形成一个良性的封闭回路。

（8）交易管理。

电子商务的交易管理系统可以借助网络快速、准确地收集大量数据信息，利用计算机系统强大的处理能力，针对与网上交易活动相关的人、财、物、客户及本企业内部事务等各方面进行及时、科学、合理的协调和管理。

电子商务的上述功能，对网上交易提供了一个良好的交易服务和实施管理的环境，使电子商务的交易过程得以顺利和安全地完成，并可以使电子商务获得更广泛的应用。需要指出的是，这里所说的电子商务的功能只是电子商务的直接功能，其他一些派生功能如电子商务促进产业结构合理化功能等没有阐述。

8.1.3 电子商务的分类与特征

1. 电子商务的分类

（1）按商业活动的运作方式划分。

① 完全电子商务。

完全电子商务是指完全可以通过电子商务方式实现和完成完整交易的交易行为和过程，实现交易过程中信息流、资金流、物流、商流的高度集成。换句话说，完全电子商务是指商品或者服务的完整过程是在信息网络上实现的电子商务。这种电子商务能使双方超越地理空间的障碍进行电子交易，可以充分挖掘全球市场的潜力。例如，许多数字商品的网上交易都是完全电子商务。

② 非完全电子商务。

非完全电子商务是指不能完全在互联网上依靠电子商务来解决交易过程的所有问题，必须依赖于其他外部条件的配合才能完成全部交易过程。一般来说，只要信息流、资金流、物流、商流中的任何一流没有在网上实现，都可认为是非完全电子商务。例如，采取离线支付方式、实物物流系统的电子商务都可以认为是非完全电子商务。

（2）按开展电子交易的范围划分。

① 本地电子商务。

本地电子商务是指利用公司内部、本城市或者本地区的信息网络实现的电子商务活动。本地电子商务交易的范围比较小，它是利用互联网、企业内部网或专网将参加交易的相关系统联系在一起的网络系统。参加交易各方的电子商务信息系统，包括买方、卖方及其他各方的电子商务信息系统，银行金融机构电子信息系统，保险公司信息系统，商品检验信息系统，税务管理信息系统，货物运输信息系统，本地区 EDI 中心系统等。本地电子商务是开展远程国内电子商务和全球电子商务的前提和基础，而且从某种意义上说，它涉及实物交易，交易双方最终要确定交货地点，所以它归根结底是区域性和本地化的。

② 远程电子商务。

远程电子商务是指电子商务在本国范围内进行的网上电子交易活动。其交易的地域范围较大，对软硬件和技术要求都比较高，要求在全国范围内实现商业电子化、自动化，实现金融电子化，而且交易各方需具备一定的电子商务知识、经济能力、技术能力和管理能力等。

③ 全球电子商务。

全球电子商务是指在全世界范围内进行的电子交易活动，参加电子商务的交易各方通过网络进行贸易活动。它涉及有关交易各方的相关系统，如买卖方国家进出口公司系统、海关系统、银行金融系统、税务系统、保险系统等。由于全球电子商务业务内容繁杂，数据来往频繁，这就要求电子商务系统严格、准确、安全、可靠。全球电子商务客观上要求要有全球统一的电子商务规则、标准和商务协议，这是发展全球电子商务必须解决的问题。

（3）按电子商务交易对象划分。

① 有形商品交易电子商务。

有形商品交易电子商务的交易对象是占有三维空间的实体类商品。这类商品的交易过程中所包含的信息流和资金流可以完全实现网上传输，卖方通过网络发布商品广告、供货信息及咨询信息，买方通过网络选择欲购商品并向卖方发送订单，买卖双方在网上签订购货合同后可以在网上完成货款支付。但交易的有形商品必须由卖方通过某种运输方式送达买方指定的地点。电子商务已经破除了商家对各种商品批量购进、集中存储、坐店销售的方式，商品需要直接送到消费者手中。这种商品交割方式的变化，说明网上购物使传统的物流配送向消费者端延伸。所以有形商品电子商务还必须解决好货物配送的问题。电子商务中的商品配送特点有：范围大，送货点分散，批量小，送货及时。对商家来说这些特点由于引起销售成本大大的增加，有可能导致其在商务面前驻足不前。有形商品交易电子商务由于三流（信息流、资金流、物流）不能完全在网上传输，因而可称为非完全电子商务。

② 数字化商品交易电子商务。

数字化商品交易是指交易对象是软件、电影、音乐、电子读物等可以数字化的商品。数字化商品网上交易与有形商品网上交易的区别在于：前者可以通过网络将商品直接送到购买者手中。也就是说，数字化商品电子商务完全可以在网络上实现，因而这类电子商务属于完全电子商务。

③ 服务商品交易电子商务。

服务商品交易电子商务是指电子商务的交易对象是服务商品。服务商品电子商务提供的也是无形商品，但和数字商品电子商务不同的是，有的服务商品电子商务流程中也有实物部分，也可能有物流过程。例如，邮政电子商务等。

（4）按参与交易对象的不同分类划分。

① 企业与企业之间的电子商务（Business to Business，B to B 或 B2B）是企业与企业之间通过专用网或互联网进行数据信息的交换、传递，开展贸易活动的电子商务形式。通过此种商务形式可以将有业务联系的公司之间通过电子商务将关键的商务处理过程连接起来，形成在网上的虚拟企业圈。例如，企业利用计算机网络向其供应商进行采购，或利用计算机网络进行付款等。这一类电子商务，特别是企业通过私营或增值计算机网络（Value Added Network，VAN）采用 EDI（电子数据交换）方式所进行的商务活动，已经存在多年。这种电子商务系统具有很强的实时商务处理能力，使公司能以一种可靠、安全、简便快捷的方式进行企业间的商务联系活动和达成交易。

② 企业与消费者之间的电子商务。

企业与消费者之间的电子商务（Business to Customer，B to C 或 B2C），是人们最熟悉的一种电子商务类型，这类电子商务主要是借助于互联网所开展的在线式销售活动。大量的网上商店利用互联网提供的双向交互通信，完成在网上进行购物的过程。最近几年随着互联网的发展，这类电子商务的发展异军突起。例如，在互联网上目前已出现许多大型超级市场，所出售的产品一应俱全，从食品、饮料到电脑、汽车等，几乎包括了所有的消费品。由于这种模式可节省客户和企业双方的时间和空间，从而可大大提高交易效率，节省各类不必要的开支，因而得到了人们的认同，获得了迅速发展。

③ 企业与政府方面的电子商务。

政府与企业之间的电子商务（Business to Government，B to G 或 B2G），包括政府采购、税收、商检、社会保障、管理条例发布等。一方面政府作为消费者，可以通过互联网发布自己的采购清单，公开、透明、高效、廉洁地完成所需物品的采购；另一方面，政府可以通过电子商务方式充分、及时地对企业实施宏观调控、指导规范、监督管理等职能。借助于网络及其他信息技术，政府职能部门能更及时全面地获取所需信息，做出正确决策，做到快速反应，能迅速、直接地将政策法规及调控信息传达到企业，从而起到管理与服务的作用。在电子商务中，政府还有一个重要作用，就是对电子商务的推动、管理和规范作用。

④ 消费者与消费者之间的电子商务。

互联网为个人经商提供了便利，任何人都可以"过把瘾"，各种个人拍卖网站层出不穷，形式类似于"跳蚤市场"。其中最成功、影响最大的应该算是"电子港湾"（eBay）。它是美国加州一位年轻人奥米迪尔在 1995 年创办的，是互联网上最热门的网站之一。我们把这类网站称为消费者与消费者之间的电子商务（Customer to Customer，C to C 或 C2C）。

⑤ 消费者与政府之间的电子商务。

消费者与政府之间的电子商务（Customer to Government，C to G 或 C2G）指的是政府对个人的电子商务和业务活动。这类电子商务活动目前还不多，但应用前景广阔。居民的登记、统计和户籍管理以及征收个人所得税和其他契税、发放养老金、失业救济和其他社会福利是政府部门与社会公众个人日常关系的主要内容。随着我国社会保障体制的逐步完善和税制改革，政府和个人之间的直接经济往来会越来越多。

（5）按电子商务应用平台划分。

① 利用专用网的电子商务。

利用专用网的电子商务就是利用 EDI 网络进行电子交易。EDI 是按照一个公认的标准和协议，将商务活动中涉及的文件标准化和格式化，通过计算机网络，在贸易伙伴的计算机网络系统之间进行数据交换和自动处理。EDI 主要应用于企业与企业、企业与批发商、批发商与零售商之间的批发业务。EDI 电子商务在 20 世纪 90 年代已得到较大的发展，技术上也较为成熟，但是因为开展 EDI 对企业的管理、资金和技术要求较高，因此至今尚未普及。

② 基于互联网的电子商务。

基于互联网的电子商务是指利用连通全球的互联网开展的电子商务活动。它以计算机、通信、多媒体、数据库技术为基础，通过互联网络，在网上实现营销、购物服务。消费者可以不受时间、空间、厂商的限制，广泛浏览，充分比较，模拟使用，力求以最低的价格获得最为满意的商品和服务。在互联网上可以进行各种形式的电子商务业务，所涉及的领域广泛，全世界各个企业和个人都可以参与。基于互联网的电子商务正以飞快的速度发展，其前景十分诱人，是目前电子商务的主要形式。

③ 内联网电子商务。

内联网电子商务是指在一个大型企业的内部或一个行业内开展的电子商务活动，能够形成一个商务活动链。Intranet 商务是利用企业内部网络开展的商务活动。Intranet 只有企业内部的人员可以使用，信息存取只限于企业内部。内联网电子商务的应用，一方面可以节省许多文件的往来时间，方便沟通管理并降低管理成本；另一方面可通过网络与客户提供双向沟通，适时提供颇具特色的产品与服务，并且提升服务品质，可以大大提高工作效率和降低业务的成本。

④ 电话网电子商务。

电话网电子商务是指通过电话网络进行的电子商务活动。电话网是早期的电子商务工具。电话网现在可分为固定电话网和移动电话网，特别是移动电子商务是近两年产生的电子商务的一个新的分支。移动电子商务利用移动网络的无线连通性，允许各种非 PC 设备（如手机、PDA、车载计算机、便携式计算机）在电子商务服务器上检索数据，开展交易。目前，移动电子商务已成为电子商务的新亮点。

（6）按电子商务的成熟度划分。

① 静态电子商务。

静态电子商务是指在电子商务的开始阶段，企业通过在互联网上展示公司的产品及相关信息、建立与客户的沟通而进行的商务活动，从而提高企业对客户的服务能力，协调与伙伴的关系。这种电子商务体现在客户可以随时在商业网站上浏览、寻找和搜集静态的商务信息。静态电子商务所使用的技术以超文本标记语言（Hypertext Mark-up Language，HTML）和图片为主，后来发展到使用多媒体技术，如 Macromedia、Flash 等。

② 动态电子商务。

动态电子商务是集 Web 服务、交易系统和业务流程管理于一体的电子商务系统，它着重于处理后端的商务交易。这些交互大部分介于计算机系统、商务应用程序和软件组件之间，实现商务实体间的无缝、动态集成；实现程序与程序间的直接交互，具有动态特性，可以实时、动态地集成、部署和实施，有利于新合作伙伴的发现。动态电子商务可简化企业间的连接和交易处理过程，实现企业动态系统的集成。

动态电子商务能够将现有企业应用程序转换为 Web 服务，为合作伙伴和客户提供开放的解决方案，实现异构兼容，快捷地在企业内部网、外部网和互联网间实现应用集成。在动态电子商务模式中，企业能有效地管理企业内部各部门之间以及企业与各商业合作伙伴之间的交互，充分利用外部技术和服务等资源，在瞬息万变的市场竞争中赢得优势。

2．电子商务的特征

电子商务在全球各地通过计算机网络进行并完成各种商务活动、交易活动、金融活动和相关的综合服务活动。它与传统的商务活动有着较大的区别，具体表现为以下特性。

（1）虚拟性。

电子商务的贸易双方，从贸易磋商、签订合同到支付等无需当面进行，均通过计算机网络完成，整个交易完全虚拟化。对卖方来说，可以到网络管理机构申请域名，制作自己的主页，组织产品信息上网。而买方则可以通过虚拟现实、网上聊天等新技术将自己的需求信息反馈给卖方。通过信息的相互交换，最终签订电子合同，完成交易并进行电子支付，整个交易都在虚拟的环境中进行。

（2）全球性。

全球性指电子商务是在互联网络环境下，把整个世界变成了"地球村"，经济活动也扩展到全球范围内进行，把空间因素和地理距离的制约降到了最低限度，不再受国家地域的限制。互联网是一个开放的全球计算机网络，几乎遍布世界的每一个角落。在此基础上的电子商务，使得人们只要接通电话线，利用网络工具就可以方便地与贸易伙伴传递商业信息和文件，突破了地理空间的界限，将自己的商品与服务送到世界各地。电子商务塑造了一个真正意义上的全球市场，打破了传统市场在时间、空间和流通上都存在的各种障碍。同时，电子商务的全球化也给企业带来了机遇和挑战。

（3）商务性。

电子商务最基本的特性是商务性，即提供买、卖交易的服务、手段和机会，通过万维网客户可以进行商品查询、价格比较、下订单、付款等过程来完成商品的购买；供应商可以记录客户的每次访问、销售、购买形式和购货动态等信息，对商品交易的过程进行处理，并通过统计相应的数据分析客户购买心理，从而确定市场划分及营销策略。

（4）广泛性。

电子商务是一种新型的交易方式，无论是跨国公司还是中小企业，都可以通过电子商务方式找到新的市场和赢利机会，消费者也可以在电子商务中获得价格上的实惠，更可以通过自由的网络拍卖网站使自己成为一个商家而获得利益。政府与企业间的各项事务也可以和电子商务充分结合起来，开展网上政府采购、网上税收、电子报关、网上年审、网上银行等业务。电子商务的影响远远超出了商务本身，它对社会的生产和管理、人们的生活和就业、政府职能、教育文化都带来了巨大的影响。电子商务将人类真正带入了信息社会。

（5）低成本性。

企业运营成本包括采购、生产和市场营销成本。首先，通过网络收集信息可以大大减少公司的采购步骤。其次，企业生产成本的降低可以通过减少库存、缩短产品周期体现出来。最后，电子商务可以大大降低企业的营销费用，网上营销使企业可以直接和供应商、用户进行交流，消费者则可以直接从生产厂家以更低的价格买到放心的产品。

（6）高效性。

由于互联网将贸易中的商业报文标准化，使商业报文能在世界各地短时间内完成传递和接受计算机自动处理，同时原料采购、产品生产、需求与销售、银行汇兑、货物托运等环节均无需工作人员干预即可在最短的时间内完成。在传统的商务中，用信件、电话和传真传递信息必须有人的参与，每个环节必须花不少的时间，有时由于人员合作及工作时间的问题会延误传输时间，失去最佳的商机。电子商务克服了传统商务中存在的费用高、易出错、处理速度慢等缺点，极大地缩短了交易时间，使得整个交易非常快捷与方便。

（7）互动性。

互联网本身的双向沟通特性，使得电子商务的交易模式由传统的单向传播（指消费者被动地接受企业的产品或服务）变为互动沟通。一方面，企业可以利用这一特性为每位访客制定专门的网站服务，使每位访问者都会有不同的经历，让客户觉得与交易对方由陌生人变成了贴心的老朋友；另一方面，用户可以按自己的兴趣或要求主动搜索网站，因而，不能对顾客群进行有效细分的企业将直接被顾客所淘汰。

（8）集成性。

电子商务能通过互联网协调新老技术，使用户能行之有效地利用他们已有的资源和技术，更加有效地完成他们的任务；它能规范事务处理的工作流程，将人工操作和电子信息处理集成为一个不可分割的整体。

（9）安全性。

电子商务是一个开放的平台，安全是非常重要的因素。对于客户而言，无论网上的物品如何具有吸引力，如果他们对交易安全性缺乏把握，那么根本就不敢在网上进行买卖。企业和企业间的交易更是如此。在电子商务中，安全性是必须考虑的核心问题。欺骗、窃听、病毒和非法入侵都在威胁着电子商务，因此要求网络能提供一种端到端的安全解决方案，包括加密机制、签名机制、分布式安全管理、存取控制、防火墙、安全万维网服务器、防病毒保护等。为了帮助企业创建和实现这些方案，国际上多家公司联合开展了安全电子交易的技术标准和方案研究，并发表了SET（安全电子交易）和 SSL（安全套接层）等协议标准，使企业能建立一种安全的电子商务环境。随着技术的发展，电子商务的安全性也会相应得以增强，并作为电子商务的核心技术。

（10）协调性。

商务活动是一种协调过程，它需要雇员和客户、生产方、供货方以及商务伙伴间的协调。为了提高效率，许多组织都提供了交互式的协议，电子商务活动可以在这些协议的基础上进行。传统的电子商务解决方案能加强公司内部的相互作用，电子邮件就是其中一种。但那只是协调员工合作的一小部分功能。利用万维网将供货方与客户相连，并通过一个供货渠道加以处理，这样公司就节省了时间，消除了纸张文件带来的麻烦并提高了效率。电子商务是迅捷简便的、具有友好界面的用户信息反馈工具，决策者们能够通过它获得高价值的商业情报，辨别隐藏的商业关系和把握未来的趋势，因而，他们可以做出更有创造性、更具战略性的决策。

（11）服务性。

在电子商务环境中，人们不再受地域的限制，客户能够非常方便地完成过去较为繁杂的商务活动。因此，在电子商务条件下，企业的服务质量成为商务活动取得成功的一个关键因素。

8.2　计算机技术在电子商务中的应用

正是由于计算机技术和互联网技术的不断发展，世界主要国家和地区的电子商务市场才保持了高速增长态势。因此，计算机技术对电子商务市场起到了支撑作用。

8.2.1　计算机网络技术

1. 计算机网络的概念

简单地说，计算机网络就是通过电缆、光缆或无线通信信道，将分布在不同地理位置上的具有独立功能的两台或两台以上的计算机、终端及其附属设备用通信手段连接起来，以实现资源共享的系统。

2. 计算机网络的组成

计算机网络的组成可以从它的物理组成和系统组成两个方面来描述。

（1）计算机网络的物理组成。

计算机网络的物理组成主要有主机、终端、通信控制处理机、通信设备和通信线路等。

① 主机：是计算机网络中承担数据处理的计算机系统，可以是单机系统，也可以是多机系统。

② 终端：是网络中用量大、分布广的设备。

③ 通信控制处理机：也称前端处理机，是主机与通信线路单元间设置的计算机，负责通信控制和通信处理工作。

④ 通信设备：是数据传输设备，包括集中器、信号变换器和多路复用器等。集中器设置在终端较集中的地方，它把若干个终端用低速线路先集中起来，再与高速通信线路连接。信号变换器提供不同信号间的变换，不同传输介质采用不同类型的信号变换器。

⑤ 通信线路：是用来连接上述各部分并在各部分之间传输信息的载体。

（2）计算机网络的系统组成。

从计算机网络系统组成的角度看，典型的计算机网络从逻辑功能上可以分为资源子网和通信子网两部分。

① 资源子网。

资源子网由主机、终端、终端控制器、联网外设、各种软件资源与信息资源组成。资源子网负责全网的数据处理业务，并向网络用户提供各种网络资源与网络服务。

② 通信子网。

通信子网由通信控制处理机、通信线路与其他通信设备组成，完成网络数据传输、转发等通信处理任务。

③ 计算机网络的软件。

网络软件是实现网络功能必不可少的软环境，包括网络协议软件、网络通信软件、网络操作系统、网络管理软件和网络应用软件等。

3. 计算机网络的功能

计算机网络具有以下几个方面的功能。

（1）实现资源共享。

资源共享是指所有网内的用户均能享受网上计算机系统中的全部或部分资源。这些资源包括硬件、软件、数据和信息资源等。

（2）进行数据信息的集中和综合处理。

将地理上分散的生产单位或业务部门通过计算机网络实现连网，把分散在各地计算机系统中的数据资料适时集中，综合处理。

（3）能够提高计算机的可靠性及可用性。

在单机使用的情况下，计算机或某一部件一旦有故障便引起停机；当计算机连成网络之后，各计算机可以通过网络互为后备，还可以在网络的一些节点上设置一定的备用设备，作为全网的公用后备。另外，当网中某一计算机的负担过重时，可将新的作业转给网中另一较空闲的计算机去处理，从而减少了用户的等待时间，均衡了各计算机的负担。

（4）能够进行分布处理。

在计算机网络中，用户可以根据问题性质和要求选择网内最合适的资源来处理，以便能迅速而经济地处理问题。对于综合性的大型问题可以采用合适的算法，将任务分散到不同的计算机上进行分布处理。利用网络技术还可以将许多小型机或微型机连成具有高性能的计算机系统，使它具有解决复杂问题的能力。

（5）节省软、硬设备的开销。

因为每一个用户都可以共享网中任意位置上的资源，所以网络设计者可以全面统一地考虑各工作站上的具体配置，从而达到用最低的开销获得最佳的效果。例如，只为个别工作站配置某些昂贵的软、硬件资源，其他工作站可以通过网络调用，从而使整个建网费用和网络功能的选择控制在最佳状态。

8.2.2 电子数据交换技术

1. EDI 的定义

EDI（电子数据交换）是指根据商定的交易或电子数据的结构标准实施商业或行政交易，实现从计算机到计算机的电子数据传输。由于使用 EDI 可以减少甚至消除贸易过程中的纸面文件，因此 EDI 又被人们称为"无纸贸易"。EDI 是一种在公司之间传输订单、发票等作业文件的电子化手段。它通过计算机通信网络将贸易、运输、保险、银行和海关等行业信息，用一种国际公认的标准格式，实现各有关部门或公司与企业之间的数据交换与处理，并完成以贸易为中心的全部过程。它是 20 世纪 80 年代发展起来的一种新颖的电子化贸易工具，是计算机、通信和现代管理技术相结合的产物。ISO 将 EDI 描述为："将贸易（商业）或行政事务处理按照一个公认的标准变成结构化的事务处理或信息数据格式，完成从计算机到计算机的电子传输。"EDI 应用的含义包括以下几个方面。

（1）使用 EDI 的是交易的双方，而非同一企业的不同部门。

（2）交易双方传递的文件具有特定的格式，采用的是报文标准。

（3）双方各有自己的计算机（或计算机管理信息系统）。

（4）双方的计算机（或系统）能发送、接收并处理符合约定标准的交易电文的数据信息。

（5）双方计算机之间有网络通信系统。

2．EDI 的分类

EDI 可分为以下几类。

（1）贸易数据交换系统

贸易数据交换系统（Trade Data Interchange，TDI）是最知名的 EDI 系统。它用电子数据文件来传输订单、发货票和各类通知。

（2）电子金融汇兑系统

电子金融汇兑系统（Electronic Fund Transfer，EFT）也是常用的 EDI 系统，即在银行和其他组织之间实行电子费用汇兑。EFT 已使用多年，但它仍在不断改进中。EFT 最大的改进是同订货系统联系起来，形成一个自动化水平更高的系统。

（3）交互式应答系统。

交互式应答系统（Interactive Qurey Response）可应用在旅行社或航空公司作为机票预订系统。这种 EDI 在应用时要询问到达某一目的地的航班，要求显示航班的时间、票价或其他信息，然后根据旅客的要求确定所要的航班，并打印机票。

（4）计算机辅助设计

第四种类型是带有图形资料自动传输的 EDI。最常见的是计算机辅助设计（Computer Aided Design，CAD）图形的自动传输。比如，设计公司完成一个厂房的平面布置图后，将其平面布置图传输给厂房的主人，请主人提出修改意见。一旦该设计被认可，那么系统将自动输出订单，发出购买建筑材料的报告。在收到这些建筑材料后，系统自动开出收据。如美国一个厨房用品制造公司——Kraft Maid 公司，在 PC 用 CAD 设计厨房的平面布置图，再用 EDI 传输设计图纸、订货、开立收据等。

3．EDI 的特点

（1）使用 EDI 的优点。

① 降低了纸张的消费。

② 减少了许多重复劳动，提高了工作效率。

③ EDI 使贸易双方能够以更迅速有效的方式进行贸易，简化了订货或存货的过程。

④ 通过 EDI 可以改善贸易双方的关系。

（2）EDI 与传真或电子邮件的区别。

传真与电子邮件需人工阅读、判断、处理才能进入计算机系统。人工将资料重复输入计算机系统，既浪费人力，也容易发生错误，而 EDI 不需要再将有关资料人工重复输入系统。

（3）EDI 的特点。

与其他通信方式相比，EDI 具有如下特点。

① 单证格式化：EDI 传输的是企业间格式化数据，而非信件、公函等非格式化的文件。

② 报文标准化：EDI 传输的报文符合国际或行业标准，国际 EDI 标准是 UN/EDIFACT。

③ 处理自动化：数据交换的模式是机—机、应用—应用，不需要人工干预。

④ 软件结构化：EDI 系统由五个模块组成即用户界面模块、内部电子数据处理接口模块、报文生成与处理模块、标准报文格式转换模块和通信模块。

⑤ 运作规范化：任何一个成熟、成功的 EDI 系统，均有相应的规范化环境做基础。

⑥ 安全保密功能：具有法律效力。

4．EDI 的标准

EDI 报文能被不同的贸易伙伴的计算机系统识别和处理，其关键就在于数据格式的标准化，即 EDI 标准。目前国际上流行的 EDI 标准是由联合国欧洲经济委员会（UN/ECE）制定并颁布的《行政、商业和运输用电子数据交换规则》（EDIFACT）。EDI 标准主要提供语法规则、数据结构定义、编辑规则和协定、已出版的公开文件。

5．EDI 标准体系如下。

（1）EDI 基础标准体系：主要由 UN/EDIFACT 的基础标准和开放式 EDI 基础标准两部分组成，是 EDI 的核心标准体系。

（2）EDI 单证标准体系：EDI 报文标准源于相关业务，而业务的过程则以单证体现。单证标准化的主要目标是统一单证中的数据元和纸面格式，内容相当广泛。

（3）EDI 报文标准体系：EDI 报文标准是每一个具体应用数据的结构化体现，所有的数据都以报文的形式传输出去或接收过来。

（4）EDI 代码标准体系：在 EDI 传输的数据中，除了公司名称、地址、人名和一些自由文本内容外，几乎大多数数据都以代码形式发出，为使交换各方便于理解收到信息的内容，便以代码形式把传输数据固定下来。代码标准是 EDI 实现过程中不可缺少的一个组成部分。

（5）EDI 通信标准体系：计算机网络通信是 EDI 得以实现的必备条件，EDI 通信标准则是顺利传输以 EDI 方式发送或接收的数据的基本保证。

（6）EDI 安全标准体系：由于经 EDI 传输的数据会涉及商业秘密、金额、订货数量等内容，为防止数据的篡改、遗失，必须通过一系列安全保密的规范给以保证。

（7）EDI 管理标准体系：该体系主要涉及 EDI 标准维护的有关评审指南和规则。

（8）EDI 应用标准体系：该体系主要指应用过程中用到的字符集标准及其他相关标准。

8.2.3 物联网技术

1．物联网概述

（1）物联网的定义。

"物联网"顾名思义就是"物物相连的互联网"，也就是说，"物联网技术"的核心和基础仍然是"互联网技术"，是在互联网技术基础上延伸和扩展的一种网络技术；其用户端延伸和扩展到了任何物品和物品之间，进行信息交换和通信。因此，物联网的定义可以概括为通过射频识别（RFID）、红外感应器、全球定位系统、激光扫描器等信息传感设备，按约定的协议，把任何物品与互联网相连接，进行信息交换和通信，以实现对物品的智能化识别、定位、跟踪、监控和管理的一种网络。

其目的是实现物与物、物与人、所有的物品与网络的连接，以方便识别、管理和控制。

（2）物联网中"物"的含义。

这里的"物"要满足以下条件才能够被纳入"物联网"的范围：①相应信息的接收器；②数据传输通路；③一定的存储功能；④CPU；⑤相应的操作系统；⑥专门的应用程序；⑦数据发送器；⑧遵循物联网通信协议；⑨可被识别的唯一编号。

（3）物联网的特征。

和传统的互联网相比，物联网有其鲜明的特征。

① 它是各种感知技术的广泛应用。物联网上部署了海量的多种类型传感器，每个传感器都是一个信息源，不同类别的传感器所捕获的信息内容和信息格式不同。传感器获得的数据具有实时性，按一定的频率周期性地采集环境信息，不断更新数据。

② 它是一种建立在互联网上的网络。物联网技术的重要基础和核心仍旧是互联网，通过各种有线和无线网络与互联网融合，将物体的信息实时准确地传递出去。在物联网上的传感器定时采集的信息需要通过网络传输，由于其数量极其庞大，形成了海量信息。在传输过程中，为了保障数据的正确性和及时性，物联网必须适应各种异构网络和协议。

③ 物联网不仅提供了传感器的连接，其本身也具有智能处理的能力，能够对物体实施智能控制。物联网将传感器和智能处理相结合，利用云计算、模式识别等各种智能技术，扩充其应用领域。它从传感器获得的海量信息中分析、加工和处理出有意义的数据，以适应不同用户的不同需求，发现新的应用领域和应用模式。

2. 物联网技术在电子商务网站中的应用

物联网技术在电子商务网站中有着多方面的应用，如对电子商务企业经营管理、消费者购物等方面均有十分重要的推动作用。

（1）提升物流服务质量。

物联网通过对包裹进行统一的 EPC 编码，并在包裹中嵌入 EPC 标签，在物流途中通过 RFID 技术读取 EPC 编码信息，并传输到网站处理中心供企业和消费者查询，实现对物流过程的实时监控。

（2）完善对产品质量的监控。

物联网技术的应用，将有效地解决消费者对网络购物商品质量的疑问。从产品生产开始，就在产品中嵌入 EPC 标签，记录产品生产、流通的整个过程。这样，消费者在网上购物时，通过卖家提供的 EPC 标签就可以了解产品的所有相关信息，从而决定是否购买。它彻底解决了网上购物时商品信息仅凭卖家介绍的问题，让消费者买得踏实、放心。

（3）有效改善供应链管理。

通过物联网技术，企业通过网站实现了对每一件产品的实时监控，并对产品在供应链各阶段的信息进行分析和预测，估计出未来的商务趋势和意外发生的概率，及时采取补救措施和预警，从而极大地提高企业的反应能力。

8.2.4　电子商务网站的建设及维护

1. 电子商务网站的体系结构

与一般的 Web 网站相比，电子商务网站以商务数据处理为主，数据类型更复杂，数据流入量更大，数据库运行效率直接影响整个电子商务系统的效率，数据安全性直接影响系统的正常运行。数据安全和运行效率等是影响电子商务网站构架的重要因素。电子商务网站的数据大部分来自用户，数据安全极其重要。电子商务网站是商务应用系统运行的主要承担者和体现者，商务网站采用客户机/服务器体系结构，主要包括网络服务器、客户浏览器、HTTP协议和应用程序。商家服务器提供各种服务，客户通过浏览器访问多种协议的多媒体信息，浏览和检索全球范围的商务网站，使得商务信息的共享与交流越来越迅速、方便。

广义地讲，电子商务网站是由一系列网页和具有商务功能的软件系统、数据库等构成。狭义地讲，电子商务网站是由主网页、企业组织结构和员工组成等企业信息资料、服务网页、产品信息网页，以及如财务报告、辅助信息、增值服务等其他信息组成的各种功能模块组成的。

2. 电子商务网站的建设流程

一般来说，普通网站建设需要经过以下6个步骤：①申请域名；②选择主机位置；③选择主机；④选择操作系统；⑤制作网页；⑥调试和开通网站。而电子商务网站建设除以上各个步骤进行细化外，还要更加复杂一些环节，因其中包含了在线交易等核心环节。需成立专门网站开发小组进行网站内容设计。电子商务网站的基本建设流程也可划分为网站的规划与分析、网站开发、网站的测试与发布3个方面，每个方面又包含许多详细步骤。

3. 电子商务网站的开发语言

（1）HTML。

HTML支持Web上所有文档格式化，可单击超级链接、图形图像、多媒体文档、表单等。HTML是由很多标记组成的，每一个标记的语句以"<"开始并以"/>"结束，且每种标记都有很多属性。正确、灵活地使用标记的属性能制作出精美的主页。

（2）动态网页。

要编写出动态网页，就需要另外4种技术——CGI、ASP、PHP和ASP.NET。

① CGI。

公用网关接口（Common Gateway Interface，CGI）用于Web服务器和外部应用程序之间信息交互的标准接口。它的工作就是控制信息要求而且产生并传回所需的文件，提供同客户端HTML页面的接口。它的特点是运行速度快、兼容性好。

② ASP。

ASP（动态服务器页面）采用的脚本语言是VBScript、JavaScript，它能把HTML语言、脚本语言、COM组件等有机结合起来，由服务器解释执行，按用户要求提交给客户端，无需客户端的执行。ASP使用的ActiveX技术基于自己的动态网页，具有很好的扩充能力。ASP还可利用ADO方便地访问数据库，以此开发出基于WWW的应用系统。ASP技术采用浏览器/Web服务器/数据库服务器三层体系结构。

ASP技术具有以下一些特点：

- 使用简单易懂的脚本语言，嵌入在HTML代码中；
- 无须编译或连接，即可在服务器端直接解释执行；
- 由于集成在HTML中，所以与浏览器无关，用户端只要使用常规的可执行HTML代码的浏览器，即可浏览用ASP设计的网页内容；
- 除使用VBScript或JavaScript语言来设计外，ASP还可通过Plug-in的方式，使用由第三方提供的其他脚本语言，如Perl、Tcl等；
- 可通过Microsoft Windows的COM/DOCM获得ActiveX规模的支持，通过DCOM和Microsoft Transaction Server获得结构支持。ActiveX服务器构件具有很好的可扩充性，可使用Visual Basic、Java、Visual C++等编程语言编写所需的ActiveX构件。

③ PHP。

PHP（超文本预处理器）独特的语法混合了 C、Java、Perl 以及 PHP 自创的语法。它可以比 CGI 或者 Perl 更快速地执行动态网页。用 PHP 做出的动态页面与其他的编程语言相比，PHP 是将程序嵌入到 HTML 文档中去执行，执行效率比完全生成 HTML 标记的 CGI 要高许多；PHP 还可以执行编译后的代码，编译可以达到加密和优化代码运行，使代码运行更快。PHP 具有非常强大的功能，所有的 CGI 的功能 PHP 都能实现，而且支持几乎所有流行的数据库以及操作系统。最重要的是 PHP 可以用 C、C++进行程序的扩展。

④ ASP.NET。

ASP.NET 是建立在公共语言运行库上的编程框架，可用于在服务器上生成功能强大的 Web 应用程序。ASP.NET 一般分为两种开发语言：VB.NET 和 C#。

与以前的 Web 开发模型相比，ASP.NET 提供了数个重要的优点。

- 增强的性能。ASP.NET 是在服务器上运行的编译好的公共语言运行库代码。与被解释的前辈不同，ASP.NET 可利用早期绑定、实时编译、本机优化和盒外缓存服务。

- 世界级的工具支持。ASP.NET Framework 补充了 Visual Studio 集成开发环境中的大量工具箱和设计器。WYSIWYG 编辑、拖放服务器控件和自动部署只是这个强大的工具所提供功能中的少数几种。

- 威力和灵活性。由于 ASP.NET 基于公共语言运行库，因此 Web 应用程序开发人员可以利用整个平台的威力和灵活性。NET Framework 类库、消息处理和数据访问解决方案都可从 Web 无缝访问。ASP.NET 也与语言无关，所以可以选择最适合应用程序的语言，或跨多种语言分割应用程序。另外，公共语言运行库的交互性保证在迁移到 ASP.NET 时保留基于 COM 的开发中的现有投资。

- 简易性。ASP.NET 使得简单的窗体提交、客户端身份验证和站点配置等常见任务的执行变得容易。例如，ASP.NET 页框架可生成将应用程序逻辑与表示代码清楚分开的用户界面，可在类似 Visual Basic 的简单窗体处理模型中处理事件。另外，公共语言运行库利用托管代码服务（如自动引用计数和垃圾回收）简化了开发。

- 可管理性。ASP.NET 采用基于文本的分层配置系统，简化了将设置应用于服务器环境和 Web 应用程序。由于配置信息是以纯文本形式存储的，因此可以在没有本地管理工具帮助的情况下应用新设置。此"零本地管理"哲学也扩展到了 ASP.NET Framework 应用程序的部署。只需将必要的文件复制到服务器，即可将 ASP.NET Framework 应用程序部署到服务器。即使是在部署或替换运行的编译代码时，也不需要重新启动服务器。

- 可缩放性和可用性。ASP.NET 在设计时考虑了可缩放性，增加了专门用于在聚集环境和多处理器环境中提高性能的功能。另外，进程受到 ASP.NET 运行库的密切监视和管理，以便当进程行为不正常时，就地创建新进程，帮助保持应用程序始终可用于处理请求。

- 自定义性和扩展性。ASP.NET 随附了一个设计周到的结构，它使开发人员可以在适当的级别"插入"代码。实际上，开发人员可以用自己编写的自定义组件扩展或替换 ASP.NET 运行库中的任何子组件。

- 安全性。借助内置的 Windows 身份验证和基于每个应用程序的配置，可以保证应用程序是安全的。

4. 网站维护

（1）网站维护的基本内容。

网站维护一般包含内容（如产品信息、企业新闻动态、招聘启示等）的更新、网站风格的更新（如网站改版）、网站重要页面设计制作、网站系统维护服务（如 E-mail 账号维护、域名维护续费服务、网站空间维护、与 IDC 进行联系、DNS 设置、域名解析服务等）。

（2）网站维护的作用。

网站维护具有如下作用。

① 经常更新内容才能够吸引人。这个时代不缺少网站，缺少的是新鲜的内容。

② 让网站充满生命力。一个网站，只有不断更新才会有生命力。人们上网无非是要获取所需，只有不断地提供人们所需要的内容，才能有吸引力。

③ 与推广并进。网站推广会给网站带来访问量，但真正想提高网站的知名度和有价值的访问量只有靠回头客。网站应经常有吸引人的、有价值的内容，才能经常被访问。

（3）网站维护的方法。

网站维护可以采取以下方法。

① 网站更新。

网站主要是更新产品及说明文字。中小企业大多没有后台管理系统和懂得做网页的人员，那么在跟做网站的网络公司签订合同时就应订下有关网页更新服务的条款。或者公司训练一个编辑网页的人员，学会使用 Frontpage、Dreamweaver 等 HTML 编辑程序。

② 网站推广。

重点项目外包，其他推广工作内部承担。重点项目主要指搜索引擎推广、网络广告。国内搜索引擎和网络广告的业务开展都力推代理制，可在网站上找到各地区的授权代理商。

③ 其他推广维护工作。

寻找互换链接的对象、发布信息、E-mail 营销推广、回复客户 E-mail 以及网站与用户的互动应答等，大多数都需要长期经营。这些工作大多不需要涉及太复杂的专业知识，但需要投入很多精力。对于网站维护人员，需要明确工作职责、内容，并长期学习新知识。

8.3　电子商务模式

目前，电子商务模式的研究还处于起步阶段，国内外许多学者众说纷坛，没有形成共识。总的来说，电子商务模式，就是指在网络环境中基于一定技术基础的商务运作方式和盈利模式。

8.3.1　电子商务模式的相关概念

1. 商务模式的概念

商务模式，又叫商业模式（Business Model），是来源于企业管理领域的一个专业术语。在快速变化的商业环境中，企业通过持续的变革和创新从而引入新的商务模式非常关键。其主要包含以下几个要素。

（1）价值主张。

价值主张（Value Proposition）是指公司通过其产品和服务所能向消费者提供的价值。价值主张确认了公司对消费者的实用意义。好的商务模式有以下特点：能为顾客提供独特价值，如更低的价格、交易的乐趣或更高的性价比以及更多的便利等，这些价值难以模仿以及对顾客行为的准确理解等。

（2）消费者目标群体（Target Customer Segments）是指当企业选定了产品和服务时，需要选择合适的市场来消化其产品。特定的顾客提供合理的价值是企业商务模式中不可缺少的一部分，选定消费者群体的过程也被称为市场细分（Market Segmentation）。

（3）分销渠道。

分销渠道（Distribution Channels）是公司用来接触消费者的各种途径。这里阐述了公司如何开拓市场。它涉及公司的市场和分销策略。通过所说的批发、代理、零售及直销等销售模式就是指分销渠道的问题。

（4）收益来源。

通常企业都有多种收益来源，即可以为顾客提供多种价值。一个设计完善的商务模式要充分考虑企业的每种收益来源、收益的定价等问题。如一个软件开发公司不仅能帮助客户开发系统，而且可以提供后续的服务，提供技术咨询和培训等业务。

（5）资源配置。

一个企业的运营离不开对资源配置（Value Configurations），而如何利用有限的资源去实现企业价值的最大化是企业必须认真思考和去执行的关键问题。任何一个有活力有创新能力的企业都会向着实现资源的最合理配置和实现价值最大化的目标奋斗。

（6）核心能力。

核心能力（Core Capabilities）是企业能够在激烈的竞争环境中生存和发展的强有力武器。相对于竞争对手而言，企业和个人如何有效地实施这些增值活动的优势，就是企业的核心竞争力，它往往决定了企业的竞争优势。企业的核心能力可体现在一个企业运营环境的各个方面，如设计、生产、专利、秘方、营销、服务、创新等各个环节。

（7）合作伙伴网络。

在经济全球化和信息化时代，企业参与竞争不能单打独斗，而要与外部上下游的合作伙伴建立相互依赖的战略关系，共同创造差异化的顾客模式，建立共赢的商务模式。

（8）企业内涵。

企业的成功和发展仅仅依靠上述 7 条仍然不够，还需要锲而不舍、相互支持的团队，需要合理的企业组织结构，需要严谨的管理制度和体系，需要传承企业文化等。

2．电子商务模式的内容及主要类型

电子商务环境对企业商务模式有何影响？传统的商务模式在电子商务环境下的企业中如何运作？它的内涵和外延是否适用于电子商务企业？这些是迫切需要解决的实践领域与理论研究的差距问题，解决这些问题有利于指导目前众多企业的电子商务实践。目前，电子商务模式的研究还处于起步阶段，国内外许多学者众说纷纭，没有形成共识。总的来说，电子商务模式，就是指在网络环境中基于一定技术基础的商务运作方式和盈利模式。研究和分析电子商务模式的分类体系，有助于挖掘新的电子商务模式，为电子商务模式的创新提供途径，也有助于企业制定特定的电子商务策略和实施步骤。经济活动的参与者可以分为政府（Government/G）、企业（Business/B）和消费者（Consumer/C）三种角色，相应的电子商务应用也有 6 种基本类型：即企业对企业（B2B）、企业对消费者（B2C）、消费者对消费者（C2C）、企业对政府（B2G）、消费者对政府（C2G）、政府对政府（G2G）。

8.3.2　B2B 电子商务模式

1．B2B 电子商务模式的概念和特点

作为电子商务的重要商业模式之一，B2B 电子商务有其自身的特点和优势，对 B2B 电子商务

的模式和分类研究已成为电子商务领域的热点之一。

（1）B2B电子商务模式的概念。

企业对企业电子商务也称为eB2B（电子化B2B），或者仅仅称为B2B，指的是通过互联网、外联网、内联网或者私有网络，以电子化方式在企业间进行的交易。这种交易可能是在企业及其供应链成员间进行的，也可能是在企业和任何其他企业间进行的。这里的企业可以指代任何组织，包括私人的或者公共的、营利性的或者非营利性的。

电子商务B2B的内涵是企业通过内部信息系统平台和外部网站将面向上游的供应商的采购业务和下游代理商的销售业务都有机地联系在一起，从而降低彼此之间的交易成本，提高满意度。实际上面向企业间交易的B2B，无论在交易额还是交易领域的覆盖上，其规模比起企业对个人来说都更为可观，其对电子商务发展的意义也更加深远。

企业与企业之间的电子商务将是电子商务业务的主体，约占电子商务总交易量的90%。就目前来看，电子商务在供货、库存、运输、信息流通等方面大大提高了企业的效率，电子商务最热心的推动者也是商家。企业和企业之间的交易是通过引入电子商务能够产生大量效益的地方。一个处于流通领域的商贸企业，由于它没有生产环节，电子商务活动几乎覆盖了整个企业的经营管理活动，是利用电子商务最多的企业。通过电子商务，商贸企业可以更及时、准确地获取消费者信息，从而准确订货，减少库存，并通过网络促进销售，以提高效率、降低成本，从而获取更大的利益。

（2）B2B电子商务模式的特点。

与其他电子商业模式相比，B2B电子商务具有以下特点。

① 交易次数少，交易金额大。B2B一般涉及企业与客户、供应商之间的大宗货物交易，其交易的次数较少，交易金额远大于B2C和C2C。

② 交易对象广泛。交易对象可以是任何一种产品，可以是原材料，也可以是半成品或产成品。相对而言，B2C和C2C的交易对象较集中在生活消费用品上。

③ 交易操作规范。与其他电子商务模式相比较，B2B电子商务的交易过程最复杂，从查询到谈判，尤其是结算，都要经历最严格和规范的流程，包括合同和EDI标准等。

2. B2B电子商务模式交易的优势

传统企业间的交易往往要耗费企业的大量资源和时间，无论是销售和分销还是采购都要占用产品成本。通过B2B的交易方式买卖双方能够在网上完成整个业务流程，从建立最初印象，到货比三家，再到讨价还价、签单和交货，最后到客户服务，B2B使企业之间的交易减少了许多事务性的工作流程和管理费用，降低了企业经营成本。网络的便利及延伸性使企业扩大了活动范围，企业发展跨地区跨国界更方便，成本更低廉。

与传统商务活动相比，B2B电子商务具有下列竞争优势。

（1）使买卖双方信息交流成本低廉、快捷。信息交流是买卖双方实现交易的基础。传统商务活动的信息交流是通过电话、电报或传真等工具。这与Internet信息是以Web超文本（包含图像、声音、文本信息）传输不可同日而语。

（2）降低企业间的交易成本。首先对于卖方而言，电子商务可以降低企业的促销成本。即通过Internet发布企业相关信息（如企业产品价目表、新产品介绍、经营信息等）和宣传企业形象，与传统的电视、报纸广告相比，可以更省钱、更有效。因为在网上提供企业的照片、产品档案等多媒体信息有时胜过传统媒体的"千言万语"。

（3）减少企业的库存。企业为应付变化莫测的市场需求，通常需保持一定的库存量。但企业高库存政策将增加资金占用成本，且不一定能保证产品或材料是适销货品；而企业低库存政策可能使生产计划受阻，交货延期。因此寻求最优库存控制是企业管理的目标之一。以信息技术为基础的电子商务则可以改变企业决策中信息不确切和不及时问题。通过 Internet 可以将市场需求信息传递给企业决策生产，同时也可把需求信息及时传递给供应商而适时得到补充供给，从而实现"零库存管理"。

（4）缩短企业生产周期。一个产品的生产是许多企业相互协作的结果，因此产品的设计开发和生产销售最可能涉及许多关联企业，而通过电子商务可以改变过去由于信息封闭而无谓等待的现象。

（5）每天 24 小时/天无间断运作，增加了商机。传统的交易受到时间和空间的限制，而基于 Internet 的电子商务则是一周 7 天、一天 24 小时无间断运作，网上的业务可以开展到传统营销人员和广告促销所达不到的市场范围。

8.3.3　B2C 电子商务模式

作为 B2C（企业对个人）形式的网站，最典型的代表是 Amazon，其主要的业务来自个人用户。B2C 的活动主要是：销售折扣商品，提供迅速的送货服务，提供较多的商品种类，还有各种特价促销、会员有奖积分、网上支付等多方面的服务。目前出现了不少 B2C 网站，如卓越网（www.joyo.com）、当当网（www.dangdang.com）、贝塔斯曼（www.bol.com.cn）、京东商城（www.360buy.com）等。这些网站都是以 B2C 为主营业务，通过一般的 B2C 流程进行商品的销售。

1. B2C 电子商务的主要模式类型

企业开展电子商务，通过 Internet 向个人网络消费者直接销售产品和服务的经营模式，就是电子商务的 B2C，即网上零售。它通常由 3 部分组成：为顾客提供在线购物的商场网站；负责为顾客所购商品进行配送的配送系统；负责顾客身份确认及货款结算的银行和认证系统。

B2C 电子商务模式，是企业通过网络针对个体消费者，实现价值创造的商业模式，是目前电子商务发展最为成熟的商业模式之一。目前发展较为成熟的电子商务模式类型主要有门户网站、电子零售商、内容提供商、交易经纪人、社区服务商等。

（1）门户网站。

门户网站是在一个网站上向用户提供强大的搜索工具，以及集成为一体的内容与服务提供者。网络发展的初期，网站数量比较少，特别是人们对网上信息的搜寻能力较低，搜寻成本较高的时候，门户网站为人们了解更多的网络信息提供了方便。而今天，网络经济不断发展，尤其是信息搜索技术不断提高，门户网站这种商业模式成了网络的重要终点网站，在保持强大的网络搜索功能以外，可向人们提供一系列的高度集成的信息内容与服务，如新闻、电子邮件、即时信息、购物、软件下载、视频流等。从广义来理解，门户网站是搜索的起点，向用户提供易用的个性化界面，帮助用户找到相关的信息。目前在中国，公认的三大门户网站是新浪网、搜狐网、网易网，它们是为门户网站成功的范例。

（2）电子零售商。

电子零售商是在线的零售店，其规模各异，内容也相当丰富，既有像当当网那样大型的网上购物商店，也有一些只有一个界面的本地小商店。

由于电子零售具有为消费者省时间、给消费者以方便、帮消费者省金钱、向消费者送信息等优点，因此，对于这种新的零售形式的诞生，无论国内还是国外，消费者都表现出相当的热情。

（3）内容提供商。

内容提供商是通过信息中介商向最终消费者提供信息、数字产品、服务等内容，或直接给专门信息需求者提供定制信息的信息生产商。内容提供商通过网络发布信息内容，如数字化新闻、音乐、流媒体等。内容提供商将市场定位于信息内容的服务上，因此，成功的信息内容是内容提供商模式的关键因素。信息内容的定义很广泛，包含了知识产权的各种形式，即以有形媒体（如书本、光盘或者网页等）为载体的各种形式的表达。

内容提供商的赢利方式主要是收取内容订阅费、会员推荐费以及广告费用等。由于内容服务的竞争日趋激烈，一些内容服务商的网络内容并不收费。如一些报纸和杂志的在线版纷纷推出了免费的举措，它们主要通过网络广告或者借助网络平台进行企业合作促销、产品销售链接以及网友自助活动等获得收入。

（4）交易经纪人。

交易经纪人是指通过电话或者电子邮件为消费者处理个人交易的网站。采用这种模式最多的是金融服务、旅游服务以及职业介绍服务等。

在中国的金融服务方面，招商银行、工商银行等推出的网上银行服务成为金融个人服务的新亮点；旅游服务方面，以携程网等为代表的旅游电子商务也纷纷通过电话或者邮件形式为旅游者提供便利；职业介绍服务方面，中华英才网、前程无忧等是网上职业经纪人的代表。

交易经纪人的赢利方式主要是收取佣金。例如，网上股票交易中，无论是按单一费率还是按与交易规模相关的浮动费率，每进行一次股票交易，交易经纪人就获得收入；旅游电子商务中，在线成交一次机票、景点门票及酒店客房的预订，旅游电子商务企业便按一定比例获得提成；职业介绍网站一般是预先向招聘企业收取招聘职位排名的服务费，然后向求职者收取会员注册费用等，再对招聘企业和求职者进行撮合、配对等服务。

（5）社区服务商。

社区服务商是指那些创建数字化在线环境的网站，有相似兴趣、经历以及需求的人们可以在社区中交易、交流以及相互共享信息。

2. B2C 电子商务企业类型

企业建立 B2C 电子商务模式能否成功的关键，要看网站所提供的内容是否超凡脱俗、有效方便，能否推动网上的虚拟商务活动，以达到极大地带动企业运作的效果。建立 B2C 模式的电子商务企业要注意树立品牌，减少存货，降低成本，利用定制营销，以及正确定价等。

（1）经营着离线商店的 B2C 零售企业。

经营着离线商店的 B2C 零售企业有着实实在在的商店或商场，网上的零售只是作为企业开拓市场的一条渠道，它们并不依靠网上的销售生存，如美国的 Wal-Mart、中国的上海书城、上海联华超市、北京西单商场等。

（2）没有离线商店的虚拟 B2C 零售企业。

没有离线商店的虚拟 B2C 零售企业是 Internet 商务的产物，网上销售是它们唯一的销售方式，它们靠网上销售生存，如美国的 Amazon 网上书店。在中国也有许多类的网站，如当当网等。

（3）商品企业制造商。

商品的制造商采取网上直销的方式销售其产品，不仅给顾客带来了价格优势上的好处及商品客户化，而且减少了商品库存的积压。例如，Dell 计算机制造商是商品制造商网上销售最成功的例子。

（4）网络交易服务提供商。

网络交易服务是指网络交易平台提供商为交易当事人提供缔结网络交易合同所必需的信息

发布、信息传递、合同订立和存管等服务。网络交易服务提供商是指以营利为目的，从事网络交易平台运营和为网络交易主体提供交易服务的法人。这类企业专门为多家商品销售企业展开网上售货服务，如阿里巴巴等。

3. B2C 电子商务的收益模式

B2C 电子商务企业的经营模式主要有以下两种：经营无形产品和劳务的电子商务模式与经营实物商品的电子商务模式。这两种类型电子商务的收益模式如下。

（1）经营无形产品和劳务的电子商务收益模式。

经营无形产品和劳务的电子商务收益模式又可分为以下 5 种。

① 网上订阅模式。

网上订阅模式指的是企业通过网站向消费者提供在网上直接浏览信息和订阅的电子商务模式。在线出版、在线服务、在线娱乐是这种模式的 3 种主要形式。网上订阅模式主要被商业在线机构用来销售报刊杂志、有线电视节目等。

② 收取服务费模式。

收取服务费模式主要是向网上商店或消费者收取服务费的收益模式，如付费方式的广告、技术服务费等。网上购物的消费者，除了要按商品价格付费外，还要向网上商店支付一定的服务费。

以阿里巴巴旗下网站阿里妈妈为例，基本的赢利模式仍然是收取服务费。"中小网站自己在我们平台上卖广告位不收费，但靠我们销售团队去做则会收费"，阿里巴巴公司总经理吴泳铭说。他手里的销售团队正在主推一项名为"全国联播"的服务。这一服务来自广告平台上已经加入的 40 万中小网站和 90 万个互联网广告位。这些广告位被打包并分组，广告主可以选择在全国大量的中小网站上同时展示广告，这和传统网络广告的做法很不同。百度通过搜索每天覆盖 6500 万人，而阿里妈妈每天可以覆盖 8000 万人，"这就是价值所在"。

阿里妈妈广告的付费方式分为两种：按时长计费方式和按单击计费方式。

③ 付费浏览模式。

付费浏览模式指的是企业通过网站向消费者提供计次收费的信息浏览和信息下载的电子商务模式。

④ 广告支持模式。

在线服务商免费向消费者提供在线信息服务，其营业收入完全靠网站上的广告来获得。这种模式是目前最成功的电子商务模式之一。

⑤ 网上赠与模式。

网上赠与模式是指一些软件公司将测试版软件通过 Internet 向用户免费发送，用户自行下载试用，如果满意则有可能购买正式版本的软件。采用这种模式，软件公司不仅可以降低成本，还可以扩大测试群体，改善测试效果，提高市场占有率。

（2）经营实物商品的电子商务收益模式。

实物商品指的是传统的有形商品。这种商品和劳务的交付不是通过电脑作为信息载体，而是通过传统的方式来实现。实际上，大多数企业的经营模式并不是单一的，而是将各种模式综合起来实施电子商务。

不同类型的 B2C 电子商务通过网络平台销售自己生产的产品或加盟厂商的产品。商品制造企业主要是通过这种模式扩大销售，从而获取更大的利润，如海尔电子商务网站。

① 销售衍生产品。销售与本行业相关的产品，如中国饭网出售食品相关报告、就餐完全手

册；莎啦啦鲜花网除销售鲜花外，还销售健康美食和数字产品。

② 产品租赁。提供租赁服务，如太阳玩具开展玩具租赁业务。

③ 拍卖。拍卖产品收取中间费用，如汉唐收藏网为收藏者提供拍卖服务。

④ 销售平台。接收客户的在线订单，收取交易中介费，如九州通医药网、书生之家。

⑤ 特许加盟。运用该模式，一方面可以迅速扩大规模，另一方面可以收取一定的加盟费，如当当网、莎啦啦网、E 康在线网、三芬网等。

⑥ 会员。收取注册会员的会费，大多数电子商务企业都把收取会员费作为一种主要的赢利模式。网络交易服务公司一般采用会员制，按不同的方式、服务的范围收取会员的会费。

⑦ 上网服务。为行业内的企业提供相关服务，如中国服装网、中华服装信息网。

⑧ 信息发布。发布供求信息、企业咨询等，如中国药网、中国服装网、亚商在线、中国玩具网等。

⑨ 广告。为企业发布广告，目前广告收益几乎是所有电子商务企业的主要赢利来源。这种模式成功与否的关键是其网页能否吸引大量的广告，能否吸引广大消费者的注意。

⑩ 咨询服务。为业内厂商提供咨询服务，收取服务费，如中国药网、中药通网站等。

总之，企业在实施 B2C 战略时，了解中国互联网网民网上行为的最新情况，有利于企业实施相关产品策略和服务策略，有利于深入了解消费者需求和偏好，为实时变动的互联网作好充分的准备。

8.3.4 C2C 电子商务模式

1. C2C 电子商务模式的概念和发展

C2C（个人对个人）电子商务模式就是通过为买卖双方提供一个在线交易平台，使卖方可以主动提供商品上网拍卖，而买方可以自行选择商品进行购买和竞价。

C2C 最大的特点就是利用专业网站提供的大型电子商务平台，以免费或比较少的费用在网络平台上销售自己的商品。主要特点就是可以给用户带来便宜的商品，无论是外企白领、大学生还是下岗女工都可以在家"营业"，网上开店不需要店铺租金，不受地域、时间的限制，却可以面对来自全国甚至全世界的客户。

2. C2C 电子商务的主要运作模式

（1）拍卖平台运作模式。

目前 E B ay(B2C、C2C)、淘宝(C2C)都为网上拍卖提供平台，它们利用多媒体手段提供产品资讯，供买方参考和竞价，最后卖家再根据买家信誉和出价拍出货品。而网站本身并不参与买卖，免除了烦琐的采购、销售和物流业务，只利用网络提供信息传递服务，并向卖方收取中介费用。

电子拍卖是传统拍卖形式的在线实现。卖方可以借助网上拍卖平台运用多媒体技术来展示自己的商品，这样就可以免除传统拍卖中实物的移动；竞拍方也可以借助网络，足不出户进行网上竞拍。该方式的驱动者是传统的拍卖中间商和平台服务提供商（PSP）。电子拍卖具有两大优势：价廉物美与即买即得。

（2）店铺平台运作模式。

店铺平台运作模式是电子商务企业提供平台，方便个人在上面开店铺，以会员制的方式收费，也可通过广告或其他服务收取费用。这种平台也可称作网上商城。

入驻网上商城开设网上商店不仅依托网上商城的基本功能和服务，而且顾客主要也来自该商城的访问者，因此，平台的选择非常重要。但用户在选择网上商城时往往存在一定的风险，尤其初次在网上开店，由于经验不足以及对网上商城了解比较少等原因而带有很大的盲目性。有些网上商城没有基本的招商说明，收费标准也不明朗，只能通过电话咨询，这也为选择网上商城带来一定的困惑。

3. C2C 电子商务的交易过程

（1）搜索。

一般来说，搜索有以下几种方法。

① 明确搜索词。

只需要在搜索框中输入要搜索的店铺掌柜名称，然后按 Enter 键，或单击"搜索"按钮即可得到相关资料。

② 用好分类。

许多搜索框的后面都有下拉菜单，有商品的分类、限定的时间等选项，用鼠标轻轻一点，就不会混淆分类了。比如搜索"火柴盒"，会发现有很多汽车模型，原来它们都是"火柴盒"牌的。当搜索时选择了"居家日用"分类，就会发现真正色彩斑斓的火柴盒在这里。

③ 妙用空格。

在词语间加上空格，即可用多个词语搜索。

④ 精确搜索。

使用双引号。比如搜索"佳能相机"（注：此处引号为英文的引号），则只会返回网页中有"佳能相机"这四个字连在一起的商品，而不会返回诸如"佳能 IXUSI5 专用数码相机包"之类的商品。

使用加减号。在两个词语间用加号，意味着准确搜索包含着这两个词的内容；相反，使用减号，意味着避免搜索减号后面的那个词。

⑤ 不必担心大小写。

淘宝的搜索功能不区分英文字母大小写。无论输入大写还是小写字母都可以得到相同的搜索结果。输入 nike，或 NIKE，结果是一样的。

（2）联系卖家。

在看到感兴趣的商品时，先和卖家取得联系，多了解商品的细节，询问是否有货等。多沟通能增进对卖家的了解，避免很多误会。

① 发站内信件给卖家。

站内信件是只有买家和卖家能看到的，相当于某些论坛里的短消息。买家可以询问卖家关于宝贝的细节、数量等问题，也可以试探地询问是否有折扣。

② 给卖家留言。

每件商品的下方都有一个空白框，在这里写上买家要问卖家的问题。注意，只有卖家回复后这条留言和答复才能显示出来。因为这里显示的信息所有人都能看到，因此建议买家不要在这里公开自己的手机号码、邮寄地址等私人信息。

③ 利用聊天工具。

不同网站支持不同的聊天工具，淘宝用的是旺旺，拍拍用的是 QQ，可利用它们尽量直接找到卖家进行沟通。

（3）当买家和卖家达成共识后，确定购买

在买卖双方达成共识后，买家确认购买，其流程如图 8-1 所示。

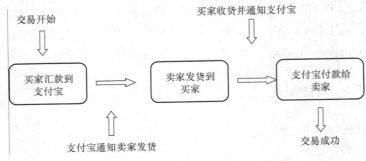

图 8-1　C2C 通过支付宝购买商品的流程

（4）评价。

当拿到商品之后，可以确认收货以及对卖家的服务作出评价。如果对商品很不满意，那么可以申请退货或者是换货。

8.3.5　其他电子商务模式

1. B2B2B 模式

《2007 中国中小企业信息化发展报告》指出，信用服务体系建设越来越得到重视。建设信用体系、营造信任环境是中小企业信息化的重要保障。主要有两种途径：一种是政府为中小企业提供公共信任服务（G2B 模式），一种是社会机构为中小企业提供信任平台服务（B2B2B 模式）。目前，全国各类征信机构大约有 100 多家，资信评级机构近 80 家，信用担保机构 2000 多家，其他专业信用服务机构有 500 多家。中国人民银行建立了企业信用信息基础数据库，并已实现全国银行间联网查询；国家工商管理总局建立了拥有近 600 万户企业基本信息的共享数据库；国家税务总局正全面实施"金税"工程三期建设，目标是实现对纳税人进行综合管理和监控；全国整规办建立了"中国反商业欺诈网"，归集和公开市场主体的负面信息；最高人民法院正在积极建立全国法院执行案件信息管理系统。社会化信任环境、监督机制正在逐步形成。

2. O2O 电子商务模式

O2O（Online To Offline，在线离线/线上到线下）即将线下商务的机会与互联网结合在了一起，让互联网成为线下交易的前台。这样线下服务就可以用线上来揽客，消费者可以用线上来筛选服务，成交可以在线结算。该模式很快达到规模，最重要的特点是：推广效果可查，每笔交易可跟踪。国内首家社区电子商务开创者九社区是该模式的鼻祖。

8.4　电子支付与网上银行

电子支付是电子商务系统中非常重要的部分，同时也是电子商务中准确性、安全性要求最高的一个过程。

8.4.1　电子支付概述

1. 电子支付的概念和特征

（1）电子支付的概念。

从广义上说，我国电子支付主要包括三层含义：一是电子支付工具，包括银行卡和多用途储值卡等卡类支付工具、电子票据以及在电子商务中应用较为广泛的网络虚拟货币等新型支付工具；二是电子支付基础设施或渠道，包括 ATM、POS、手机、电话等自助终端以及互联网金融专用网络等；三是电子支付业务处理系统，主要包括已经建成的中国人民银行现代化支付系统以及商业银行的行业内业务处理系统等。这三者有机结合，构成了整个电子支付交易形态，从而改变了支付信息和支付业务的处理方式，使支付处理方式从最初的面对面支付发展到现在的远程支付，从手工操作发展到电子化自动处理，从现金、票据等实物支付发展到各类非现金支付工具。

（2）电子支付的特征。

与传统的支付方式相比，电子支付具有以下特征。

① 数字化的支付方式。

电子支付是采用先进的技术通过数字流转来完成信息传输的，其各种支付方式都是采用数字化的方式进行款项支付的；而传统的支付方式则是通过现金的流转、票据的转让及银行的汇兑等物理实体的流转来完成款项支付的。

② 开放的系统平台。

电子支付的工作环境是基于一个开放的系统平台（即互联网）；而传统支付则是在较为封闭的系统中运作。

③ 先进的通信手段。

电子支付使用的是最先进的通信手段；而传统支付使用的则是传统的通信媒介。电子支付对软、硬件设施的要求很高，一般要求有连网的计算机、相关的软件及其他一些配套设施；而传统支付则没有这么高的要求。

④ 明显的支付优势。

电子支付具有方便、快捷、高效、经济的优势。用户只要拥有一台上网的 PC，便可足不出户，在很短的时间内完成整个支付过程，而支付费用仅相当于传统支付的几十分之一，甚至几百分之一。

2. 电子支付的发展历程

电子支付的发展大体经历了以下几个阶段。

第一阶段：银行利用计算机处理银行之间的业务，办理结算。

第二阶段：银行计算机与其他机构计算机之间资金的结算，如代发工资、代收电话费等业务。

第三阶段：银行利用网络终端向消费者提供各项银行业务，如消费者在（ATM）上进行存取款等操作。

第四阶段：利用银行销售点终端向客户提供自动的扣款服务。

第五阶段：最新发展阶段，也就是基于 Internet 的电子支付，可随时随地通过互联网络进行直接转账结算，形成了电子商务交易支付平台。

3. 电子支付类型

电子支付的业务类型按电子支付指令发起方式可分为网上支付、电话支付、移动支付、销售点终端交易、自动柜员机交易和其他电子支付。

（1）网上支付。

网上支付是电子支付的主要形式之一。从广义上讲，网上支付以互联网为基础，利用银行所支持的某种数字金融工具，在购买者和销售者之间做金融交换，实现从买家到商家、金融机构之间的在线货币支付、资金清算、现金转移及统计查询等过程，由此为电子商务服务及相关其他服务提供金融支持。

（2）电话支付。

电话支付是电子支付的一种线下实现形式，指消费者使用电话（固定电话、手机）或其他类似电话的终端设备，通过电话银行系统从个人银行账户里直接完成付款的方式。

电话支付是一种基于电话银行语音系统的即时支付服务，是客户通过商户网站或者订购热线任意选购众多与银行签约的特约商户所提供的商品或服务后，通过电话语音完成支付交易的业务。

（3）移动支付。

移动支付是使用移动设备通过无线方式完成支付行为的一种新型的支付方式。移动支付所使用的移动终端可以是手机、PDA、移动 PC 等。移动支付的具体内容将在 8.4.3 小节中具体介绍。

8.4.2 电子支付工具

随着计算机技术的发展，电子支付的工具越来越多。这些支付工具可以分为三大类：电子货币类，如电子现金、电子钱包等；银行卡类，如结算卡和智能卡等；电子支票类，如电子支票、电子汇款、电子划款等。这些方式各有自己的特点和运作模式，适用于不同的交易过程。

1. 电子货币支付

电子货币的产生和发展可以说是货币史上的第三次革命。经过近几年的快速发展，电子货币已经越来越影响人们的生活和生产消费，在人们的生活中有着举足轻重的作用。尽管如此，对于什么是电子货币，目前在国际上却还没有给出一个统一完整的定义。

一般来讲，电子货币是以金融电子化网络为基础，以商用电子化机具和各类交易卡为媒介，以电子计算机技术和通信技术为手段，以电子数据（二进制数据）形式存储在银行的计算机系统中，并通过计算机网络系统以电子信息传递形式实现流通和支付功能的信用货币。

电子货币是电子支付工具的一种，电子货币的支付工具主要有电子现金和电子钱包。

（1）电子现金。

电子现金（E-Cash），又称数字现金（Digital Cash），是纸币现金的数字化。广义的电子现金是指那些以数字或电子的形式储存的货币，它可以直接用于电子购物。狭义的电子现金通常是指一种以数字或电子形式储存并流通的货币，它通过把用户银行账户中的资金转换成一系列的加密序列数，通过这些序列数来表示现实中各种金额，用户以这些加密的序列数就可以在接受电子现金的商店购物。

（2）电子钱包。

电子钱包（E-Wallet）是一个客户用来进行安全网络交易，特别是安全网络支付，并储存交易记录的特殊计算机软件或硬件设备，是电子商务活动中常用的一种支付工具，是在小额购物或购买小商品时常用的"新式钱包"。

2. 银行卡支付

银行卡支付主要分为结算卡和智能卡支付。结算卡中比较常见的有信用卡、借记卡和签账卡。

（1）信用卡。

在我国，信用卡有广义和狭义之分。广义的信用卡是指一切电子支付卡。这种卡的种类很多，常见的有银行卡。包括狭义的信用卡和借记卡。狭义的信用卡指具有信用贷款功能的银行贷记卡和准贷记卡。

信用卡（Credit Card）是一种非现金交易付款的方式，是简单的信贷服务，持卡人持信用卡消费时无需支付现金，待结账日时再行还款。信用卡是具有消费、转账结算、存取现金、信用贷款等部分或全部功能的电子支付卡，是转账结算的信用工具，是建立在信用基础上的信用凭证，执行流通手段和支付手段职能。

信用卡按照用户的信用等级事先确定一个最高消费额度，用户可透支卡内的全部余额，并在当月支付一个最低还款额度，发卡银行将对未结清的账款余额收取一定的利息。信用卡有分期付款业务，持卡人使用信用卡进行大额消费时，由发卡银行向商户一次性支付持卡人所购商品(或服务)的消费资金，并根据持卡人申请，将消费资金分期通过持卡人信用卡账户扣收，持卡人按照每月入账金额进行偿还。信用卡是主要的电子支付工具之一，使用起来方便快捷。

（2）借记卡与签账卡。

① 借记卡。

借记卡（Debit Card）是先存款，后消费，没有透支功能的银行卡。它除了具有转账结算、存取现金、购物消费等功能外，还具有基金和股票买卖等理财功能。借记卡提供了大量增值服务，方便人们的生活。

② 签账卡。

签账卡（Charge Card）是由非银行金融机构发行的一种卡，类似信用卡，但没有循环信用，每月消费金额必须及时全额偿还。准确地讲，签账卡并不算是一种银行卡，但是它在电子商务中的支付结算功能又类似于银行卡，其消费额度、年费、发卡标准等都高于信用卡。

（3）智能卡

智能卡（Smart Card）也称集成电路卡（Integrated Circuit Card），是一种将具有微处理器及大容量存储器的集成电路芯片嵌装于塑料基片上而制成的卡片。智能卡可以用来进行电子支付和存储信息。在芯片里存储了大量的关于使用者的信息，如财务数据、私有加密密钥、账户信息、结算卡号码及健康保险信息等。

3．电子支票支付

电子支票类的电子支付工具主要包括电子支票、电子汇款、电子划款等。

（1）电子支票

电子支票（Electronic Check or E-check）是一种借鉴纸张支票转移支付的方式，利用数字传递将资金从一个账户转移到另一个账户的电子支付形式。这种电子支票的支付是在与商家和银行相连的网络上以密码方式传递的，多数使用公用关键字加密签名或个人身份证号码（PIN）代替手写签名。目前的电子支票系统主要有 Netehex、Neteheque 和 NetBill 等。

电子支票的支付方式主要是，支付方一方面将电子支票发送给收款方，另一方面把电子付款单发送到银行或者其他金融机构，银行在收到商家的电子支票要求付款时，将电子支票上的金额数目转移到商家的银行账号中。为了保证电子支票的真实性与各方身份的合法性等，有时需要通过第三方认证机构进行认证。使用电子支票支付可以大大节省支付处理所需的时间与费用的花销，能够很好地发挥当前银行系统的自动化功能。

电子支票支付过程主要是按以下几个步骤来进行的：①交易双方确定交易且同意使用电子支票的方式支付；②买方使用自己的私钥对电子支票进行数字签名；③使用卖方的公钥对电子支票进行加密；④将电子支票发送给卖方；⑤卖方通过认证机构对电子支票真实性认证；⑥向银行确定电子支票；⑦向买家发货。

（2）电子汇款。

电子汇款是通过银行的联网功能，实现便捷快速的汇款。电子汇款（Electronic Remittance）是指银行以电报或电传方式指示代理行将款项支付给指定收款人的汇款方式。

电子汇款是目前使用较多的一种汇款方式，其业务流程如下。

① 由汇款人填写汇款申请书，并在申请书中注明采用电子汇款方式。同时，将所汇款项及所需费用交付给汇出行，取得电子汇款回执。

② 汇出行办理电汇时，根据汇款申请书的内容以电报或电传方式向汇入行发出解付指示。电文内容主要有：汇款金额及币种、收款人名称、地址或账号、汇款人名称、地址、附言、汇出行名称或 SWIFT 地址等。

③ 汇入行收到电报或电传后，核对密押是不是相符，若不符，应立即拟电文向汇出行查询。若相符，则缮制电汇通知书，通知收款人取款。收款人持通知书一式两联向汇入行取款，在收款人收据上签章后，汇入行即凭以解付汇款。

8.4.3 移动支付

随着 3G 时代的到来、经济的快速增长、人民生活水平的提高、互联网的迅速发展以及消费者习惯的改变和消费方式的多元化，移动支付作为一种新兴的支付方式，凭借其特有的方便快捷、及时高效等优点，逐渐被消费者所喜爱和接受，受到消费者越来越多的关注。

1. 移动支付概述

（1）移动支付的概念。

虽然移动支付已经有一段相对来说比较长的发展时期了，但是对于移动支付的定义目前还没有统一的定论。移动支付的定义可归纳为以下几类。

① 根据移动支付论坛的定义，移动支付是指交易双方为了某种货物或业务，通过移动设备进行的商业交易。移动支付所使用的移动终端可以是手机、PDA、移动 PC 等。

② 移动支付就是在用金额购买货物或服务的交换过程中使用任何移动设备进行发起、认证和确认的交易。移动设备包括移动电话、PDA 等任何可以连接到移动通信网络使得移动支付成为可能的设备。移动支付可以成为现金、信用卡和支票的补充，还可以被用于支付账单，利用以金额为基础的支付工具，如电子资金转账、互联网银行业务付款、电子票据等。

③ 移动支付就是使用移动设备来管理支付交易，通过中介直接或者间接地完成由付款人向特定收款人转移一定资金的行为。

④ 移动支付可以定义为一系列通过使用 SMS、WAP、IVR 等进行的相关交易活动，如购物、付款和银行转账汇款等。在相关因素的影响下，它是一种通过使用手机和 PDA 的商业付款行为，具有便利和安全的特点，并且支付效率高。

⑤ 移动支付是指交易双方通过移动设备进行某种商品或服务的交易，所使用的移动终端既可以是手机，也可以是 PDA、移动 PC 等。

⑥ 移动支付作为移动网络与金融系统结合的产物，它把移动通信网络作为实现交易和支付的工具，为消费者提供商品交易、缴费、银行账号管理等金融服务的业务。随着移动网络和移动通信设备的发展，移动支付已经成为现代社会一种切实可行的付款方式。

通过上面的介绍可以看出，对于移动支付的定义还是比较多样的，但总体来看又具有很多相同点，即交易的双方或一方应使用移动终端来完成交易的支付功能。根据移动支付的一些基本特征，可以将移动支付定义为：移动支付（Mobile Payment）是指用户使用移动手持设备，通过无线网络(包括移动通信网络和广域网)购买实体或虚拟物品以及各种服务的一种新型支付方式。

（2）移动支付的特征。

① 移动支付及时、便捷、操作简单。移动支付既能远程支付，也能现场支付。而信用卡、

储值卡、支票和传统电子支付等不能随时随地支付；现金、支票、储值卡等不能实现实时的远程支付；网上支付、电话支付等工具不能实现现场支付。

② 移动支付风险小。移动支付能随时提供交易信息，可有效防范支付风险。信用卡、网上银行等工具账户存在被盗风险，支票、现金等支付工具存在被伪造的风险。

③ 移动支付成本低。移动支付方便地解决交易中存在的大量重复发生的小额支付，降低交易双方的交易成本，可替代现有小额支付模式。

（3）移动支付的分类。

根据不同的分类标准，移动支付可以分为不同的种类。不同的分类，在安全性、支付成本等方面都有不同的要求，应用领域具有一定差异，支付的实现模式也各有不同。

① 按照交易金额分类。

移动支付按交易金额的大小可以分为小额支付和大额支付两种。小额支付主要针对交易金额低于 10 美元或欧元的业务，大额交易主要针对交易金额大于 10 美元或欧元的业务，适用于在线交易或近端交易。小额支付和大额支付之间最大的区别是对安全要求级别的不同。大额支付较为注重安全，因此需要通过可靠的金融机构进行交易认证；小额支付则比较注重运作成本，讲究结算快捷、操作简单方便。目前我国的移动支付大多数应用在小额支付上。

② 按照账号设立分类。

移动支付根据账号设立的不同，可以分为：为手机与银行卡绑定收费、手机话费账单代收费两种。手机与银行卡绑定收费是将消费者的银行账号或信用卡号与其手机号联接起来，费用从消费者的银行账户或信用卡账户中扣除。移动运营商只为银行和消费者提供信息通道，不参与支付过程，由银行为消费者提供交易平台和付款途径。这种收费方式符合金融法规，但需要移动运营商和金融机构配合，操作相对比较复杂。这种模式的优点是消费者的身份经过银行的认证，且银行本身具有金融风险管控的能力，因此对商家而言相对有保障；缺点是不适合小额支付的交易方式，因为小额支付的交易金额本身不高，而账户管理或是转账的费用可能高于交易金额，对消费者而言，其交易成本太高。手机话费账单支付模式，就是消费者消费后的交易金额会加入到话费账单中，而商家的部分也是由移动运营商来进行清算。这种模式的优点是可以将金融机构排除在支付系统之外，减少交易时的手续费用或交易成本；缺点是这种方式只适合小额付款，因为移动运营商的风险管控能力比不上金融机构，所以如果使用大额付款，对移动运营商及消费者来讲，都将产生非常大的风险。

③ 按照发生时间分类。

移动支付按结账或清算时间的不同可分为预支付、在线即时支付和离线信用支付三类。

预支付是指消费者事先支付一定数量的现金来购买储值卡或电子钱包，交易时直接从此储值卡或电子钱包中扣除交易金额，当余额不足时则无法交易，必须在储值卡或电子钱包中补足金额后方可消费。其优点是使用便利，只需检查是否有重复使用的诈骗情况即可；但由于必须事先付费，对于临时想要获取此服务的消费者来讲较为不便，而且对消费者来说这样的方式无法将手中的现金发挥最大的经济效益。一般来说，在线即时支付需要结合消费者的银行账户，在消费前，消费者必须先指定特定的银行扣款账户。在消费时，通过金融服务提供者确认消费者指定账户内有足够的余额可供扣款，当交易完成时马上将交易金额从消费者账户转至商家账户。离线信用支付是指消费者消费之后，消费金额可以纳入当月的手机账单、信用卡账单或银行账单中，不需交易完毕后马上支付。其优点是消费者先消费后付款，可以灵活运用手上的现金，但金融服务提供者必须承担呆滞账的风险，因此不适合于大额支付。

④ 按照交易距离分类。

按照交易距离的不同，可以将移动支付分为远程支付和近场支付。远程支付账户信息存储于支付服务商后台系统，消费者在支付时，需要通过网络访问支付后台系统进行鉴权和支付。近场支付账户信息一般存储在 IC 卡中，在支付时，通过近场无线通信技术在特定刷卡终端现场校验账户信息并进行扣款支付。

2. 移动支付业务模式

根据支付结算账户和实现业务的方式与流程的不同，移动支付的业务模式分为 5 种类型。

（1）手机话费模式。

手机话费模式是指移动运营商使用手机话费账户进行小额支付的业务模式。这类模式主要适用于图铃、游戏下载等移动增值业务的缴纳。

（2）虚拟卡模式。

虚拟卡模式是指移动用户通过手机号码和银行卡业务密码进行缴费和消费的业务模式。这种模式要求移动用户将银行卡与手机号码事先绑定，在移动支付交易过程中，手机号码代替了定制关系对应的银行卡，即手机号码成为虚拟银行卡。在目前国内的移动支付市场上，中国银联和大多数的第三方移动支付服务提供商采用的都是这类业务模式。

（3）手机银行模式。

手机银行模式是指移动用户通过手机菜单完成关联账户的查询、转账、基金买卖等交易的业务模式。这种模式要求用户在银行网点开通手机银行业务或换 STK 卡，申请手机银行关联账户的支付密码。这种模式目前还不能用于消费类交易。

（4）虚拟账户模式。

虚拟账户模式是指移动用户使用网上虚拟账户进行支付的业务模式。这种模式要求用户预先将资金转账或充值到后台服务器的虚拟账户内，或者将该虚拟账户与银行卡账户关联，在支付时使用该账户进行消费。目前，支付宝、贝宝等虚拟账户运营商正在从互联网支付向移动支付领域扩展。

（5）物理卡的关联支付模式。

物理卡的关联支付模式是指移动用户通过关联银行卡账户或电子钱包账户进行现场支付和远程支付，或者远程二次发卡与账户充值的业务模式。这种模式是将银行卡账户、储值卡和电子钱包，经过特殊工艺加工或异型，贴在手机后盖上，或者改造手机后形成双卡手机或双模手机，以及带接触功能的双界面 SIM 卡等。

8.4.4 第三方支付

随着计算机系统和国际互联网的广泛运用，电子商务以一种全新的商业运营模式蓬勃兴起，而与电子商务相配套的，其本身就是电子商务一个方面的网络支付问题成了业界所关注的重点。为解决线上网络交易普遍存在的安全问题，各大电子商务专业运营公司纷纷推出各种电子商务网上支付平台，来为人们提供网上交易的安全服务，并意图以这种创新服务形成电子商务新的赢利点。这种电子商务网上支付平台就是"第三方支付平台"。

1. 第三方支付概述

（1）第三方支付的概念。

第三方支付（Third-Party Payment）是指那些具备一定经济实力和信誉保障的独立法人机构，通过与各大银行签约的方式，为用户提供与银行支付结算系统接口的交易支持平台的网络支付模式。

在第三方支付模式中，买方在网上选购完商品后，将货款打入第三方支付平台的账户上进行支付，由第三方支付机构来通知卖家货款到账并要求发货；买方在收到货物，并检验商品符合合同约定后，再通知第三方支付平台付款给卖家，此时第三方支付平台再将款项划转至卖家的账户上。其中，第三方支付平台是指平台提供商通过先进的计算机技术和相关的信息安全技术，在银行和商家之间建立支付网关的链接，以便实现从消费者到金融机构以及商家之间货币支付、现金流转、资金清算、查询统计的一个平台。

（2）第三方支付的特征。

① 独立性。

第三方支付既独立于交易各方，又独立于银行，以此区别网上银行的支付服务，更不是虚拟银行，通常在网络交易中提供担保服务。

② 安全性。

第三方支付作为交易双方的中间人，其主要目的是要保障交易资金的安全性，相比于直接支付的信用基础缺失，第三方支付则通过技术手段和交易规则方面为买卖双方提供了一定的信用担保和资金保障平台，极大地化解了网络交易中的不确定性和风险性。同时，第三方支付平台还可以记录整个交易过程的详细资金流向情况，为后续交易中可能出现的纠纷提供相应的电子证据。

③ 公正性。

采用第三方支付平台可以最大限度避免欺诈和拒付等不良行为的发生，降低了运营风险，从而创造出和谐、彼此信任的交易氛围。第三方支付由于采用了网站与银行间的二次结算方式，因而让支付平台不再单纯地作为连接各商业银行支付网关通道的形式存在，而是以中立的第三方机构身份，能够有效保留买卖双方的交易信息，监督买卖双方的交易行为，有力地保障了双方的合法权益。

④ 开放性。

第三方支付目前采取多银行、多卡种、多终端的支付方式，因而是一个开放程度很高的体系，据不完全统计，几乎所有的第三方支付平台都能够支持全国范围内的绝大多数银行的银行卡以及全球范围内的国际信用卡的在线支付，而且现在的支付终端形式也发生了巨大的变化，不仅支持各种商业银行卡通过 PC 机进行支付，同时还支持电话、手机等多种终端。

⑤ 便利性。

第三方支付机构一般都提供各大银行的银行卡网关接口，对买方和卖方都提供了极大的便利。对买方而言，只需要办理任意一家银行的银行卡即可，而卖方也不需要沿用邮购时代在多个银行开户的习惯，只需要在一家银行开户即可。买卖双方之间即便是所持银行卡不为同一银行也不要紧，第三方支付机构会与各大银行进行跨行结算。

⑥ 应用广泛性。

通过第三方支付提供的资金支付平台，不仅可以应用于网络购物，还可以应用于考试交费、水电煤气费等账单支付、购买机票、爱心捐款等。而对于网络购物的电子商务领域而言，第三方支付可以帮助商家降低企业运营成本和银行网关开发成本，并促成它们之间的合作，实现多赢的局面。

2. 我国典型的第三方支付平台

（1）支付宝。

支付宝是国内领先的独立第三方支付平台，是由阿里巴巴集团创立的第三方支付平台。支付宝于 2004 年 12 月独立为浙江支付宝网络技术有限公司，是阿里巴巴集团的关联公司。支付宝公司从建立开始，始终以"信任"作为产品和服务的核心，不仅从产品上确保用户在线支付的安全，同时让用户通过支付宝在网络间建立起相互的信任，为建立纯净的互联网环境迈出了非常有意义的一步。

（2）财付通。

财付通是腾讯公司于 2005 年 9 月正式推出的专业在线支付平台，致力于为互联网用户和企业提供安全、便捷、专业的在线支付服务。财付通构建全新的综合支付平台，业务覆盖 B2B、B2C 和 C2C 各领域，提供卓越的网上支付及清算服务。

针对个人用户，财付通提供了安全便捷的在线支付服务，可以在拍拍网及万家购物网站上进行购物。用户既可通过财付通使用网银支付，也可以充值到财付通账户，享受更加便捷的支付体验。提现、收款、付款等配套账户功能，让资金使用更灵活。财付通还为广大用户提供了手机充值、游戏充值、信用卡还款、机票专区等特色便民服务，让生活更方便。针对企业用户，财付通提供了安全可靠的支付清算服务和极富特色的 QQ 营销资源支持。

（3）易宝。

易宝（YeePay，北京通融通信息技术有限公司）是专业从事多元化电子支付一站式服务的领跑者。易宝致力于成为世界一流的电子支付应用和服务提供商，专注于金融增值服务领域，创新并推广多元化、低成本、安全有效的支付服务。

（4）ChinaPay。

ChinaPay 银联电子支付服务有限公司是中国银联控股的银行卡专业化服务公司，拥有面向全国的统一支付平台，主要从事以互联网等新兴渠道为基础的网上支付、企业 B2B 账户支付、电话支付、网上跨行转账、网上基金交易、企业公对私资金代付、自助终端支付等银行卡网上支付及增值业务，是中国银联旗下的网络方面军。

（5）快钱。

快钱是国内领先的独立第三方支付企业，旨在为各类企业及个人提供安全、便捷和保密的综合电子支付服务。快钱致力于为电子商务服务提供商、互联网内容提供商、中小商户、以及个人用户等提供安全、快捷的第三方交易平台。

（6）首信易。

1998 年 11 月 12 日，由北京市政府与中国人民银行、信息产业部、国家内贸局等中央部委共同发起的首都电子商务工程正式启动，确定首都电子商城（首信易支付的前身）为网上交易与支付中介的示范平台。

8.4.5　网上银行

1995 年 10 月，美国三家银行联合在互联网上创建了全球第一家网上银行——"安全第一网络银行"，成为网上银行发展的里程碑。此后，作为银行的一种新型客户服务渠道，网上银行以其所具备的独特优势迅速成为国内外银行界关注的焦点，从而为整个银行业带来了千载难逢的发展机遇和无限商机，并成为国内外银行争取客户、争夺市场的重要手段。

1. 我国网上银行的发展历程

1996 年 6 月，中国银行开创先河在因特网上开设网站，率先通过互联网发送信息并向社会提供银行服务，从此拉开了中国网上银行发展的序幕。

从我国的网上银行发展历程来看，主要分为以下 4 个阶段，如表 8-1 所示。

表 8-1　　　　　　　　　　　　　　　　我国网上银行发展历程

时间	特征	主要事件
萌芽期 （1996～1997 年）	网上银行服务开发和探索	1996 年，中国银行投入网上银行的开发。 1997 年，中国银行建立网页，搭建"网上银行服务系统"；招商银行开通招商银行网站
起步阶段 （1998～2002 年）	各大银行纷纷推出网上银行服务	1998 年 4 月，招商银行在深圳地区推出网上银行服务，"一网通"品牌正式推出。 1999 年 4 月，招商银行在北京推出网上银行服务。 1999 年 8 月，中国银行推出网上银行，提供网上信息服务、账务查询、银行转账、网上支付、代收代付服务。 1999 年 8 月，建设银行推出网上银行服务，首批开通城市为北京和广州。 2000 年，工商银行在北京、上海、天津、广州 4 个城市正式开通网上银行。 2001 年，农业银行推出 95599 在线银行。 2002 年 4 月，推出网上银行。 2002 年底，国有银行和股份制银行全部建立了网上银行，开展交易型网上银行业务的商业银行达 21 家
发展阶段 （2003～2010 年）	网上银行品牌建设加强，产品和服务改善成为重点；重点业务发展带动各大网上银行业务快速发展	2003 年，工行推出"金融@家"个人网上银行。 2005 年，交行创立"金融快线"品牌。 2006 年，农行推出"金 e 顺"电子银行品牌。 2007 年，个人理财市场火热带动网上基金业务猛增，直接拉动个人网上银行业务的大幅增长。 2008 年，网银产品、服务持续升级，各银行在客户管理、网银收费等方面积极探索
成熟阶段 （2010 年以后）	网上银行相关法律逐步完善；主要银行的网上银行业务步入稳定发展	2010 年 8 月 30 日，第二代网上支付跨行清算系统（超级网银）正式上线

（资料来源：中商情报网数据库）

2．网上银行概述

（1）网上银行的概念。

网上银行自诞生以来，不仅开办数量成倍增长，而且其服务发展模式等也是日新月异，并随着网络信息技术的进步而不断演变。目前，在理论上还很难给网上银行下一个最终的准确规范定义。不同的组织机构对网上银行有不同的定义，许多金融机构对网上银行进行了一些初步的定性描述。

① 巴塞尔银行监管委员会的定义。

巴塞尔银行监管委员会（BCBS）在 1998 年公布的《电子银行和电子货币风险管理》报告中，将网上银行定义为：通过电子渠道提供零售性的小额银行产品和服务。这些产品和服务包括取款、贷款账户管理、供资产咨询、电子票据支付、提供电子支付工具和电子货币方面的服务。

② 美国货币监理署的定义。

1999 年，美国货币监理署（OCC）发表的《网上银行检查手册》中指出："网上银行是一种通过电子计算机或相关的智能设备使银行的客户登录账户，获取金融服务与相关产品等信息的系统。"这是对网上银行内涵描述最为广泛的定义之一。根据这一定义，网上银行是指通过网络拥有自己独立的网站，并可以为客户提供相关信息和服务的银行。

③ 欧洲银行标准委员会。

欧洲银行标准委员会在其 1999 年发布的《电子银行公告》中将网上银行定义为："那些利用网络为通过使用计算机、网络电视机顶盒及其他一些个人数字设备连接上网的消费者和中小企业提供银行产品服务的银行"。

④ 美联储的定义。

美联储（FRS）2000 年指出："网上银行是指利用互联网作为其产品、服务和信息的业务渠道，向其零售和公司客户提供服务的银行。"

⑤ 英国金融服务局的定义。

英国金融服务局（FSA）在 2000 年公布的《储蓄广告条例》中以附录的形式将网上银行定义为：网上银行是利用网络等电子途径向客户进行银行信息、金融产品和金融服务的一种银行。

⑥ 中国人民银行的定义。

中国人民银行在 2001 年发布施行的《网上银行业务管理暂行办法》中将网上银行业务定义为："银行通过因特网提供的金融服务。"

一般来讲，所谓的网上银行（Internet Bank or E-bank），又称网络银行或在线银行，尽管国际上对其还没有一个比较统一的定义，但归纳起来主要有两种定义方法，即狭义的网上银行和广义的网上银行。狭义的网上银行是指以互联网为基础，充分利用信息技术，实现银行业务处理自动化、经营管理虚拟化，从而为客户提供更快捷、更方便、更丰富金融服务的银行机构，即网上银行是一种完全依赖于信息技术发展起来的全新银行。与狭义有所不同的是，广义的网上银行除了包括狭义的网上银行外，还包括通过互联网向客户提供金融服务，开展银行业务的传统银行，简单讲就是将业务与服务移植上网的传统银行。

（2）网上银行的特征。

网上银行提供了一种全新的金融业务模式，具有其独有的特征。

① 网上银行的越时间、空间性。

网络可以是一个全天候、全方位、开放的系统，建立在此基础上的网上银行为客户提供的也是 "3A" 式的服务，即网上银行是全天候运作的银行(Anytime)，不受时间因素的限制。

② 网上银行的虚拟性。

网上银行的虚拟性主要体现在网上银行的经营地点和经营业务，以及经营过程逐步虚拟化。经营地点虚拟性表现为网上银行没有实体的营业厅和网点。

③ 网上银行的低成本性。

网上银行的自动处理功能可以承担大量原传统银行的柜台业务，从而节约传统银行的人员和营业面积，使银行经营成本大幅降低。

④ 网上银行的互动性。

网上银行支持服务的互动性。客户可以就一系列有先后顺序的交易逐个在网上银行进行，同时在短时间内就能根据交易结果随时调整自身的决策，决定下一交易，而这在传统银行基本是不可能的。

⑤ 网上银行的创新性。

创新性即技术创新与制度创新、产品创新的紧密结合。网上银行本身依托计算机和计算机网络与通信技术而产生的，而计算机技术正代表着当前科技发展的方向，因此其自身就要求不断进行技术创新和吸收新技术。

⑥ 网上银行服务的广域覆盖性。

通过网络技术，网上银行能够将银行、证券、保险等不同种类的金融服务集中在一起，使后台为分业经营的金融机构可以表现为一个整体，从而增加对客户需求的满足程度和满足面，有利于营销新客户和留住老客户。

⑦ 网上银行服务的便捷性和高效性。

由于网上银行大量采用自动处理交易，因此其服务具有高速和高效的特性。所有的银行业务操作几乎是瞬时完成的。对于银行发展一项新的业务来说，一旦通过审核确立，发布也是瞬时的，可以使银行的各项产品通知迅速正确地传递给客户。

⑧ 网上银行的资源共享性。

由于网上银行要求其业务通达的各实体银行(分支行)必须具有统一的、电脑可识别的编码和基本信息，因此客观上就要求这些行必须实现信息的同步和共享。同时网上银行的远程性和跨地域性，又使其系统的软硬件资源的共享成为现实可能。

⑨ 金融产品"个性化"能更好地服务客户。

相对于传统银行，网上银行的客户散布于不同的终端之前，传统的大众营销方式已经不适合新的客户结构。网上银行可以突破时空局限，能根据每个客户不同的需求"量身定做"个人的金融产品并提供银行业务服务，最大限度满足客户多样化的金融需要。

⑩ 信息透明高。

在网上提供银行的业务种类、处理流程、最新信息、年报等财务信息和价格信息是网上银行最基本、最简单的服务功能，而银行也可以通过网络全面及时地了解客户的各种资料如信誉度、支付能力等。因此，金融信息的透明度得到了空前的提高。

总之，网上银行已经成为银行业拓宽服务领域、提升管理水平、调整经营策略进而提高赢利能力的重要手段。网上银行的产生与发展是国际银行业发展的重要特点，也是我国银行业发展的必然趋势。

8.5　电子商务安全

随着电子商务行业的蓬勃发展，电子商务系统的安全已经越来越被人们所重视，人们需要一个信息交易安全且传递迅速的安全系统。

8.5.1　电子商务安全概述

1. 电子商务安全的主要内容

一个安全的电子商务系统首先必须具有一个安全、可靠的通信网络，以保证交易信息安全、迅速地传递；其次，必须保证数据库服务器绝对安全，防止黑客闯入网络盗取信息；最后，隐私保护也是电子商务安全需要解决的问题。从整体上来看，电子商务的核心是通过计算机网络技术来传递商业信息和进行网络交易。电子商务安全的主要内容包括计算机系统安全和商务交易安全两大方面。

（1）计算机系统的安全。

国际标准化组织 ISO 对"安全"的定义是"最大程度地减少数据和资源被攻击的可能性"。可见，计算机系统安全（Computer System Security）中的"安全"是指将计算机系统的任何脆弱点降到最低限度。同时，ISO还将"计算机安全"定义为："为数据处理系统建立和采取的技术和管理的安全保护，保护计算机硬件、软件数据不因偶然和恶意的原因而遭到破坏、更改和泄露。"此界定偏重于静态信息的安全保护。如果着重于动态意义描述，则可以将"计算机安全"定义为："计算机的硬件、软件和数据受到保护，不因偶然和恶意的原因而遭到破坏、更改和泄露，系统正常运行并连续提供服务。"计算机系统安全主要包含系统设备安全、网络结构安全、系统平台安全、网络数据安全、网络数据安全、系统管理安全6个方面的内容。

（2）商务交易的安全。

电子商务交易安全是指电子商务活动在开放的网络上进行时的安全，其实质是在计算机系统安全的基础上，保障电子商务的顺利进行，涉及防止和抵御机密信息泄露、未经授权的访问、破坏信息完整性、假冒、破坏系统的可用性等内容。

电子商务交易安全包括数据、交易和支付的安全保证。具体要求有：确保支付安全，安全处理各种类型支付信息的传递，诸如信用卡、电子支票、借记卡和数字货币；提供不可否认的商务交易，要能保证A的订货、B收的货款、B的发货、A收到货等都应具有不可否认性，可通过对各消息源的认证和签字技术实现；在电子商务系统的基础设施中建立可信机构，保证经过Internet传递的某些敏感信息的隐私性。此外，电子商务的交易协议的安全性以及交易相关人员的安全培训和安全意识也是电子商务交易安全的重要方面。

计算机系统安全与交易安全是密不可分的，两者相辅相成，缺一不可。没有计算机系统安全作为基础，电子商务交易安全就无从谈起；没有电子商务交易的安全保障，即使计算机系统本身再安全，仍然无法达到电子商务安全的要求。

2. 电子商务安全威胁

电子商务面临的安全威胁包括计算机网络系统与商务交易两方面的安全威胁。

（1）计算机网络系统的安全威胁。

计算机网络系统的安全威胁包括系统层安全性漏洞、数据安全性威胁、计算机病毒的危害、"黑客"的攻击等几个方面。

（2）商务交易的安全威胁。

包含卖方面临的威胁、买方面临的威胁、交易双方面临的威胁。

3. 电子商务安全对策

（1）电子商务的安全目标。

电子商务面临的安全威胁的出现导致了对电子商务安全的需求，为了保证电子商务整个交易活动的安全顺利地进行，电子商务系统必须具备有效性、机密性、完整性、可认证性、不可抵赖性几个安全目标。

（2）电子商务的安全对策。

针对电子商务的安全威胁和要达到的安全目标，"管理+技术"的体系是一套比较完整的安全防范对策。

① 完善各项管理制度。

电子商务安全管理制度是对各项安全要求所做出的规定，应构建一套完整的、适应于网络环境的安全管理制度。这些制度应当包括法律法规、组织机构及人员管理制度、保密制度、跟踪审计制度、系统维护制、病毒防范制度、应急措施几个方面的内容。

② 技术对策。

技术对策体现在网络安全检测设备；建立安全的防火墙体系；不间断电源的良好使用；建立

认证中心，并进行数字证书的认证和发放；加强数据加密；较强的防入侵措施；严格的访问控制；通信流的控制；合理的鉴别机制；为每一个通信方查明另一个实体身份和特权的过程，包括报文鉴别、数字签名和终端识别技术等；传输线路应有露天保护措施或者埋于地下，并要求远离各种辐射源，以减少由于电磁干扰引起的数据错误；数据完整性的控制几个方面。

针对电子商务安全的安全威胁，采取恰当的技术措施将网络安全评估技术、防火墙技术、入侵检测技术等结合起来，通过科学的管理、健全的管理制度，发挥人的主观能动性和警惕性来保护电子商务安全，才能形成一个较完整的安全防范体系。

8.5.2　常用的电子商务安全技术

1. 防火墙技术

（1）防火墙的基本概念。

防火墙是指设置在不同网络（如可信任的企业内部网和不可信的公共网）或网络安全域之间的一系列软件或硬件设备的组合，是不同网络或网络安全域之间信息的唯一出入口，它能根据组织的安全政策控制（允许、拒绝、监测）出入网络的信息流，且本身具有较强的抗攻击能力。

防火墙可以确定哪些内部服务允许外部访问，哪些外部服务可以由内部人员访问，可以用来控制网络内外的信息交流，提供接入控制和审查跟踪。为了发挥防火墙的作用，来自和发往 Internet 的所有信息必须经由防火墙出入。防火墙禁止互联网中未经授权的用户入侵，由它保护的计算机系统只允许授权信息通过，自身不能被渗透。从逻辑上来看，防火墙是一个分离器、一个限制器，也是一个分析器，它可有效地监控内部网和互联网之间的任何活动，保证内部网络的安全。

① 安装防火墙时应遵循的基本准则。

a. 一切未被允许的应该是被禁止的。基于该准则，防火墙应封锁所有信息流，然后对希望提供的服务逐项开放，只有经过仔细挑选的服务才被允许使用。

b. 一切未被禁止的就是允许的。基于该准则，防火墙应转发所有信息流，然后逐项屏蔽有害的服务，构建更为灵活的网络应用环境。

② 防火墙的功能。

a. 保护易受攻击的服务。防火墙能过滤那些不安全的服务，只有预先被允许的服务才能通过防火墙，降低了受到非法攻击的风险。

b. 控制对特殊站点的访问。防火墙能控制对特殊站点的访问，如有些主机能被外部网络访问，而有些则是需要被保护起来的，防止不必要的访问。

c. 集中化的安全管理。使用了防火墙之后，就可以将所有修改过的软件和附加的安全软件都放在防火墙上集中管理；而不使用防火墙，就必须将软件分散到各个不同的主机上。

d. 对网络访问进行记录和统计。如果所有对 Internet 的访问都经过防火墙，那么防火墙就能记录下这些访问历史，并能提供网络使用情况的统计数据。当发生可疑动作时，防火墙能够报警并提供网络是否受到监测和攻击的详细信息。

③ 防火墙的不足之处。

a. 防火墙不能防范不经由防火墙的攻击。如果允许从受保护网内部不受限制地向外拨号，一些用户可以形成与 Internet 的直接的 SLIP 或 PPP 连接，从而绕过防火墙，造成潜在的后门攻击渠道。

b. 防火墙不能防止受到病毒感染的软件或文件的传输。因为现有的各类病毒、加密和压缩的二进制文件种类太多，不能指望防火墙逐个扫描每个文件并查找病毒。

c. 防火墙不能防止数据驱动式攻击。当有些表面看来无害的数据被邮寄或复制到 Internet 主机上并被执行发起攻击时，就会发生数据驱动攻击，防火墙无法防止这类攻击。

（2）防火墙的 3 种类型。

防火墙产品系列中已经出现了各种不同类型的防火墙。这些技术之间的区分并不是非常明显，但就其处理的对象来说，可分为数据包过滤型防火墙、应用级网关型防火墙和代理服务型防火墙三大类。

① 数据包过滤型防火墙。

数据包过滤（Packet Filtering）技术是在网络层对数据包进行选择，选择的依据是系统内设置的访问控制表。通过检查数据流中每个数据包的源地址、目的地址、所用端口号、协议状态等，或它们的组合来确定是否允许该数据包通过。数据包过滤型防火墙逻辑简单，价格便宜，易于安装和使用，网络性能和透明性好。

数据包过滤型防火墙有两个主要缺点：一是非法访问一旦突破防火墙，即可对主机上的软件和配置漏洞进行攻击；二是数据包的源地址、目的地址以及端口号都在数据包的头部，很有可能被窃听或假冒。

② 应用级网关型防火墙。

应用级网关（Application Level Gateways）是在网络应用层建立协议过滤和转发功能，它针对特定的网络应用服务协议使用指定的数据过滤逻辑，并在过滤的同时，对数据包进行必要的分析、登记和统计，形成报告。

③ 代理服务型防火墙。

代理服务（Proxy Service）也称链路级网关或 TCP 通道（Circuit Level Gateways or TCP Tunnels），是一种重要的防火墙技术。代理服务是针对数据包过滤和应用级网关技术存在的缺点而引入的防火墙技术，其特点是将所有跨越防火墙的网络通信链路分为两段。防火墙内外计算机系统间应用层的"链接"由两个终止代理服务器上的"链接"来实现，外部计算机的网络链路只能到达代理服务器，从而起到隔离防火墙内外计算机系统的作用。此外，代理服务也对过往的数据包进行分析、注册登记，形成报告，当发现被攻击迹象时便向网络管理员发出警报，并保留攻击痕迹。

（3）防火墙的体系结构。

目前，防火墙的体系结构主要有双重宿主主机体系结构、被屏蔽主机体系结构和被屏蔽子网体系结构 3 种。

2. 认证技术

认证技术是保证电子商务安全的一项重要技术，它可以直接满足身份认证、信息完整性、不可否认和不可修改等多种网上交易的安全需求，较好地避免了网上交易面临的假冒、篡改、抵赖、伪造等种种威胁。认证技术主要涉及身份认证和信息认证两个方面的内容。

（1）身份认证。

身份认证是用户身份的确认技术，是网络安全的第一道防线，各种网络应用和计算机系统都需要通过身份认证来确认一个用户的合法性，然后确定这个用户的具体权限。

① 身份认证的内容。

身份认证用于鉴别用户的身份，包括识别和验证两个环节，即明确并区分访问者的身份以及对访问者声称的身份进行确认。所谓识别就是指要对每个合法的用户都要有识别能力，为了保证识别的有效性，就需要保证任意两个不同的用户都具有不同的识别符。所谓验证就是指在用户声称自己的身份后，认证方对它所声称的身份进行验证，以防身份假冒。

② 电子商务对身份认证技术的基本要求。

在真实的物理世界中，每个人都拥有独一无二的身份标志，但在虚拟的网络世界中用户的身份往往采用一组特定的数据来表示，如何保证操作者的物理身份与数字身份的对应是电子商务安全所需解决的问题。电子商务领域对身份认证技术的基本要求如下。

a. 身份识别方法要求安全、健康，对人的身体不会造成伤害。检测最好采用非接触方式，不会传染疾病，也不能伤害人的身体器官。

b. 身份认证技术要满足实时检测的速度要求，操作简单，容易掌握和使用。

c. 身份认证技术要求性价比高，检测和识别设备在满足性能要求的前提下价格不能昂贵，适合普及推广应用。

③ 身份认证的基本方法。

用户身份认证可通过基于秘密信息、物理安全（智能卡）、生物学特征等方式来实现。

a. 基于秘密信息的身份认证

基于秘密信息的身份认证方法有口令核对、单向认证、双向认证、身份的零知识证明等。口令核对的基本做法是每一个合法用户都有系统给的一个用户名和口令，用户进入时系统就要求输入用户名和口令，如果输入正确，该用户的身份便得到了验证。

b. 基于物理安全的身份认证方法。

物理安全的身份认证方法是指依赖于用户持有的合法的物理介质硬件，如证件、钥匙、卡等有形载体或用户所具有的某些生物学特征信息，进行身份认证的方法。

c. 基于生物学特征的身份认证。

基于生物学特征的身份认证是指使用指纹、语音、DNA、视网膜扫描等生物特征来识别身份的认证技术。这种方法具有难以伪造、安全性高、不易丢失、可以通过网络传输等优点，广泛地应用电子商务的身份识别领域。

（2）信息认证。

信息认证用于保证信息双方的不可抵赖性以及信息的完整性和信息的保密性，即确认信息是不是假冒的、是否被第三方修改或伪造。信息认证是指通信双方建立连接之后，对敏感的文件进行加密，即使攻击者截获文件也无法得到其准确内容；保证数据的完整性，防止截获人在文件中加入其他信息；对数据和信息的来源进行验证，以确保发信人的身份以及所收到的信息是真实的。

目前，在电子商务中广泛使用的信息认证方法主要有数据加密、数字签名、数字摘要、数字信封、数字时间戳、数字证书、CA 认证体系等技术。

3. 安全协议

目前,在电子商务中广泛采用的安全协议包括安全套接层协议 SSL 和安全电子交易协议 SET。

（1）安全套接层协议。

① 安全套接层协议概述。

安全套接层协议 SSL 最初是由 Netscape 公司研究制定的一种安全通信协议，后来 Netscape 公司将 SSL 协议交给 IETF 标准机构进行标准化，在经过少许改进后，形成 IETF TLS 规范，现已成为互联网安全交易中数据加密的工业标准。SSL 协议采用公开密钥和私有密钥两种加密方法，向基于 TCP/IP 的客户机/服务器应用程序提供客户端和服务器的鉴别、数据完整性及信息机密性等安全措施，是加密传输控制协议 TCP 通信的一种方法，是介于 HTTP 与 TCP 之间的一个可选层。

SSL 协议提供三方面的服务：认证用户和服务器，使得它们能够确信数据将被发送到正确的客户机和服务器上；加密数据以隐藏被传送的数据内容；维护数据的完整性，确保数据在传输过程中不被更改。

SSL 协议之所以能够在电子商务中得到广泛应用，是因为凡是构建在 TCP/IP 上的客户机/服务器模式需要进行安全通信时，都可以使用 SSL 协议，而其他的一些安全协议，如 S-HTTP 仅适用于安全的超文本传输协议，SET 协议则仅适宜 B2C 电子商务模式的银行卡交易。同时，SSL 被大部分 Web 浏览器和 Web 服务器所内置，使用比较容易。

② SSL 安全协议的工作流程。

SSL 协议建立之后，可对整个通信过程进行加密，并检查其完整性。其实现过程为：SSL 客户端在 TCP 协议上创建连接后，发出一个消息，该消息中包含了 SSL 可实现的加密算法列表和其他一些必要的消息；SSL 的服务器端将回应一个消息，其中确定了该次通信所要用的加密算法，并发出服务器端的证书；客户端在收到该消息后会生成一个秘密消息，并用 SSL 服务器的公钥加密后传回服务器；服务器用自己的私钥解密后，会话密钥协商成功，这时双方就可以使用同一个会话密钥进行网络通信。

SSL 协议运行的基础是电子商务企业对消费者信息保密的承诺，这就有利于电子商务企业而不利于消费者。在电子商务初级阶段，由于运作电子商务的企业大多是信誉较高的大公司，因此这问题还没有充分暴露出来。但随着电子商务的发展，各中小型公司也参与进来，这样在电子支付过程中的单一认证问题就越来越突出，SET 协议被提出并得到应用。同时，由于 SSL 协议只是简单地在双方之间建立了一条安全通道，在涉及多方的电子交易中，只能提供交易中客户端与服务器之间的双方认证，而电子商务往往是用户、网站、银行三方协作完成，SSL 协议并不能协调各方之间的安全传输和信任关系。

（2）安全电子交易协议。

① 安全电子交易协议概述。

安全电子交易协议（Secure Electronic Transaction，SET）是 1996 年 2 月 1 日由 MasterCard（万事达）和 Visa（维萨）两大国际信用卡组织与技术合作伙伴 GTE、Netscape、IBM、Terisa Systems、Verisign、Microsoft、SAIC 等一批跨国公司共同开发的安全电子交易规范，并于 1997 年 5 月 31 日正式推出 1.0 版。

SET 协议的核心是确保商家和消费者的身份及行为的可认证性和不可抵赖性，其理论基础是著名的不可否认机制。SET 协议可以实现电子商务交易中的数据加密、身份认证、密钥管理等，即采用 RSA 公开密钥体系对通信双方进行认证，利用 DES、RC4 或其他对称加密算法进行信息的加密传输，并用 Hash 算法来鉴别消息真伪、有无涂改。同时，认证机构 CA 根据 X.509 标准发布和管理数字证书，保证在开放网络上使用信用卡进行在线购物的安全。SET 协议使用数字证书对交易各方的合法性进行验证，使用数字签名技术确保数据完整性和不可否认；使用双重签名技术对 SET 交易过程中消费者的支付信息和订单信息分别签名，使得商户看不到支付信息，只能对用户的订单信息解密，而金融机构看不到交易内容，只能对支付和账户信息解密，从而充分地保证了消费者的账户和订购信息的安全性。

然而，SET 协议的应用成本比较高、互操作性差、复杂程度高，主要支持 B2C 类型的电子商务模式，推广应用比较缓慢。尽管 SET 协议有诸多不足，但它较好地解决了电子商务交易过程中的身份认证和数据安全问题，其复杂性代价换来了风险的降低，因而很快得到了 IBM、HP、Microsoft、VeriFone、GTE、VeriSign 等许多大公司的支持，已经成为事实上的工业标准，并已获得了 IETF 国际标准的认可。

　　② SET 安全协议的工作流程。

　　SET 协议的工作流程，可以分为以下 7 个基本步骤。

　　a. 持卡人利用自己的 PC 通过互联网选择所要购买的物品，并输入订单信息，订单信息包括商家、购买物品的名称及数量、交货时间及地点等。

　　b. 通过支付网关与有关商户联系，商户做出应答，告诉持卡人所填订单的价格、应付款数、交货方式等信息是否准确、是否有变化。

　　c. 持卡人选择付款方式，确认订单，签发付款指令，此时 SET 开始介入。

　　d. 持卡人对订单和付款指令进行数字签名，同时利用双重签名技术保证商家看不到持卡人的账号信息。

　　e. 商家接收订单后，向持卡人所在银行请求支付认可，信息通过支付网关到收单银行，再到发卡行确认，批准交易后返回确认信息给商家。

　　f. 商家发送订单确认信息给持卡人，持卡人端软件可记录交易日志，以备将来查询。

　　g. 商家发送货物或提供服务，并通知收单银行将钱从持卡人的账号转移到商家账号。

　　③ SET 协议与 SSL 协议的比较。

　　SET 是一个多方的消息报文协议，定义了银行、商家、持卡人之间必需的报文规范，比 SSL 协议复杂，因为 SET 协议不仅加密两个端点间的单个会话，还加密和认定交易三方间的多个信息，而 SSL 只是简单地在交易双方之间建立了一条安全连接；SSL 是面向连接的，而 SET 允许各方之间的报文交换不是实时的；SET 报文能够在银行内部网或者其他网络上传输，而基于 SSL 协议的支付系统只能与 Web 浏览器捆绑在一起。

8.5.3　电子商务安全管理

　　在电子商务交易过程中，任何一方都要鉴别对方是否是可信的，也就是要确定交易双方的身份。如何保证交易对方身份的真伪，即如何保证公开密钥的正确性？为了解决这个问题，就引出了认证机制，如数字证书（Digital Certificates）和认证中心（Certificate Authorities，CA）。

1. 数字证书

　　数字证书又称为数字凭证，是由权威公正的第三方机构即认证中心 CA 颁发并包含证书申请者（公开密钥拥有者）信息及其公开密钥的文件。数字证书采用非对称加密机制，每个用户拥有一把仅为本人所掌握的私钥，用它进行信息解密和数字签名；同时拥有一把公钥，并可以对外公开，用于信息加密和签名验证，可用来证实一个用户的身份和对网络资源的访问权限的验证。

　　数字证书是一个担保个人、计算机系统或者组织的身份和密钥所有权的电子文档，作为网上交易双方真实身份证明的依据，可用于发送安全电子邮件、访问安全站点、网上证券交易、网上采购招标、网上办公、网上保险、网上税务、网上签约和网上银行等安全电子事务处理和安全电子商务活动。

2. 认证中心

　　数字证书的发行机构具有一定的权威性，通常被称为认证中心（Certificate Authority，简称 CA）或证书授予机构，在电子商务交易中承担着公钥体系中公钥的合法性检验的责任，提供网上认证服务，签发数字证书并能确认用户身份，是受大家信任和具有权威性的第三方机构。CA 作为提供身份验证的第三方机构，由一个或多个用户信任的组织实体组成，其主要任务是受理数字证书的申请、签发及对数字证书进行管理，即接收注册请求，处理、批准或拒绝请求，颁发证书、更新证书、撤销证书和验证证书。

CA 对含有公开密钥的数字证书进行数字签名，使数字证书无法伪造。每个用户都可以获得 CA 的公开密钥，以此来验证任何一张数字证书的数字签名，从而确定该数字证书是否合法。数字证书只有在没有过期、密钥没有被修改、用户有权使用这个密钥、证书必须不在无效证书清单内这些条件均为真时，才是有效的。数字证书有一定的有效期，有效期结束后必须重新申请。

数字证书与 CA 相结合为电子商务带来的好处是：数字证书和 CA 减轻了公开密钥交换过程中验证公开密钥的麻烦。也就是说，有了数字证书和 CA，用户就不再需要通过验证来信任每一个想要交换信息的用户的公开密钥，而只要验证和信任颁发证书的 CA 的公开密钥就可以了。

习　题

一、选择题

1. EDI 的核心是（　　）。
   A. 买卖双方同时参与　　　　　　　　B. 计算机系统之间的连接
   C. 利用电信号传递信息　　　　　　　D. EDI 标准

2. 我国使用的 EDI 标准是（　　）。
   A. UCS　　　　B. ANSI X. 12　　　　C. CHINAEDI H　　　　D. UN/EDIFACT

3. 数据标准化、（　　）、通信网络是构成 EDI 系统的三要素。
   A. 翻译功能　　　B. EDI 软件及硬件　　　C. 数据编辑功能　　　D. 数转模

4. EDI 软件所涉及的基本功能有格式转换功能、（　　）、通信功能。
   A. 图片识读　　　B. 翻译功能　　　C. 数据编辑功能　　　D. 数转模

5. EDI 应用系统硬件设备有（　　）、调制解调器（Modem）及电话线。
   A. 计算机　　　B. 条码阅读器　　　C. RFID 阅读器　　　D. 视频接受天线

6. EDI 租用电信部门通信线路的专用网络称为（　　）。
   A. 专网　　　B. EDI 网　　　C. 增值网　　　D. 商用网

7. EDI 网络传输的数据是（　　）。
   A. EDI 标准报文　　B. 自由文件　　　C. 用户端格式　　　D. 平面文件

8. EDI 所传送的资料是一般（　　），如发票、订单等，而不是一般性的通知。
   A. 广告　　　B. 商业资料　　　C. 产品说明书　　　D. 图片

9. EDI 与一般 E-mail 的区别是（　　）。
   A. 资料用统一的标准化格式　　　　　B. 无固定格式
   C. 采用非格式化的格式　　　　　　　D. 采用共同标准化格式

10. 目前，在欧洲、亚洲使用最广泛的 EDI 标准是（　　）。
    A. UN/EDIFACT　　　　　　　　　　B. ANSIX. 12
    C. 欧洲标准　　　　　　　　　　　　D. ISO 标准

11. EDI 的数据元是已经被确认的用于标识、描述和价值表达的一个（　　）。
    A. 数据值　　　B. 数据单元　　　C. 数据常量　　　D. 数字

12. 在 EDI 工作过程中，所交换的报文都是（　　）的数据，整个过程都是由 EDI 系统完成的。
    A. 半结构化　　　B. 无固定格式　　　C. 非结构化　　　D. 结构化

13. EDI 既准确又迅速，可免去不必要的人工处理，节省人力和时间，同时可减少人工作业可能产生的差错，大大提高了贸易（　　　）。

    A. 效率　　　　　　　B. 效用　　　　　　　C. 效果　　　　　　　D. 效应

14. 不是 EDI 特点的是（　　　）。

    A. 已经统一采用世界公认的国际标准

    B. 有利于文件的查错、纠错以及计算机自动完成资料的相关处理和传递

    C. 贸易链上的各个环节或行政事务的各个单位不能共享一次性输入的数据

    D. 所传送的资料文件必须是格式化的

15. （　　　）是一种利用 EDI 系统对海运途中的货物所有权进行转让的程序。

    A. 电子提单　　　B. 纸质提单　　　　C. 手工提单　　　　D. 倒签提单

16. 利用（　　　），可以将来源不同的原始资料组装在同一个文件中，利用文件格式定义 DTD（Document Type Definition）自由定义文件结构、添加标记或验证电子文件是否遵循 DTD 所定义的结构。

    A. SGML　　　　　B. EDIFACT　　　　C. ANSIX. 12　　　D. Web—EDI

17. 电子商务一般的交易过程分为 5 个阶段，"若出现违约情况，则买卖双方还需进行违约处理，受损方有权向违约方索赔"，这些行为属于（　　　）。

    A. "交易后处理"阶段　　　　　　　　B. "交易合同履行"阶段

    C. "洽谈和签订合同"阶段　　　　　　D. "办理合同履行前手续"阶段

18. 内联网（Internet）、外联网（Extranet）及各种增值网（VAN）属于电子商务系统框架结构中的（　　　）。

    A. 电子商务各应用系统　　　　　　　B. 网络平台

C. 信息发布平台　　　　　　　　　　D. 电子商务平台

19. 不属于电子商务发展的基本条件的是（　　　）。

    A. 协同的现代物流配送体系　　　　　B. 相当的计算机网络应用水平

    C. 安全的网上支付和结算体系　　　　D. 至少有一家外国公司或个人参与

20. 电子商务将对人类社会产生重要的影响，以下叙述正确的是（　　　）。

    A. 它改变了市场需求　　　　　　　　B. 它改变了人们的工作环境和生活方式

    C. 它改变了人们的社会地位　　　　　D. 它改变了人类的兴趣爱好

二、填空题

1. EDI 的中文译名为（　　　）。

2. （　　　）是由 VISACARD 和 MASTERCARD 合作开发完成的，在互联网上实现安全电子交易的协议标准。

3. 将信息变为密文传送到达目的地后重新还原的技术是（　　　）。

4. 在浏览器中最常见的网络广告是（　　　）。

5. 不合格物品的返修、退货等从需方返回到供方所形成的物流过程称为（　　　）。

6. 网上交易的安全性是由（　　　）来保证的。

7. 我国著名的阿里巴巴网站属于电子商务的哪一种模式（　　　）。

8. 不适合在网上销售的业务是（　　　）。

9. （　　　）是指在客户订单下达以后组织产品，并能够按时将客户所订产品配送到其手里，同时还要提供诸如产品安装说明、必要的培训、退换等全部相关的客户服务。

10. 防火墙的作用就是（　　　）。

11. SSL 是介于 HTTP 协议与 TCP 协议之间的一个（　　　）。

12. SET 协议运行的基点是（　　　）。

13. 第三方支付模式是一种（　　　）。

14. 电子商务的发展经历了（　　　）几个阶段。

15. 在电子邮件中自动添加的署名内容叫做（　　　）。

16. （　　　）是电子邮件超链接地址特有的标识。

17. 表格的作用是（　　　）。

18. 超链接是一种（　　　）的关系。

19. 外部样式表的文件扩展名是（　　　）。

20. （　　　）是电子邮件超链接地址特有的标识。

三、简述题

1. 电子商务的发展经历了哪几个阶段？

2. 中国电子商务发展在世界处于什么地位？

3. 试述计算机网络的组成。

4. 试述 TCP/IP 体系结构与 ISO 的 OSI 七层参考模型的对应关系。

5. 说明路由器的特点。

6. 试述在三网融合的基础上变为四网融合能带来的好处。

7. 简述 EDI 的分类。

8. 试述 EDI 标准体系都有哪些。

9. 试述物联网在电子商务中的作用。

10. 试述 ASP.NET 的优点。

11. 主流的电子商务模式有哪些？并列举相关代表性网站。

12. 简述 B2C 电子商务中消费者购物的基本流程。

13. 什么是电子支付？电子支付有哪些特征？

14. 电子支付的发展经历了哪几个阶段？

15. 电子支付系统的分类有哪些？

16. 什么是电子货币？电子货币类的支付工具有哪些，各有什么特点？

17. 什么是移动支付？移动支付有哪些特征？

18. 移动支付有哪些分类？

19. 什么是第三方支付？什么是第三方支付平台？第三方支付具有哪些特征？

20. 常见的第三方支付平台的运营模式有哪几类？

21. 什么是网上银行？网上银行有哪些特征？

22. 你所了解的网上银行欺诈的方式有哪些？你是如何防范的？